JN026816

アクセス
Access
2021

Office 2021 & Microsoft 365 両対応

きたみあきこ & できるシリーズ編集部

インプレス

ご購入・ご利用の前に必ずお読みください

本書は、2023年2月現在の情報をもとに「Microsoft Access 2021」の操作方法について解説しています。本書の発行後に「Microsoft Access 2021」の機能や操作方法、画面などが変更された場合、本書の掲載内容通りに操作できなくなる可能性があります。本書発行後の情報については、弊社のWebページ（https://book.impress.co.jp/）などで可能な限りお知らせいたしますが、すべての情報の即時掲載ならびに、確実な解決をお約束することはできかねます。また本書の運用により生じる、直接的、または間接的な損害について、著者ならびに弊社では一切の責任を負いかねます。あらかじめご理解、ご了承ください。

本書で紹介している内容のご質問につきましては、できるシリーズの無償電話サポート「できるサポート」にて受け付けております。ただし、本書の発行後に発生した利用手順やサービスの変更に関しては、お答えしかねる場合があります。また、本書の奥付に記載されている初版発行日から1年が経過した場合、もしくは解説する製品やサービスの提供会社がサポートを終了した場合にも、ご質問にお答えしかねる場合があります。できるサポートのサービス内容については445ページの「できるサポートのご案内」をご覧ください。なお、都合により「できるサポート」のサービス内容の変更や「できるサポート」のサービスを終了させていただく場合があります。あらかじめご了承ください。

動画について

操作を確認できる動画をYouTube動画で参照できます。画面の動きがそのまま見られるので、より理解が深まります。QRが読めるスマートフォンなどからはレッスンタイトル横にあるQRを読むことで直接動画を見ることができます。パソコンなどQRが読めない場合は、以下の動画一覧ページからご覧ください。

▼動画一覧ページ
https://dekiru.net/access2021

●用語の使い方

本文中では、「Microsoft Access 2021」のことを、「Access 2021」または「Access」、「Microsoft 365 Personal」の「Access」のことを、「Microsoft 365」または「Access」、「Microsoft Excel 2021」のことを、「Excel 2021」または「Excel」、「Microsoft 365 Personal」の「Excel」のことを、「Microsoft 365」または「Excel」と記述しています。また、本文中で使用している用語は、基本的に実際の画面に表示される名称に則っています。

●本書の前提

本書では、「Windows 11」に「Microsoft Access 2021」がインストールされているパソコンで、インターネットに常時接続されている環境を前提に画面を再現しています。

まえがき

Accessは、マイクロソフト社が提供するデータベースアプリです。「Accessって難しそう」「Accessで何ができるの?」「データベースならExcelで十分」……、よくそんな声を聞くのは、Accessが初心者にとって取っ付きにくい複雑なアプリだからでしょう。

そこで本書では、Accessに初めて触れる方でも無理なくデータベースの作成が行えるように、基本編と活用編の二部構成でAccessの使い方を解説します。

基本編では「データベースとは?」「Accessとは?」から学習を開始します。顧客情報を管理するデータベースを作成しながら、データを格納する「テーブル」、データを抽出するための「クエリ」、入力画面となる「フォーム」、プリントアウト用の「レポート」と、Accessの4大機能を紹介していきます。

活用編では、基本編で作成した顧客管理データベースを拡張して、受注管理のデータベースに仕上げます。顧客情報と受注情報を連携させるためのテーブル・フォーム・レポートの設計、クエリを使った受注データの集計など、基本編の復習をしつつ、ワンランク上の操作を身に付けます。さらに、データベースの操作を自動化する「マクロ」の組み方や、Excelと連携する方法も解説します。マクロを利用すれば、データベースの完成度を高められます。また、AccessとExcelを連携すれば、双方の得意分野を活かしてデータを上手に活用できます。

このように基本編と活用編で段階的な軌跡をたどることで、着実にAccessをマスターしていただけます。操作手順は、画面入りで丁寧に紹介しています。Accessの仕組みや考え方、用語の意味、時短テクニックなど、手順横にある関連情報も理解を深める支えとなるでしょう。練習用のサンプルファイルは、Webサイトで提供しています。ダウンロードして、ぜひご利用ください。

会員データ、商品データ、販売データなど、さまざまなデータをデータベース化して効率的に活用できれば、業務改善につながるはずです。本書がその一助になれば幸いです。最後に本書の制作にご協力いただいたすべてのみなさまに感謝申し上げます。

2023年2月　きたみ　あきこ

本書の読み方

レッスンタイトル
やりたいことや知りたいことが探せるタイトルが付いています。

サブタイトル
機能名やサービス名などで調べやすくなっています。

練習用ファイル
レッスンで使用する練習用ファイルの名前です。ダウンロード方法などは6ページをご参照ください。

YouTube動画で見る
パソコンやスマートフォンなどで視聴できる無料の動画です。詳しくは2ページをご参照ください。

関連情報
レッスンの操作内容を補足する要素を種類ごとに色分けして掲載しています。

使いこなしのヒント
操作を進める上で役に立つヒントを掲載しています。

ショートカットキー
キーの組み合わせだけで操作する方法を紹介しています。

時短ワザ
手順を短縮できる操作方法を紹介しています。

スキルアップ
一歩進んだテクニックを紹介しています。

用語解説
レッスンで覚えておきたい用語を解説しています。

ここに注意
間違えがちな操作について注意点を紹介しています。

レッスン

23 条件に合致するデータを抽出しよう

抽出条件

練習用ファイル L23_抽出.accdb

基本編 第3章 クエリでデータを抽出しよう

レッスン21～22で作成した[Q_顧客住所録]には、[T_顧客]テーブルの全レコードが表示されます。ここでは、[Q_顧客住所録]に抽出条件を設定して、ダイレクトメールを希望している人のデータだけを抜き出します。

キーワード
チェックボックス	P.440
抽出	P.440
データ型	P.440

[DM希望]が「Yes」のレコードだけを表示する

Before

DM希望者だけ表示したい

After

DM希望者だけ表示できた

1 レコードの抽出条件を設定する

レッスン09を参考に「L23_抽出.accdb」を開いておく

デザインビューに切り替える

1 [表示]をクリック

時短ワザ
ビュー切り替えボタンでビューを切り替えられる

画面の右下にあるビュー切り替えボタンを使って、ビューを切り替えることもできます。

画面右下のボタンで切り替えることもできる

98 できる

レッスンで解説する内容と関連の深い、キーワードの一覧です。ページ先を確認すると理解が深まります。

●抽出条件を設定する

デザインビューが表示された | 抽出条件を設定する

ここでは［DM希望］フィールドが「Yes」であるレコードを抽出する

2 ［DM希望］フィールドの［抽出条件］欄をクリック

フィールド：顧客番号 / T_顧客
テーブル：
並べ替え：
表示：
抽出条件：
または：

DM希望 / T_顧客

NumLock

3 「Yes」と入力

フィールド：顧客名 / T_顧客
テーブル：
並べ替え：
表示：
抽出条件：
または：

DM希望 / T_顧客
Yes

NumLock

抽出条件が設定された

抽出条件は、デザイングリッドの［抽出条件］行に設定します。ここでは［DM希望］フィールドに抽出条件を設定します。

23 抽出条件

［Yes／No型］のフィールドにチェックマークが付いているレコードを抽出するには、［抽出条件］欄に「Yes」「True」「On」のいずれかを入力します。また、チェックマークが付いていないレコードを抽出するには、［抽出条件］欄に「No」「False」「Off」のいずれかを入力します。

一般的に「True」には「真」、「False」には「偽」の意味があります。Accessでは「True」は「Yes」「On」、「False」は「No」「Off」と同じデータとして扱います。

デザイングリッドの［抽出条件］欄に入力した文字をDeleteキーで削除すると、抽出条件を解除できます。

次のページに続く→

実際のパソコンの画面を撮影して、操作を丁寧に解説しています。

●手順見出し

1 名前を付けて保存する

操作の内容ごとに見出しが付いています。目次で参照して探すことができます。

●操作説明

1 ［ホーム］をクリック

実際の操作を1つずつ説明しています。番号順に操作することで、一通りの手順を体験できます。

●解説

［ホーム］をクリックしておく | ファイルが保存される

操作の前提や意味、操作結果について解説しています。

※ここに掲載している紙面はイメージです。実際のレッスンページとは異なります。

練習用ファイルの使い方

本書では、レッスンの操作をすぐに試せる無料の練習用ファイルとフリー素材を用意しています。ダウンロードした練習用ファイルは必ず展開して使ってください。ここではMicrosoft Edgeを使ったダウンロードの方法を紹介します。

▼練習用ファイルのダウンロードページ
https://book.impress.co.jp/books/1122101135

Microsoft Edgeを起動しておく　**1** 上記のURLを入力

2 下にスクロールして[ダウンロード]を表示

3 圧縮ファイルのリンクをクリック

ファイルがダウンロードされた

4 [フォルダーに表示]をクリック

ダウンロードしたファイルが表示された

5 [すべて展開]をクリック

[展開先の選択とファイルの展開]画面が表示された

ファイルの展開先を選ぶ場合は[参照]をクリックして展開先を指定する

6 [展開]をクリック

練習用ファイルが展開された

●練習用ファイルを使えるようにする

1 練習用ファイルのフォルダーを選択

2 ドラッグして［PC］の［ドキュメント］に移動

［PC］の［ドキュメント］に練習用ファイルのフォルダーが移動した

練習用ファイルの内容

練習用ファイルには章ごとにファイルが格納されており、ファイル先頭の「L」に続く数字がレッスン番号、次がレッスンの内容を表します。レッスンによって、練習用ファイルがなかったり、1つだけになっていたりします。手順実行後のファイルは、収録できるもののみ入っています。

501606

第1章 ── 章ごとに分かれている

手順実行後 ── 手順実行後のファイルが入っている

A L09_データベース.accdb

A L10_テーブルの作成.accdb

レッスンごと、手順ごとに必要なファイルが入っている

［保護ビュー］が表示された場合は

インターネットを経由してダウンロードしたファイルを開くと、保護ビューで表示されます。ウイルスやスパイウェアなど、セキュリティ上問題があるファイルをすぐに開いてしまわないようにするためです。ファイルの入手時に配布元をよく確認して、安全と判断できた場合は［編集を有効にする］ボタンをクリックしてください。Accessファイルで［セキュリティリスク］が表示された場合は、429ページの付録2を参照してください。

［保護ビュー］の警告が表示された

1 ［編集を有効にする］をクリック

目次

基本編

第1章 Accessの基礎を学ぼう 25

データベースのことならおまかせ！
Accessはデータベースアプリ
4つの姿を覚えよう
基本からしっかり学びましょう！

大量のデータのを蓄積して一元管理できる
大量のデータを自在に分析できる
専用の入力画面や帳票を作成できる

データベースを構成するオブジェクト
「テーブル」はデータを貯める入れ物
複数のテーブルでデータを管理する
「クエリ」でデータを抽出・加工・集計する
「フォーム」でデータを分かりやすく表示・入力する
「レポート」でデータを見やすく印刷する

Accessを起動する
Accessを終了する

データベースファイルを作成する

作成されたファイルを確認する

画面構成

活用編

第6章 リレーショナルデータベースを作るには　197

インポートの設定を行う
インポートされたテーブルを確認する

本書の構成

本書は手順を1つずつ学べる「基本編」、便利な操作をバリエーション豊かに揃えた「活用編」の2部で、Accessの基礎から応用まで無理なく身に付くように構成されています。

基本編
第1章～第5章

基本的な操作方法から、テーブル、クエリ、フォーム、レポートなどAccessの基本についてひと通り解説します。最初から続けて読むことで、Accessの操作がよく身に付きます。

活用編
第6章～第11章

リレーショナルデータベースの作成やメイン／サブフォーム、マクロを使った自動処理など、便利な機能を紹介します。また、Excelとの連携方法についても解説します。

用語集・索引

重要なキーワードを解説した用語集、知りたいことから調べられる索引などを収録。基本編、活用編と連動させることで、Accessについての理解がさらに深まります。

登場人物紹介

Accessを皆さんと一緒に学ぶ生徒と先生を紹介します。各章の冒頭にある「イントロダクション」、最後にある「この章のまとめ」で登場します。それぞれの章で学ぶ内容や、重要なポイントを説明していますので、ぜひご参照ください。

北島タクミ（きたじまたくみ）
元気が取り柄の若手社会人。うっかりミスが多いが、憎めない性格で周りの人がフォローしてくれる。好きな食べ物はカレーライス。

南マヤ（みなみまや）
タクミの同期。しっかり者で周囲の信頼も厚い。 タクミがミスをしたときは、おやつを条件にフォローする。好きなコーヒー豆はマンデリン。

アクセス先生
Accessの全てをマスターし、その素晴らしさを広めている先生。基本から活用まで幅広いAccessの疑問に答える。好きなオブジェクトはレポート。

基本編

第1章

Accessの基礎を学ぼう

第1章から第5章までの基本編では、顧客情報を管理するデータベースを作成していきます。この章では、データベースを作成するにあたり、知っておきたいAccessの仕組みや画面構成、起動の方法などを紹介します。

01 データベースとは

Introduction この章で学ぶこと

第1章では、Accessを学ぶにあたり知っておきたい基本を押さえます。「Accessって何?」「どうやって使うの?」「どんな画面をしているの?」……、そんな疑問を1つずつ解決しながら、実際にデータベースを作成する準備を整えましょう。

データベースのことならおまかせ!

あのさ、Access詳しい? 会社のデータベースからレポート作りたいんだよね。

うーん、簡単な操作なら分かるけど……。

Q_金額集計_顧客別4-6月 ×		
顧客番号	顧客名	合計金額
1	長谷川 健司	¥129,000
2	山田 愛子	¥120,000
3	土井 夏美	¥56,000
4	佐藤 良	¥276,000
6	鳥居 みのり	¥162,000
7	天野 翔太	¥265,000
8	鈴木 卓也	¥98,000
9	藤井 聖子	¥37,000
11	山田 健	¥150,000

はい、そのお悩み解決します!

アクセス先生!
お願いします!

Accessはデータベースアプリ

まずはAccessの特徴から。大量データの一元管理から抽出・分析、印刷や入力フォームの作成までできる、総合的な機能を持っています。データベースならお任せです♪

T_顧客 ×								
顧客番号	顧客名	顧客名カナ	郵便番号	都道府県	住所	電話番号	DM希望	登録
1	長谷川 健司	ハセガワ ケンジ	216-0033	神奈川県	川崎市宮前区宮崎x-x-x	044-639-xxxx	☑	2023.
2	山田 愛子	ヤマダ アイコ	152-0032	東京都	目黒区平町x-x-x	03-4521-xxxx	☐	2023.
3	土井 夏美	ドイ ナツミ	270-2261	千葉県	松戸市常盤平x-x-x	0473-48-xxxx	☑	2023.
4	佐藤 良	サトウ リョウ	340-0046	埼玉県	草加市北谷x-x-x	0489-32-xxxx	☑	2023.
5	和田 奈央	ワダ ナオ	181-0005	東京都	三鷹市中原x-x-x	0422-47-xxxx	☑	2023.
6	鳥居 みのり	トリイ ミノリ	220-0051	神奈川県	横浜市西区中央x-x-x	045-331-xxxx	☐	2023.
7	天野 翔太	アマノ ショウタ	275-0014	千葉県	習志野市鷺沼x-x-x	0474-52-xxxx	☐	2023.
8	鈴木 卓也	スズキ タクヤ	154-0001	東京都	世田谷区池尻x-x-x	03-3341-xxxx	☑	2023.
9	藤井 聖子	フジイ セイコ	140-0014	東京都	品川区大井x-x-x	03-5521-xxxx	☐	2023.
10	佐藤 由香	サトウ ユカ	261-0012	千葉県	千葉市美浜区磯辺x-x-x	043-276-xxxx	☑	2023.
11	山田 健	ヤマダ タケル	350-1108	埼玉県	川越市伊勢原町x-x-x	0492-92-xxxx	☐	2023.
12	小川 直人	オガワ ナオト	183-0022	東京都	府中市宮西町x-x-x	042-335-xxxx	☐	2023.
13	佐藤 順子	サトウ ジュンコ	153-0042	東京都	目黒区青葉台x-x-x	03-3781-xxxx	☑	2023.
14	堀 雄介	ホリ ユウスケ	115-0056	東京都	北区西が丘x-x-x	03-3911-xxxx	☑	2023.

4つの姿を覚えよう

Accessは用途に応じて、形を変えるアプリです。「テーブル」「クエリ」「フォーム」「レポート」の4つを覚えましょう。ちなみに前のページの左下にあるのが「テーブル」です。

結構、見た目が変わりますね！使いこなせるかな……。

●テーブル

●クエリ

●フォーム ●レポート

基本からしっかり学びましょう！

本書は、Accessを初めて使う人向けに、最初の操作から丁寧に解説しています。基本をしっかり学んで、Accessをもっと使いこなしましょう！

今まで自己流で使っていたので、この機会にしっかり学びます！

02 Accessとは

Accessのメリット 練習用ファイル なし

Accessは、マイクロソフト社が提供するOffice製品の1つで、データベースを作成・利用するためのアプリケーションです。ここでは、Accessを使うとどんなことができるのか、どんな点が便利なのかを紹介します。

大量のデータを蓄積して一元管理できる

Accessはデータベースアプリです。「データベース」とは、大量のデータを蓄積して、有効に活用できるようにした仕組みです。企業活動の中で扱う情報は多岐にわたります。売上に関係する情報だけでも、顧客リスト、商品台帳、受注伝票、納品書、請求書……と、多種多様です。それぞれを異なるアプリや別ファイルで管理した場合、互いに連携するのが容易ではありません。顧客リストに顧客情報が入力されているにもかかわらず、受注伝票にも顧客情報を入力しなければならないことも起こり得ます。そうしたさまざまな情報を1つのデータベースに集約すれば、データを一元管理しながら互いに連携して、情報を有効活用できるようになります。

🔍 キーワード

テーブル	P.440
リレーショナルデータベース	P.442
レコード	P.442

💬 用語解説

リレーショナルデータベース

データベースアプリにはさまざまな種類がありますが、Accessは「リレーショナルデータベース」を扱うアプリに分類されます。リレーショナルデータベースは、データを「顧客表」「商品表」「売上表」などの複数の表に分けて管理し、それぞれの表を組み合わせて利用します。

Accessで多種多様なデータを一元管理できる

💡 使いこなしのヒント

その他のデータベースの種類は?

データベースには、リレーショナルデータベースのほかに、階層型データベースやネットワーク型データベースなどがあります。リレーショナルデータベースはこれらのデータベースに比べ、柔軟なデータ処理ができることが特徴となります。

大量のデータを自在に分析できる

データベースと聞くと、大量のデータの集まりをイメージするかもしれません。間違いではありませんが、ただ蓄積していくだけでは意味がありません。蓄積したデータから必要なデータを取り出して活用することが大切です。Accessでは、売上データを抽出して月別に集計したり、商品ごとに集計したりと、さまざまな角度からデータ分析が行えます。大量に蓄積したデータを自在な形で取り出し、分析できることが、Accessのメリットの1つです。

大量に蓄積したデータを連携させて
自在に抽出できる

専用の入力画面や帳票を作成できる

Accessのメリットには、専用の入力画面や帳票を作成できることも挙げられます。さまざまな入力補助機能が付いた専用の入力画面を用意できるので、大量のデータでもスムーズに入力が進みます。また、受注伝票や納品書、請求書などの帳票を印刷する仕組みも用意されています。1つのデータベースアプリで、さまざまな業務に対応できるのです。

専用の入力画面を作ってスムーズに
データを入力できる

🔍 用語解説

データベース管理システム

Accessを始めとするデータベースアプリには、データを蓄積する機能だけでなく、必要なデータを素早く取り出して活用する機能が含まれています。そうしたことから、データベースアプリは「データベース管理システム」とも呼ばれます。

💡 使いこなしのヒント

AccessとExcelはどう違うの?

Excelにもデータベース機能がありますが、Accessとは扱えるデータの量が違います。Excelでは最大1,078,576行まで入力できますが、ある程度の行数を入力すると、動作が遅くなったり不具合が起きやすくなります。その点、Accessはデータベース専門のアプリなので、膨大な量のデータをスムーズに蓄積できます。また、膨大なデータの中から必要なデータを探す仕組みも充実しています。

💡 使いこなしのヒント

Accessを入手するには

Access 2021を使用するには、Office Professional 2021を購入してパソコンにインストールするか、Office Professional 2021搭載のパソコンを購入します。学生・教職員の場合は、Office Professional Academic 2021を購入することもできます。いずれも、WordやExcelなどの多彩なアプリが同梱されています。それらのアプリが不要な場合は、Access 2021単体も販売されています。そのほか、サブスクリプション版のMicrosoft 365を使用する方法もあります。Microsoft 365では、月払いか年払いで契約して、Officeの最新版を使用できます。

03 データベースファイルとは

データベースの構成　　練習用ファイル　なし

Accessのデータベースファイルは、「テーブル」「クエリ」「フォーム」
「レポート」などのオブジェクトから構成されます。このレッスンでは、
オブジェクト同士の関係や、それぞれのオブジェクトの役割を紹介
します。

🔍 キーワード	
クエリ	P.439
テーブル	P.440
フォーム	P.441

データベースを構成するオブジェクト

データベースファイルの構成要素を「データベースオブジェクト」または「オブジェクト」と呼びます。基本的な
オブジェクトは、次の4つです。これらのオブジェクトを連携させることで、データベースのデータを効率的に活
用できるようになります。

・テーブル：データを蓄積するためのオブジェクト
・クエリ：テーブルのデータを抽出・集計・加工するためのオブジェクト
・フォーム：テーブルやクエリのデータを表示・入力するためのオブジェクト
・レポート：テーブルやクエリのデータを印刷するためのオブジェクト

●オブジェクトの関係

「テーブル」はデータを貯める入れ物

データベースでは、データをテーブルに保存します。データの入力自体はクエリやフォームでも行えますが、そこで入力したデータはすべてテーブルに保存される仕組みになっています。また、クエリ、フォーム、レポートにデータを表示する場合も、テーブルからデータが取り出されて表示されます。データがテーブルだけに保存されることで、一元的なデータ管理が可能になります。

入力したデータはすべて
テーブルに蓄積される

複数のテーブルでデータを管理する

Accessでは、1つのデータベースファイルに複数のテーブルを保存できます。例えば顧客情報は顧客テーブルに保存し、受注情報は受注テーブルに保存する、という具合です。特定のテーマに沿ってテーブルを分けることで、大量のデータが整理され、効率的にデータを管理できます。

データを複数のテーブル
に分けて保存できる

次のページに続く ➡

「クエリ」でデータを抽出・加工・集計する

テーブルに保存されているデータの中から、必要なデータを取り出して必要な形で表示するのがクエリの基本的な役割です。抽出条件を設定して条件に合うデータをテーブルから取り出したり、関数を使用してデータを加工したり、顧客ごとに売上を集計したりと、クエリを使えば蓄積したデータを有効活用できます。複数のテーブルのデータを組み合わせて1つの表にすることも可能です。

基本編

第1章

Accessの基礎を学ぼう

テーブルからDMを希望している顧客データを抽出できる

顧客情報のテーブルと受注情報のテーブルを組み合わせて顧客別の売上を集計できる

「フォーム」でデータを分かりやすく表示・入力する

フォームの主な役割は、テーブルのデータを表示・入力することです。テーブルではデータを表の体裁でしか表示できませんが、フォームを使えば操作しやすいレイアウトで表示することが可能です。1画面に1件分のデータの入力欄を配置して広々と入力したり、受注データのような項目数の多い情報を1画面に見やすく表示したりできます。

テーブルの1件分のデータを1画面で広々と入力できる

項目数が多い複雑なデータを整理して見やすく表示できる

「レポート」でデータを見やすく印刷する

レポートは印刷のためのオブジェクトです。テーブルのデータを自由に配置して印刷します。例えば、顧客情報を保存するテーブルからデータを取り出して、表形式で印刷したり、宛名ラベル形式で印刷したりと、レポートを使えば同じデータをさまざまな形式で印刷できます。受注明細書のような正式な文書の印刷にもレポートを使用します。

データを一覧表形式で
印刷できる

データを宛名ラベルに
印刷できる

受注明細書の書式で
印刷できる

👍 スキルアップ

処理を自動化するオブジェクトもある

Accessのオブジェクトには、「テーブル」「クエリ」「フォーム」「レポート」のほかに、「マクロ」と「モジュール」があります。どちらもAccessの操作を自動化する仕組みを作成するためのオブジェクトです。本書ではオブジェクトとしてのマクロとモジュールは扱いませんが、「埋め込みマクロ」を第10章で紹介します。埋め込みマクロは、フォームやレポートに組み込んで処理を自動化する機能です。

ボタンに埋め込みマクロを割り当てると、
ボタンのクリックでフォームを開いたりレ
ポートを印刷したりできる

04 Accessを使うには

YouTube
動画で
見る
詳細は2ページへ

起動と終了 　　　　　**練習用ファイル** なし

Accessを使うにあたり、起動と終了の方法を覚えましょう。
Accessを起動するには、WindowsのスタートメニューからAccess
のアイコンをクリックします。Accessが起動すると、スタート画面が
表示されます。

🔍 キーワード

オブジェクト	P.439
フォーム	P.441

🔲 ショートカットキー

スタートメニューの表示
🪟 ／ Ctrl + Esc

1 Accessを起動する

1 [スタート] をクリック

[すべてのアプリ] が表示された

2 [すべてのアプリ] をクリック

3 [Access] をクリック

⏱ 時短ワザ

デスクトップから起動できるようにする

デスクトップにAccessのショートカット
アイコンを置いておくと、アイコンをダブ
ルクリックするだけでAccessを素早く起
動できます。

[すべてのアプリ] を表示しておく

1 [Access] をドラッグ

デスクトップにショートカット
アイコンが作成された

●表示を確認する

Access 2021の起動画面が
表示された

用語解説

スタート画面

Accessが起動して、最初に表示される画面を「スタート画面」といいます。スタート画面は、新しいデータベースを作成したり、既存のデータベースを開いたりと、Accessの作業の起点となります。

Accessが起動し、Accessの
スタート画面が表示された

スタート画面に表示される背景画像は、
環境によって異なる

タスクバーにAccessのボタンが
表示された

使いこなしのヒント

**使用しているAccessの
種類を調べるには**

Accessのスタート画面の左下にある［アカウント］をクリックすると、［アカウント］画面が表示され、［製品情報］欄に「Microsoft Office Professional 2021」「Microsoft 365」などと、Accessの製品情報が表示されます。

使いこなしのヒント

**Accessを最新の状態で
使用するには**

Accessの［アカウント］にある［更新オプション］-［今すぐ更新］をクリックすると、マイクロソフト社からOfficeの更新プログラムが提供されているかどうかを確認して、最新の状態に更新できます。

次のページに続く➡

2 Accessを終了する

1 [閉じる] をクリック

Accessが終了し、デスクトップが
表示された

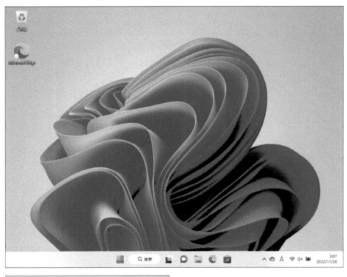

タスクバーからAccessのボタンが
消えた

使いこなしのヒント

サインインは必要?

Office製品は、サインインしていない状態でも使用できます。サインインしているかどうかは、Accessの画面の右上で確認できます。サインインしている場合、Microsoftアカウントに登録したユーザー名が表示されます。なお、サインインしないまま長い期間使用していると、資格情報を確認するためにサインインを促されることがあります。

ここをクリックするとMicrosoftアカウントでサインインできる

サインインするとユーザー名が
表示される

ショートカットキー

アプリの終了	Alt + F4

使いこなしのヒント

ファイルも一緒に閉じる

ここではAccessを起動しただけで閉じましたが、ファイルを開いて作業したあとで閉じる場合も操作は同じです。[閉じる] ×をクリックすると、データベースファイルが閉じてAccessが終了します。

⏱ 時短ワザ

タスクバーからワンクリックで起動できるようにするには

34ページの時短ワザでデスクトップにショートカットアイコンを置く方法を紹介しましたが、タスクバーにAccessのアイコンをピン留めしておくと、ワンクリックでAccessを起動できるようになるのでさらに便利です。タスクバーは常に表示されており、ほかのアプリに隠れることがないので、いつでもボタンを使えます。

●タスクバーにピン留めする

[すべてのアプリ]を表示しておく

1 [Access]を右クリック

2 [詳細]にマウスポインターを合わせる

3 [タスクバーにピン留めする]をクリック

タスクバーにAccessのボタンが表示された

ボタンをクリックしてAccessを起動できる

●ピン留めを外す

1 Accessのボタンを右クリック

2 [タスクバーからピン留めを外す]をクリック

Accessのボタンが非表示になった

05 データベースファイルを作成しよう

空のデータベース　　　　　　　　**練習用ファイル**　なし

Accessを起動して、データベースファイルを作成しましょう。データベースの作成は、ファイル名を指定して、ファイルを保存するところから始まります。ファイルを作成すると、テーブルの画面が表示されます。

🔍 キーワード

オブジェクト	P.439
テーブル	P.440
フォーム	P.441

1 データベースファイルを作成する

レッスン04を参考にAccessを起動しておく

ここでは、受注情報を管理するためのデータベースファイルを作成する

1 [空のデータベース] をクリック

💡 使いこなしのヒント

最初にファイルを保存する

WordやExcelは文書を入力したあとで保存することが可能ですが、Accessではそれができません。必ず最初にファイルを保存します。[空のデータベース]を選択すると、テーブルやフォームを含まない空のファイルが作成されます。

👍 スキルアップ

[ドキュメント]以外の場所に保存するには

標準の設定ではデータベースファイルの保存先には[ドキュメント]フォルダーが自動で表示されています。保存先を変更するには[データベースの保存場所を指定します]をクリックして保存先を指定します。

上の手順1を参考に空のデスクトップデータベースを作成しておく

1 [データベースの保存場所を指定します] をクリック

2 保存先をクリック

3 ファイル名を入力

4 [OK] をクリック

●データベースファイルに名前を付ける

| 標準の設定では［ドキュメント］フォルダーがデータベースファイルの保存先となる | | 2 ファイル名「受注管理」と入力 |

| 3 ［作成］をクリック | ［データベースの保存場所を指定します］をクリックすると、保存先を変更できる |

💡 使いこなしのヒント

「テンプレート」って何?

Accessのスタート画面には、「資産管理」「連絡先」といったテンプレートが表示されます。テンプレートとは、データベースのひな型のことです。テンプレートを使えば、完成形に近いところからデータベースを作成できます。ただし、テンプレートを使いこなすには、Accessの知識が必要です。操作に慣れるまでは、［空のデータベース］からデータベースを作成したほうが自分の業務にあったデータベースを構築しやすいでしょう。

2 作成されたファイルを確認する

| 新しいデータベースファイルが作成された | 手順1で入力したデータベースのファイル名と保存場所のフォルダーなどが表示された |

受注管理：データベース- C:¥Users¥dekir¥OneDrive¥ドキュメント¥

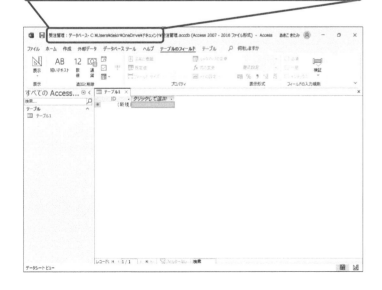

💡 使いこなしのヒント

テーブルの画面が表示される

空のデータベースを作成すると、自動的に新しいテーブルの画面が開き、ナビゲーションウィンドウに「テーブル1」と表示されます。この段階では［テーブル1］はファイルに保存されていません。テーブルを操作しないままタブの ×̄ をクリックすると、テーブルが閉じ、ナビゲーションウィンドウからも「テーブル1」の表示が消えます。

ここをクリックするとテーブルが閉じる

06 Accessの画面を確認しよう

画面構成　　　　　　　　　　　　**練習用ファイル**　なし

基本編

第1章

Accessの基礎を学ぼう

レッスン05では［空のデータベース］からデータベースファイルを作成しました。データベースを作成すると、新しいテーブルが表示されます。ここでは、画面の構成とその役割を確認しておきましょう。

🔍 キーワード

オブジェクト	P.439
ナビゲーションウィンドウ	P.441
フォーム	P.441

Accessの画面構成

Accessの画面は、リボン、ナビゲーションウィンドウ、そしてテーブルやフォームなどのオブジェクトが表示されるウィンドウから構成されます。それぞれに重要な役割がありますが、初めから暗記する必要はありません。使っていくうちに徐々に覚えられるでしょう。分からなくなったときは、このページに戻って確認してください。

❶タイトルバー　　　　　　　　　　　　　　❷リボン

❸ナビゲーションウィンドウ

テーブルやフォームなどのオブジェクトが表示されるウィンドウ

❹ステータスバー

❶タイトルバー

［上書き保存］ボタン、データベースファイル名、ユーザー名が表示される。［上書き保存］ボタンは、オブジェクトをファイルに保存するために使う。

❷リボン

Accessの機能を実行するためのボタンが、タブに分かれて表示される。［ファイル］や［ホーム］など常に表示されるタブのほかに、最前面のオブジェクトの種類に応じてオブジェクトを操作するためのタブが追加表示される。

常に表示される
タブ

最前面のオブジェクトに合わせて
表示されるタブ

❸ナビゲーションウィンドウ

ファイルに保存されているテーブル、フォーム、クエリ、レポートなどのオブジェクトが一覧表示される。

❹ステータスバー

編集している表示画面の名称や現在の操作状況などが表示される。右端にはオブジェクトの編集画面を切り替えるボタンが表示される。

※ 使いこなしのヒント

**最前面のオブジェクトだけが
上書き保存される**

WordやExcelで［上書き保存］をクリックすると、ファイル全体が保存されます。Accessの場合は、最前面に表示されているオブジェクトだけがデータベースファイルに保存されます。

※ 使いこなしのヒント

**ナビゲーションウィンドウを
折り畳むには**

ナビゲーションウィンドウの［シャッターバーを開く／閉じる］＜をクリックすると、クリックするごとに折り畳んだ状態と開いた状態を切り替えられます。

※ 使いこなしのヒント

オブジェクトを切り替えるには

Accessのウィンドウには、テーブルやフォームなどのオブジェクトを複数同時に開くことができます。各オブジェクトのタブをクリックすると、前面に表示されるオブジェクトを切り替えられます。

Accessの操作に慣れよう

Accessに初めて触れる人が驚くのが、その機能の複雑さでしょう。ExcelやWordは、基本的に画面に入力したとおりに表示・印刷が行われます。一方Accessは、1つのデータベースファイルが複数のオブジェクトから構成されます。そして、入力はフォーム、蓄積はテーブル、分析はクエリ、印刷はレポート、という具合に役割分担されています。慣れないと難しく感じるかもしれませんが、使っていくうちに操作の勘は養われます。以降の章で各オブジェクトの機能や操作方法を紹介するので、少しずつ覚えていきましょう。

なんとなく、Accessのことが分かってきました！

AccessはExcelやWordなどとは違う、独特な操作方法になりますからね。どんどん使って、慣れていきましょう。

4つのオブジェクトの関係が分かりました！

この章の重要なポイントです！　次の章からは、それぞれのオブジェクトの使い方を紹介していきますよ♪

基本編

第2章

テーブルを作成しよう

テーブルは、データを格納するためのオブジェクトです。テーブルには、データを正確に効率よく入力するための便利機能が満載されています。そのような機能を利用して、使いやすいテーブルを作成していきましょう。

07

Introduction この章で学ぶこと

テーブルにデータを貯めよう

Accessでは、データベースファイルを作成しただけでは入力を開始できません。データ入力を行うには、事前に「テーブルの作成」が必要です。その際に、さまざまな入力支援機能を設定しておくと、データ入力を効率的に行えます。

テーブルから作りましょう

データの入力ですよね？　簡単、簡単♪　あれ？入力するシートが表示されないんですが…

AccessはExcelとは違って、入力する「テーブル」を自分で作る必要があります。まずはここから説明していきますね。

テーブルとは

まず各部の名称から。Accessではデータを「テーブル」で管理します。すべての名称を一度に覚える必要はありませんが、それぞれの役割を確認しておきましょう。

Excelとはずいぶん違うんですね！　知らなかった…！

データを入力しよう

テーブルの仕組みが分かったら、新しいテーブルを作って「フィールド」にデータを入力していきます。フィールドの設定を確認しながら、こつこつ進めていきましょう。

ビューを切り替えて、入力しやすくするのがコツですね！

便利な機能で効率アップ！

この章ではデータ入力の際に便利な、ふりがなの自動入力や住所の入力支援なども紹介します。手作業を減らすことができて、効率がぐっと上がりますよ♪

あー、良かった♪　うまく設定して、
入力ミスを無くします！

08 テーブルの基本を学ぼう

フィールド、データ型、主キー　　| 練習用ファイル | なし

テーブルを作成する前に、基本を押さえておきましょう。ここではテーブルの画面構成と基本用語を解説します。聞き慣れない用語が出てくるかもしれませんが、分からなくなったときは、いつでもこのページに戻って確認してください。

🔍 キーワード

主キー	P.440
データ型	P.440
テーブル	P.440

基本編 第2章 テーブルを作成しよう

1 テーブルの構成を確認する

テーブルには、「データシートビュー」と「デザインビュー」という2つの画面があります。そのうちの「データシートビュー」は、テーブルに保存されたデータを表形式で表示する画面です。この画面を使って、データを入力することもできます。

●データシートビュー

名称	説明
タブ	オブジェクト名が表示される。前面に表示するオブジェクトを切り替えるのに使用する
フィールドセレクター	フィールド名が表示される。フィールドを選択するときに使用する
レコードセレクター	レコードを選択するときに使用する

名称	説明
フィールド	テーブルの列。「顧客番号」「顧客名」など、同じ種類のデータの集まり
レコード	テーブルの行。「顧客番号」「顧客名」など、複数の種類のデータが1つずつ集まって1件のレコードとなる
セル	ひとつひとつのマス目のこと。1つのセルに1つのデータが入力される
移動ボタン	レコード間でカーソルを移動するときに使用する
ステータスバー	現在のビューや操作状況などが表示される
ビュー切り替えボタン	ビューを切り替えるときに使用する

2 テーブルの設計画面を確認する

「デザインビュー」は、テーブルの設計画面です。Accessでは、基本的に事前にデザインビューでテーブルの設計を行ってから、データシートビューやフォームを使用してデータを入力します。テーブルの設計をしっかり行うことが、テーブルの使いやすさにつながります。

●デザインビュー

名称	説明
フィールド名	フィールドの名前を設定する
データ型	フィールドに入力するデータの種類を設定する
説明（オプション）	必要に応じてフィールドに対する説明を入力する。入力した内容は、データシートビューのステータスバーに表示される
フィールドセレクター	フィールド名が表示される。フィールドを選択するときに使用する
フィールドプロパティ	フィールドの属性を設定する。設定項目は、データ型によって異なる

次のページに続く→

3 データ型の種類

テーブルの設計では、各フィールドの名前やデータ型を設定します。データ型とはデータの種類のことです。設定したデータ型に応じて、フィールドに入力できるデータの種類やデータのサイズが変わります。なおフィールドの[データ型]の項目では、[ルックアップウィザード]などデータ型ではないものも設定可能です。

使いこなしのヒント

データ型の決め方

文字列のデータ型は、文字数によって決めます。255文字以内なら[短いテキスト]にしましょう。数値の場合、金額や消費税率など厳密な計算が必要な数値は[通貨型]、個数や重量など一般的な数値は[数値型]にします。[大きい数値]や[拡張した日付／時刻]は特別な目的がない限り使う必要はありません。

●データ型一覧

データ型	格納するデータ
短いテキスト	氏名や住所などの255文字までの文字列。郵便番号や電話番号などの計算対象にならない数字
長いテキスト	256文字以上の文字列や、書式（太字やフォントの色など）が設定されている文字列
数値型	整数や小数などの計算対象となる数値。-2^{31}から$2^{31}-1$の範囲の数値を格納できる
大きい数値	数値型より大きい数値の格納に使用。-2^{63}から$2^{63}-1$の範囲の数値を格納できる
日付／時刻	日付や時刻。西暦100〜9999年の日付と時刻を格納できる
拡張した日付／時刻	日付や時刻。西暦1〜9999年の日付と時刻を格納できる
通貨型	金額データや正確な計算が必要な実数の格納に使用
オートナンバー型	自動的に割り振られるレコード固有のデータ。手動で編集できない
Yes／No型	「はい」か「いいえ」の二者択一データ
OLEオブジェクト型	画像やExcelワークシート、Word文書など、「OLE」という機能に対応したデータ
ハイパーリンク型	WebページのURLやメールアドレス、ファイルパス
添付ファイル	画像やExcel、Wordなどのファイル。電子メールにファイルを添付するようにレコードにファイルを添付できる
集計	テーブル内のフィールドの値を使用して計算するフィールド
ルックアップウィザード	データをリストから入力する設定を行うためのメニュー項目（データ型ではない）

4 主キーの必要性

テーブルでは、データを効率よく管理するために、いずれかのフィールドを「主キー」として登録します。主キーとは、テーブル内のレコードを識別するためのフィールドです。例えば、顧客情報を管理するテーブルの場合、「顧客番号」のような、レコードごとに異なる値が必ず入力されるフィールドを主キーにします。

主キーを設定すると、Accessの内部に主キーの値とレコードの位置の索引表のようなものが自動作成されます。レコードの検索や並べ替えをするときにその索引が使用されるので、処理が高速になります。

◆主キーの条件
・テーブル内の他のレコードと値が重複しない
・必ず値が入力されている

主キーに設定

顧客番号	顧客名	年齢	TEL
C-101	山田	34	1234-xxxx
C-102	佐々木	28	
C-103	西島	41	3456-xxxx
K-201	山田	41	4567-xxxx
K-202	五十嵐	26	
K-203	東	37	6789-xxxx

値が重複するので主キーにできない

空欄があるので主キーにできない

●「顧客名」が主キーの場合

山田	山田	…	…
佐々木	五十嵐	…	…
西島	東	…	…
…	…	…	…
…	…	…	…

「山田」のレコードを探してきて。

「山田」は複数あるから、1つに絞り込めないよ。

●「顧客番号」が主キーの場合

C-101	K-201	…	…
C-102	K-202	…	…
C-103	K-203	…	…
…	…	…	…
…	…	…	…

「K-201」のレコードを探してきて。

「K-201」は2列1段目だ。対応表があるから、すぐに見つかる！

09 データベースファイルを開こう

ファイルを開く　　　　　**練習用ファイル**　L09_データベース.accdb

作成済みのデータベースを利用するには、データベースファイルを開きます。ここではレッスン05で作成したデータベースファイルを開きます。データベースを開くと［セキュリティの警告］が表示されますが、その対処方法も紹介します。

基本編 第2章 テーブルを作成しよう

🔑 キーワード

ナビゲーションウィンドウ	P.441
フォーム	P.441

1 データベースファイルを開く準備をする

レッスン04を参考にAccess
を起動しておく

1 ［開く］をクリック

⏱ 時短ワザ

最近使ったアイテムの一覧から開く

操作1の画面には最近使用したファイルが一覧表示されます。その中に目的のファイルが含まれる場合は、クリックするだけで即座にファイルを開けます。

💡 使いこなしのヒント

エクスプローラーからも開ける

Accessで作成したファイルはダブルクリックで開くこともできます。エクスプローラーを起動してデータベースファイルを保存したフォルダーを開き、ファイルアイコンをダブルクリックすると、Accessが起動してファイルが開きます。

［開く］の画面が
表示された

ここでは、パソコンに保存されている
データベースを開く

フォルダーの一覧を表示する

2 ［参照］をクリック

⌨ ショートカットキー

エクスプローラーの起動　　🪟+E

●データベースファイルを開く

［ファイルを開く］画面が表示された	ここでは、レッスン05で作成した「受注管理」というデータベースファイルを開く

3 ［ドキュメント］をクリック	**4** ［受注管理］をクリック	**5** ［開く］をクリック

2 コンテンツを有効化する

［セキュリティの警告］が表示された	［受注管理］データベースファイルを有効にする

1 ［コンテンツの有効化］をクリック

［受注管理］データベースファイルが有効になり、表示された

● 使いこなしのヒント

複数のデータベースを開くには

Accessでファイルを開いているときに、［ファイル］タブの［開く］から別のファイルを開くと、それまで開いていたファイルは自動で閉じます。複数のデータベースを同時に開くには、使用中のAccessとは別にAccessを起動してファイルを開きます。もしくは、エクスプローラーでファイルアイコンをダブルクリックしてもいいでしょう。

● 用語解説

コンテンツの有効化

ファイルを開くと、処理を自動実行するマクロのような機能がいったん使えない状態になります。それにより、悪意のあるプログラムが自動実行されてしまうことを防げます。［コンテンツの有効化］はこれを解除する機能です。ファイルが安全であることが分かっている場合は、［コンテンツの有効化］をクリックすると、無効になった機能が使えるようになります。一度有効化すると、同じファイルは有効化された状態で開くようになります。

● 使いこなしのヒント

セキュリティリスクとは

インターネット上から入手したデータベースを開くと、［セキュリティリスク］が表示されることがあります。429ページを参考に対処してください。

これが表示されると一部の機能の使用が制限される

10 テーブルを作成しよう

テーブルデザイン　　　　練習用ファイル　L10_テーブルの作成.accdb

レッスン05で作成したデータベースファイルの中に、顧客情報を入力・保存するためのテーブルを作成しましょう。テーブルの作成とは、フィールド名とデータ型、および主キーの設定を行って、データを入力する準備を整えることです。

🔍 キーワード

主キー	P.440
データ型	P.440
デザインビュー	P.440

1 フィールド名とデータ型を設定する

レッスン09を参考に「L10_テーブルの作成.accdb」を開いておく

1 [作成] タブをクリック

2 [テーブルデザイン] をクリック

新しいテーブルが作成され、[テーブル1] がデザインビューで表示された

ここでは、[顧客番号] のフィールドを作成する

◆デザインビュー
テーブルを設計するためのビュー

3 [フィールド名] の空欄をクリック

💡 使いこなしのヒント

[作成] タブの機能を確認する

[作成] タブには、テーブルやクエリなどのオブジェクトを作成するための機能が集められています。[テーブルデザイン] ボタンを使うと、新しいテーブルのデザインビューが開き、フィールドやデータ型を設定できます。

デザインビューを表示してテーブルにフィールド名やデータ型を設定する

💡 使いこなしのヒント

フィールド構成を考える

テーブルの作成は、フィールド名とデータ型を定義するところから始まります。顧客情報を過不足なく保存するには、どのようなフィールドが必要か、またそのフィールドにどのような種類のデータを保存するのかを考えて、テーブルを作成します。

●フィールド名を入力する

テキストが入力できるように
なった

4 「顧客番号」と入力

●データ型を指定する

5 Tab キーを押す

自動的に［データ型］の欄に移動し
「短いテキスト」と表示される

6 ここをクリック ∨ データ型の一覧が表示される

7 ［オートナンバー型］をクリック

データ型を設定できた

💡 **使いこなしのヒント**

フィールドには命名規則がある

フィールド名には、以下のような命名規則
があります。

・64文字以内で指定する
・半角のピリオド「.」、感嘆符「!」、角カッ
　コ「[]」を使わない
・先頭にスペースを入れない

なお、規則上は可能でもトラブルの元に
なることがあるので、途中にスペースを入
れるのは避けるのが無難です。記号も多
用せずに、アンダースコア「_」程度にと
どめておくといいでしょう。

🔍 **用語解説**

オートナンバー型

オートナンバー型を設定すると、各レコー
ドに異なる値が自動入力されます。初期
設定では、1、2、3…と、連番が入力され
ます。

💡 **使いこなしのヒント**

最初の設定が肝心

テーブルにデータを入力したり、テーブ
ルからクエリやフォームを作成したりした
あとでフィールド名やデータ型を変更する
と、不具合が生じることがあります。フィー
ルド名とデータ型は最初にきちんと決め
ましょう。

次のページに続く ➡

●残りのフィールドを設定する

その他のフィールドも作成する

●作成するフィールドの内容

フィールド名	データ型
顧客名	短いテキスト
顧客名カナ	短いテキスト
郵便番号	短いテキスト
都道府県	短いテキスト
住所	短いテキスト
電話番号	短いテキスト
DM希望	Yes ／ No型
登録日	日付／時刻型

📖 用語解説

短いテキスト

短いテキストは、255文字までの文字を保存するためのデータ型です。計算対象にならない郵便番号など数字の保存にも使用します。

📖 用語解説

Yes/No型

Yes/No型は、「はい」「いいえ」の二者択一のデータに使用します。ここではYes/No型の［DM希望］フィールドに、顧客がDM（ダイレクトメール）を希望しているかどうかの情報を入力します。

👍 スキルアップ

フィールドを入れ替えるには

フィールド名の左にある四角形を「フィールドセレクター」と呼びます。フィールドセレクターを➡の形のマウスポインターでクリックすると、そのフィールドが選択されます。その状態でフィールドセレクターをドラッグすると、フィールドを移動できます。ドラッグ中に移動先を示す線が表示されるので、それを目安にするといいでしょう。

2 主キーを設定する

このテーブルの主キーを [顧客番号] フィールドに設定する

1 [顧客番号] フィールドを
クリック

用語解説

主キー

主キーとは、レコードを識別するための
フィールドです。主キーを設定したフィー
ルドには、重複するデータを入力できませ
ん。また、フィールドを空欄にすることも
できません。

2 [主キー] をクリック

使いこなしのヒント

主キーの設定と解除

[テーブルデザイン] タブの [主キー] を
クリックすると、選択したフィールドを主
キーとして設定できます。再度クリックす
ると、主キーが解除されます。[主キー]
をクリックするごとに、設定と解除が切り
替わります。

 [顧客番号] フィールドが
主キーに設定された

 フィールドセレクターにカギの
マークが表示された

使いこなしのヒント

カギのマークが表示される

フィールドセレクターに表示されるカギの
マークは、そのフィールドが主キーフィー
ルドであることを示します。

次のページに続く➡

3 テーブルに名前を付けて保存する

作成したテーブルに名前を付けて保存する

1 [上書き保存] をクリック

[名前を付けて保存] 画面が表示される

2 「T_顧客」と入力　**3** [OK] をクリック

テーブルを保存できた　「T_顧客」と表示された

ナビゲーションウィンドウにもテーブル名が表示された

💡 使いこなしのヒント

オブジェクトが保存される

WordやExcelで [上書き保存] をクリックするとファイル全体が保存されますが、Accessでは前面に表示されているオブジェクトがデータベースファイルに保存されます。

🔲 ショートカットキー

上書き保存	Ctrl + S

💡 使いこなしのヒント

命名ルールを決めよう

オブジェクトの命名規則は、53ページで紹介した「フィールドの命名規則」と基本的に同じです。本書では、以下のように命名します。

テーブル：T_○○○
クエリ：Q_○○○
フォーム：F_○○○
レポート：R_○○○

なお、アンダースコア「_」は、一般的なキーボードでは Shift キーを押しながらひらがなの「ろ」のキーを押して入力します。

💡 使いこなしのヒント

主キーを設定しなかった場合

主キーを設定せずにテーブルを保存すると、「主キーが設定されていません。」というメッセージが表示されます。[はい] をクリックすると、オートナンバー型の「ID」という名前のフィールドが自動的に追加されます。[いいえ]をクリックすると、主キーが設定されないままテーブルが保存されます。

主キーを設定しないとメッセージが表示される

4 テーブルを閉じる

テーブルを確認できたら
[T_顧客] を閉じる

1 ここをクリック

[T_顧客] が閉じた

使いこなしのヒント

右端の [×] も使える

タブの表示領域の右端にある[×]をクリックしても、テーブルが閉じます。複数のオブジェクトが開いている場合、前面に表示されているオブジェクトが閉じます。

使いこなしのヒント

保存確認が表示されたら

テーブルを保存したあとでフィールド名やデータ型を変更した場合、テーブルを閉じるときに保存確認のメッセージが表示されます。[はい] をクリックすると、上書き保存されます。

1 クリックすると上書き
保存される

使いこなしのヒント

オブジェクト名を変更するには

保存したオブジェクトの名前は、ナビゲーションウィンドウに一覧表示されます。オブジェクトが閉じている状態で以下のように操作すると、オブジェクト名を変更できます。

1 [T_顧客] を
右クリック

2 [名前の変更]
をクリック

11

テーブルを開いて
ビューを切り替えよう

ビューの切り替え

練習用ファイル L11_ビューの確認.accdb

基本編 第 2 章 テーブルを作成しよう

このレッスンでは、テーブルを開く方法と、ビューを切り替える方法を紹介します。テーブルを開くと、データシートビューが表示されます。デザインビューを使いたいときは、ビューを切り替えます。

🔍 キーワード

データシート	P.440
デザインビュー	P.440
ビュー	P.441

1 [T_顧客] を開く

ナビゲーションウィンドウから
[T_顧客] を開く

1 [T_顧客] をダブルクリック

[T_顧客] がデータシート
ビューで表示された

◆ データシートビュー
テーブルにデータを入力するためのビュー

レッスン10で設定した
フィールド名が表示された

📖 用語解説

データシートビュー

ナビゲーションウィンドウでテーブルをダブルクリックすると、そのテーブルのデータシートビューが開きます。データシートビューは、データを入力・表示する画面です。

デザインビューで設定したフィールド名
の下にデータを入力できる

💡 使いこなしのヒント

**オブジェクトの種類によって
ビューの種類が異なる**

テーブル、クエリ、フォーム、レポートはそれぞれ独自のビューを持ちます。テーブルには、データシートビューとデザインビューがあります。

💡 使いこなしのヒント

デザインビューを開くには

ナビゲーションウィンドウでテーブルを右クリックして、[デザインビュー] をクリックすると、最初からテーブルのデザインビューが開きます。

●デザインビューに切り替える

デザインビューを表示する

1 [ホーム] タブをクリック **2** [表示] をクリック

[T_顧客] のデザインビューが表示された

●データシートビューに切り替える

3 [ホーム] タブをクリック **4** [表示] をクリック

データシートビューに切り替わる

[表示] のクリックで ビューが切り替わる

テーブルが開いているときに [表示] をクリックすると、クリックするごとに、デザインビューとデータシートビューが交互に切り替わります。

ボタン	説明
	データシートビューに切り替える
	デザインビューに切り替える

使いこなしのヒント

一覧から切り替える

[表示] の下側をクリックすると、ビューの一覧が表示されます。ここからビューを切り替えることもできます。

ここからビューを切り替えられる

使いこなしのヒント

[表示] ボタンの場所はどこ?

[表示] ボタンは [ホーム] タブのほかにも、以下のタブに用意されています。

・データシートビューの[テーブルのフィールド] タブ
・デザインビューの [テーブルデザイン] タブ

12 データのサイズを定義しよう

フィールドサイズ　　　　　**練習用ファイル**　L12_データサイズ.accdb

テーブルでは、各フィールドに対して「フィールドプロパティ」と呼ばれる詳細な設定を行えます。設定項目の種類は、データ型によって変わります。ここでは［短いテキスト］型のフィールドプロパティである［フィールドサイズ］を使い、フィールドに入力できる文字数の上限を設定します。

🔍 キーワード

フィールド	P.441
フィールドサイズ	P.441
フィールドプロパティ	P.441

1 フィールドサイズを設定する

> レッスン11を参考に［T_顧客］をデータシートビューで開いておく

> ［顧客名］フィールドのサイズを設定する

1 ［顧客名］フィールドをクリック

2 ［フィールドサイズ］をクリック

3 「30」と入力

> ［顧客名］フィールドのフィールドサイズが設定された

> 同様にほかのフィールドもそれぞれサイズを設定しておく

📖 用語解説

フィールドプロパティ

「フィールドプロパティ」とは、フィールドに対して設定できる設定項目のことです。デザインビューの［フィールド］欄で選択したフィールドの設定項目が、［フィールドプロパティ］欄に表示されます。

📖 用語解説

フィールドサイズ

［フィールドサイズ］プロパティは、フィールドに入力できるデータのサイズのことです。［短いテキスト］型の場合、1〜255までの文字数を指定します。例えば「30」と指定すると、そのフィールドに30文字までの文字列を入力できます。

●入力するデータの内容

フィールド名	サイズ
顧客名カナ	30
郵便番号	10
都道府県	10
住所	50
電話番号	20

フィールドサイズの設定効果

［短いテキスト］型のフィールドサイズの
初期値は255です。そのままにしておくと、
たとえフィールドに1文字しか入力しなく
ても、255文字分の保存領域が使われま
す。これを必要最小限のサイズに変える
ことで、保存容量を節約できます。

2 上書き保存する

テーブルデザインの変更を上書き保存する	**1**	［上書き保存］をクリック	🖫

テーブルデザインの変更が保存された

⚠ ここに注意

データを入力したあとでフィールドサイズ
を小さくすると、サイズを超えた分のデー
タが失われるので注意してください。

数値型のフィールドサイズを設定するには

［数値型］と［オートナンバー型］のフィールドでもフィール
ドサイズを設定できます。［数値型］のフィールドサイズは、
下表の中から選択します。いろいろな選択肢がありますが、
整数を保存するフィールドには［長整数型］、小数を保存す
るフィールドには［倍精度浮動小数点型］を設定するのが一
般的です。［オートナンバー型］には、下表のうち［長整数型］
と［レプリケーションID］が用意されています。特別な目的
がない限り、初期値の［長整数型］を使用します。

●数値型のフィールドプロパティ

設定値	説明
バイト型	0 ～ 255の整数
整数型	$-32,768 ～ 32,767$の整数
長整数型	$-2,147,483,648 ～ 2,147,483,647$の整数
単精度浮動小数点型	最大有効桁数7桁の$-3.4×10^{38} ～ 3.4×10^{38}$の数値
倍精度浮動小数点型	最大有効桁数15桁の$-1.797×10^{308} ～ 1.797×10^{308}$の数値
レプリケーションID型	「GUID」と呼ばれる固有の値を保存する場合に使用
十進型	$-9.999\cdots×10^{27} ～ 9.999\cdots×10^{27}$の数値

13 テーブルでデータを入力しよう

テーブルの入力 | **練習用ファイル** L13_データ入力.accdb

テーブルにはデータ入力を容易にするためのさまざまな入力補助機能があります。レッスン15以降でそのような機能を紹介していきますが、まずはここで1回、データの入力を体験してみましょう。テーブルでデータを入力するには、データシートビューを使用します。

🔍 キーワード

データシート	P.440
フィールド	P.441
レコード	P.442

データシートビューでデータを入力

After　　　　　　　　　　　　　　　フィールドにデータが入力された

T_顧客									
顧客番号	顧客名	顧客名カナ	郵便番号	都道府県	住所	電話番号	DM希望	登録日	クリックして追加
1	長谷川 健司	ハセガワ ケン	216-0033	神奈川県	川崎市宮前区	044-639-××××	☑	2023/04/01	
(新規)							☐		

1 フィールドにデータを入力する

レッスン11を参考に[T_顧客]をデータシートビューで開いておく

ここに顧客情報を入力していく

💡 使いこなしのヒント

入力欄が1行だけ表示される

Excelの場合はワークシートにセルが複数列×複数行表示され、どのセルからでも入力を始められます。一方、Accessでは新規入力行は常に1行しかありません。新規入力行にデータを入力すると、その下に新しい新規入力行が追加されます。

T_顧客		
顧客番号	顧客名	顧客
1	長谷川 健司	
(新規)		

新規入力が可能な行は常に1行のみで、最終行に自動で追加される

●データを入力する

カーソルを［顧客名］フィールドに移動する	**1** ［顧客名］フィールドをクリック

レコードセレクターに鉛筆マークが表示される	**2** 「長谷川　健司」と入力	氏名の間の空白は全角文字で入力する

［顧客番号］が自動的に1になる

3 Tab キーを押す

![T_顧客テーブル]

［顧客名カナ］フィールドにカーソルが移動した	同様にほかのフィールドも入力しておく

●入力するデータの内容

顧客名カナ	ハセガワ　ケンジ
郵便番号	2160033
都道府県	神奈川県
住所	川崎市宮前区宮崎x-x-x
電話番号	044-639-xxxx
DM希望	（チェックを付ける）
登録日	2023/04/01

使いこなしのヒント

［顧客番号］は自動入力される

他のフィールドに入力を開始すると、［オートナンバー型］の［顧客番号］フィールドに、数値の連続番号が自動入力されます。

T_顧客

他のフィールドにデータが入力されると［オートナンバー型］のフィールドに連続番号が自動入力される

使いこなしのヒント

レコードセレクターのマークとは

レコードセレクターには、レコードの状態を表すマークが表示されます。鉛筆のマークは、レコードが編集中であることを示します。

マーク	意味
	保存済みのレコード
✎	編集中のレコード
✳	新しいレコード

使いこなしのヒント

フィールド間を移動するには

データを入力したあと、Tab キーまたは Enter キーを押すと、カーソルが次のフィールドに移動します。また、Shift ＋ Tab キーを押すと、カーソルが前のフィールドに戻ります。

次のページに続く →

●「登録日」を日付選択カレンダーから入力する

[DM希望] までのフィールドを入力しておく

1 [登録日] をクリック

2 ここをクリック

日付選択カレンダーが表示された

ここをクリックするとカレンダーの月を変更できる

3 2023年4月 に切り替える

4 [1] をクリック

「2023/04/01」が入力された

● 使いこなしのヒント

チェックボックスが表示される

[Yes / No型] のフィールドにはチェックボックスが表示されます。クリックするごとにチェックの有無を切り替えられます。フィールドにカーソルがある状態で space キーを押しても、チェックマークの有無を切り替えられます。

1 クリックごとにチェックの有無を切り替えられる

● 使いこなしのヒント

日付選択カレンダーを利用するには

日付選択カレンダーを開くと、今月の日付が表示されます。◁ や ▷ を使うと、月を切り替えられます。なお、生年月日のように何年も前の日付を入力する場合は、カレンダーの月を切り替えるより日付を直接入力したほうが手軽です。

● 使いこなしのヒント

レコードは自動保存される

データを入力したあと、他のレコードにカーソルを移動したり、テーブルを閉じたりすると、編集中のレコードは自動で保存されます。

● 使いこなしのヒント

レコードを手動で保存するには

編集中のレコードを強制的に保存するには、レコードセレクターをクリックします。レコードが保存されると、鉛筆のマークが消えます。

⌨ ショートカットキー

レコードの保存　　　[Shift]＋[Enter]

2 レコードを保存する

すべてのフィールドを入力したら
レコードを保存する

1 最後のフィールドを入力した
状態で Tab キーを押す

レコードが保存された

カーソルが移動し、次のデータを入力できるようになる

使いこなしのヒント

フィールドの入力を取り消すには

レコードの入力中、レコードセレクターに鉛筆のマークが表示されます。その状態で Esc キーを押すと、現在編集中のフィールドの入力が取り消されます。もう一度 Esc キーを押すと、現在編集中のレコードの入力が取り消されます。レコードの入力を取り消すと、[オートナンバー型]のフィールドに表示されていた番号は欠番になり、新しいレコードには次の番号が入力されます。

使いこなしのヒント

レコードを削除するには

レコードを削除するには、レコードを選択して Delete キーを押します。レコードの削除は、[ホーム]タブの[元に戻す]ボタンで戻すことができません。削除するときは慎重に操作しましょう。なお、レコードを削除すると、[オートナンバー型]のフィールドに表示されていた番号は欠番になります。

1 レコードセレクターをクリック

削除を確認する画面が表示される

レコードが選択された **2** Delete キーを押す

3 [はい]をクリック　レコードが削除される

スキルアップ

レコードの表示を切り替える

データシートビューで複数のレコードを入力した場合、画面の下にある移動ボタンを使うと、レコード間でカーソルを移動できます。

◆先頭レコード　◆次のレコード　◆最終レコード

◆前のレコード　◆カレントレコード
選択しているレコードの番号とテーブルのレコード数が表示される

◆新しい（空の）レコード

14 フィールドの幅を調整しよう

列幅の変更　　　　　　　**練習用ファイル**　L14_フィールド幅.accdb

初期設定の列幅では、住所などの長い文字列データが最後まで表示しきれない場合があります。フィールドに入力したデータに合わせて、適切に列幅を調整し、データを見やすく表示しましょう。

キーワード

データシート	P.440
フィールド	P.441

入力するデータに合わせて列幅を調整する

Before

データに合わせた列幅にしたい

After

それぞれのデータに合った列幅になった

1 フィールドの幅を調整する

レッスン11を参考に［T_顧客］をデータシートビューで開いておく

フィールドの幅が狭いので、文字の一部が表示されていない

使いこなしのヒント

列幅の自動調整をするには

フィールドの右の境界線をダブルクリックすると、その列のフィールド名や、現在画面上に表示されているデータが収まるように、列幅が自動調整されます。Excelのワークシートにも同様の機能がありますが、Accessの場合は画面より下の表示されていないデータは、考慮されません。

●幅を自動調整する

1	[顧客名カナ] フィールドの境界に マウスポインターを合わせる

マウスポインターの形が 変わった

2	そのままダブルクリック

入力されている文字数に合わせて
フィールドの幅が広がった

残りのフィールドも調整しておく

2 上書き保存する

データシートの変更を 上書き保存する

1	[上書き保存] を クリック

データシートの変更が保存された

💡 使いこなしのヒント

自由な幅に変更するには

フィールドの右の境界線をドラッグする
と、列幅を自由なサイズに変更できます。

💡 使いこなしのヒント

標準の幅に戻すには

フィールドセレクターをクリックして
フィールドを選択し、[ホーム] タブの [そ
の他] - [フィールド幅] をクリックしま
す。[列の幅] 画面が表示されるので、[標
準の幅] をクリックしてチェックマークを
付けると、初期の幅に戻せます。

1	ここをクリックすると 初期の幅に戻せる

💡 使いこなしのヒント

レイアウトを保存するには

データシートビューで行ったデータの入
力・編集は自動保存されますが、列幅の
設定などレイアウトの変更は、手動で上
書き保存する必要があります。上書き保
存せずにテーブルを閉じると、「レイアウ
トの変更を保存しますか?」という保存確
認が表示されます。

レッスン 15 フィールドの初期値を設定しよう

既定値　　　　　**練習用ファイル** L15_フィールド初期値.accdb

[短いテキスト][数値型][日付／時刻型][Yes ／ No型] など、多くのデータ型は「既定値」というフィールドプロパティを持ちます。このプロパティを利用すると、新規レコードにあらかじめ入力しておくデータを指定できます。

キーワード

デザインビュー	P.440
フィールド	P.441
フィールドプロパティ	P.441

入力が期待されるデータをあらかじめ表示しておく

After

あらかじめ既定値が入力されている

1 フィールドの既定値を設定する

レッスン11を参考に [T_顧客] をデザインビューで表示しておく

1 [DM希望] フィールドをクリック

[既定値] プロパティに「No」が入力されていることを確認する

使いこなしのヒント

既定値を設定して入力効率を上げる

フィールドに入力される可能性が高いデータをあらかじめ既定値として新規レコードに入力しておくと、入力の手間を省けます。既定値として入力されたデータは、必要に応じて手動で別の値に変更できます。

使いこなしのヒント

既存データには影響しない

[既定値] プロパティの設定が影響するのは新規レコードだけです。[既定値] プロパティの変更によって、既存のデータが変わることはありません。

●既定値を入力する

2　[既定値] プロパティに「Yes」と入力

フィールドの既定値が変更された

| 変更を保存する | 3　[上書き保存] をクリック |

変更が保存された

2　表示を確認する

表示を切り替えて確認する　　1　[表示] をクリック

表示が切り替わり新規レコードの [DM希望] フィールドにチェックマークが付いていることが確認できる

💡 使いこなしのヒント

[Yes ／ No型] の既定値は何?

[Yes ／ No型] のフィールドの [既定値] プロパティには、初期設定で「No」が設定されています。そのため、新規レコードのチェックボックスはチェックが外された状態で表示されます。ここでは [既定値] を「Yes」に変更します。

👍 スキルアップ

[登録日] に今日の日付を自動入力する

[日付/時刻型] のフィールドの [既定値] プロパティに「Date()」と入力すると、新規レコードに自動で今日の日付を入力できます。「Date」は、今日の日付を求めるための関数です。関数の詳細はレッスン30を参照してください。

| 1　「Date()」と入力 | 今日の日付が自動で入力される |

💡 使いこなしのヒント

ビューを切り替える前に上書き保存する

デザインビューで設定を変更した場合、上書き保存しないとデータシートビューに切り替えられません。上書き保存しないでデータシートビューに切り替えると、保存を促されます。

上書き保存を促される

16 顧客名のふりがなを 自動入力しよう

ふりがな

練習用ファイル L16_ふりがな自動入力.accdb

［顧客名］フィールドに氏名を入力したときに、そのふりがなが自動で［顧客名カナ］フィールドに入力されるようにしましょう。［ふりがなウィザード］を使用すると、ふりがなの入力先や文字の種類を簡単に設定できます。

キーワード

ウィザード	P.438
フィールド	P.441
フィールドプロパティ	P.441

顧客名を入力するだけでふりがなを自動入力

After

［顧客名］フィールドに入力した文字に自動的に全角カタカナのふりがなが入力される

1 ［ふりがなウィザード］を設定する

レッスン11を参考に［T_顧客］をデザインビューで表示しておく

［顧客名］フィールドに入力した文字のふりがなが［顧客名カナ］フィールドに入力されるようにする

1 ［顧客名］フィールドをクリック

使いこなしのヒント

ふりがなは並べ替えに利用できる

［顧客名カナ］フィールドは、［顧客名］を並べ替えるときに使用するフィールドです。Accessでは、漢字データのフィールドで並べ替えを行うと文字コード順になり、五十音順になりません。五十音順に並べ替えるには、漢字の読みを入力したフィールドが必要です。

ここに注意

ふりがなの自動入力の設定をするときは、ふりがなの元となる漢字のフィールド（ここでは［顧客名］）を選択します。間違ってふりがなの入力先（ここでは［顧客名カナ］）を選択しないようにしましょう。

●[ふりがなウィザード] を起動する

フィールドプロパティが切り替わる

2 [ふりがな] プロパティを
  クリック

3 ここをクリック […]

用語解説

ウィザード

「ウィザード」とは、画面に表示される選択項目を選ぶだけで、複雑な設定を自動的に行えるようにした機能です。

使いこなしのヒント

プロパティに対応したウィザードが表示される

[ふりがな] プロパティをクリックすると、[…] ボタンが表示されます。このボタンは、プロパティの設定用の画面を起動するボタンです。[ふりがな] プロパティの場合、[ふりがなウィザード] が起動します。

---

2 ふりがなの入力先と文字種を設定する

[ふりがなウィザード] が起動する | ふりがなの入力先を指定する | 1 ここをクリック [∨]

2 [顧客名カナ] をクリック

使いこなしのヒント

保存確認が表示された場合

手順1の操作3のあとで、テーブルの保存確認のメッセージが表示されることがあります。その場合、[はい] をクリックして保存すると、[ふりがなウィザード] が起動します。

[はい] をクリックして保存

次
の
ペ
ー
ジ
に
続
く
➡

●ふりがなの文字種を指定する

[ふりがなの入力先] に [顧客名カナ]
フィールドが指定された

3 ここをクリック

4 [全角カタカナ] を
クリック

[ふりがなの文字種] に全角カタカナ
が指定された

5 [完了] をクリック

プロパティの変更を確認する
画面が表示された

6 [OK] をクリック

ふりがなの種類は
どんなものがあるの?

ふりがなの文字の種類は、[全角ひらがな]
[全角カタカナ] [半角カタカナ] から選択
します。

[ふりがな] プロパティの
設定値とは

[ふりがなウィザード] が完了すると、[顧
客名] フィールドの [ふりがな] プロパティ
に [顧客名カナ] が設定されます。

[顧客名カナ] フィールドが設定される

ふりがなの自動入力を
解除するには

[ふりがな] プロパティに設定された「顧
客名カナ」の文字を Delete キーで削除す
ると、ふりがなの自動入力が解除されます。

3 ふりがなが自動入力されることを確認する

[ふりがなウィザード] が閉じて デザインビューの画面に戻る	ビューを切り替える

1 [ホーム] タブをクリック

2 [表示] をクリック

データシートビューに切り替わる

3 新規レコードの [顧客名] を
クリック

入力を確認する

4 顧客名を入力

[顧客名カナ] にふりがなが
自動入力された

使いこなしのヒント

漢字変換前の読みが
ふりがなとなる

氏名の漢字を変換する前の「読み」がふりがなとなります。例えば「たける」と入力して「健」に変換した場合、ふりがなは「たける」になります。

使いこなしのヒント

自動入力されたふりがなを
修正するには

氏名を別の読みで変換した場合、[顧客名カナ] フィールドに間違ったふりがなが自動入力されます。その場合、[顧客名カナ] フィールドをクリックして、自動入力されたふりがなを直接キーボードから修正してください。

使いこなしのヒント

[顧客名カナ] フィールドの
プロパティも変更される

手順2の操作4で [全角カタカナ] を選択すると、[顧客名カナ] フィールドの [IME入力モード] プロパティに [全角カタカナ] が設定されます。そのため [顧客名カナ] フィールドのデータを編集するときに、入力モードが自動で カ になります。[IME入力モード] プロパティについてはレッスン18で詳しく解説します。

17 郵便番号から住所を自動入力しよう

住所入力支援　　　　　**練習用ファイル** L17_住所自動入力.accdb

[郵便番号] フィールドに郵便番号を入力したときに、[都道府県] フィールドと [住所] フィールドに住所が自動入力されるように設定しましょう。長い住所や読み方が分からない住所を、7文字の郵便番号から瞬時に入力できるので便利です。

🔍 **キーワード**

ウィザード	P.438
フィールド	P.441
フィールドプロパティ	P.441

郵便番号を入力するだけで住所を自動入力

After　　　　　　　　　　　　　　　郵便番号を入力すると自動で住所が入力される

1 [住所入力支援ウィザード] を起動する

レッスン11を参考に [T_顧客] をデザインビューで表示しておく

1 [郵便番号] フィールドをクリック

2 ここをドラッグしてスクロール

🔍 用語解説

[住所入力支援] プロパティ

[住所入力支援] プロパティは、郵便番号から住所を、住所から郵便番号を自動入力する機能です。例えば、[郵便番号] フィールドに「1520032」と入力すると、[都道府県] と [住所] フィールドに「1520032」に対応する住所が自動入力されます。反対に、[都道府県] [住所] フィールドに住所を入力したときは、[郵便番号] フィールドに郵便番号が自動で入力されます。

基本編　第2章　テーブルを作成しよう

●[住所入力支援ウィザード]を起動させる

下部にあるフィールドプロパティが表示される

3 [住所入力支援]プロパティをクリック

4 ここをクリック ⋯

●郵便番号を入力するフィールドを指定する

[住所入力支援ウィザード]が
起動した

5 [郵便番号]のここを
クリック

6 [郵便番号]をクリック

7 [次へ]をクリック

使いこなしのヒント

保存確認が表示された場合

手順1の操作4のあとで、テーブルの保存
確認のメッセージが表示されることがあり
ます。その場合、[はい]をクリックして
保存すると、[住所入力支援ウィザード]
が起動します。

使いこなしのヒント

データの入力支援機能とは

テーブルでは、このレッスンで紹介する
住所入力支援のほかに、前レッスンで紹
介したふりがな自動入力、次レッスンで紹
介する日本語入力モードの自動切り替え
などの入力支援機能が用意されています。
これらの機能を活用して、データ入力の
効率化を図りましょう。

使いこなしのヒント

**[短いテキスト]の
フィールド名から選ぶ**

手順1の操作6のリストには、テーブルに
含まれる[短いテキスト]型のフィールド
名が一覧表示されます。その中から郵便
番号を入力するフィールドを選択します。

次のページに続く →

●住所を入力するフィールドを指定する

8 ［都道府県と住所の2分割］をクリック　　**9** ［都道府県］を選択

10 ［住所］を選択　　**11** ［完了］をクリック

確認画面が表示される　　**12** ［OK］をクリック

●設定を確認する

住所入力支援の設定を確認する　　**13** ［郵便番号］フィールドをクリック

［定型入力］プロパティに「000¥-000;;_」、［住所入力支援］プロパティに「都道府県;住所」が設定された

住所の構成を設定する

手順1の操作8では、住所の入力先のフィールド構成を選択します。［T_顧客］テーブルでは住所を［都道府県］［住所］の2フィールドに分割して入力するので、［都道府県と住所の2分割］を選択します。

［住所入力支援］プロパティの設定値を確認しよう

［住所入力支援ウィザード］が完了すると、［郵便番号］［都道府県］［住所］の各フィールドの［住所入力支援］プロパティに以下の文字列が設定されます。

・［郵便番号］：都道府県;住所
・［都道府県］：郵便番号;;;
・［住所］：郵便番号;;;

これらの設定により、郵便番号から住所、住所から郵便番号の双方向の自動入力が可能になります。

設定を解除するには

［郵便番号］［都道府県］［住所］の各フィールドの［住所入力支援］プロパティから設定値の文字列を削除すると、郵便番号から住所、住所から郵便番号の自動入力を解除できます。

［都道府県］［住所］の2フィールドから設定値を削除した場合は、住所から郵便番号の自動入力だけが解除されます。

2 住所が自動入力されることを確認する

データシートビュー表示に
切り替える

1 [表示] をクリック

データシートビューで表示された

郵便番号がハイフン付き
で表示された

2 2件目のレコードの [顧客名カナ]
フィールドをクリック

3 Tab キーを押す

カーソルが移動した

4 「1」と入力

データを入力する位置に
「_」が表示された

5 「520032」と入力

「152-0032」と表示され、都道府県と住所が
自動入力された

住所の残り（「x-x-x」）を入力しておく

使いこなしのヒント

定型入力を利用するには

[住所入力支援ウィザード] で設定を行う
と、[郵便番号] フィールドの [定型入力]
プロパティに郵便番号の入力パターンが
自動設定されます。郵便番号を入力する
ときに、7桁分の「_」が表示され、7つ
の数字の入力が促されます。定型入力に
ついては、81ページのスキルアップで詳
しく解説します。

郵便番号7桁分の「_」が
表示される

使いこなしのヒント

ハイフンは入力しなくていい

[住所入力支援ウィザード] では、郵便番
号にハイフン「-」が自動表示されるよう
に設定されます。そのため、郵便番号を
入力するとき、ハイフン「-」の入力は必
要ありません。「1520032」と7つの数字
を入力すると、自動的に「152-0032」と
表示されます。入力済みの郵便番号も、
ハイフン付きで表示されます。

使いこなしのヒント

実際に保存されるデータとは

[郵便番号] フィールドに表示されるハ
イフンは、表示上だけのものです。実
際にフィールドに保存されるデータは、
「1520032」のような、ハイフンを除いた
7桁の数字になります。

18 日本語入力モードを自動切り替えしよう

IME入力モード　　　**練習用ファイル**　L18_日本語入力モード.accdb

[IME入力モード] プロパティを使用すると、入力時に日本語入力モードを自動で切り替えられます。ひらがなや漢字を入力するフィールドでは「オン」に、英数字を入力するフィールドでは「オフ」にしておくと効率よく入力できます。

基本編　第2章　テーブルを作成しよう

🔍 **キーワード**	
フィールド	P.441
フィールドプロパティ	P.441

入力するデータに合わせて入力モードを自動で切り替える

After　　　入力するデータの内容によって入力モードが切り替わる

1 [IME入力モード] を設定する

レッスン11を参考に [T_顧客] をデザインビューで表示しておく

1 [電話番号] フィールドをクリック

🔍 用語解説

日本語入力モード

日本語入力モードとは、キーボードから文字を入力するときに日本語を入力できる状態のことです。[半角/全角]キーを押すごとに、日本語入力モードのオンとオフが切り替わります。

●日本語入力モード：オン

[ひらがな] モードになる

●日本語入力モード：オフ

[半角英数字] モードになる

●[IME入力モード] の設定を変更する

[電話番号] のフィールド
プロパティが表示される

[IME入力モード] に [オン] が
設定されていることを確認する

次のページに続く →

2 [IME入力モード] をクリック

3 ここをクリック

入力モードの一覧が表示される

4 [オフ] をクリック

[オフ] が設定された

[上書き保存] をクリックして
上書き保存しておく

🔆 使いこなしのヒント

入力モードを設定する

[短いテキスト] 型では初期設定で [IME
入力モード] プロパティに [オン] が設定
されています。そのため、電話番号を入
力するときに日本語入力モードが自動的に
[ひらがな] あになります。ここでは設定
を [オフ] に変更して、電話番号を [半
角英数字] Ａ の状態で入力できるように
します。

🔆 使いこなしのヒント

[オフ] と [使用不可] の違いは何?

操作4のメニューから [オフ] を選択した
場合と [使用不可] を選択した場合のど
ちらも、入力時に日本語入力モードがオフ
Ａ になります。2つの違いは、[オフ] で
は [半角/全角] キーを使って手動でオンに切り替
えられるのに対して、[使用不可] ではオ
ンにできないことです。

🔆 使いこなしのヒント

[オン] と [ひらがな] の違いは何?

操作4のメニューから [ひらがな] を選択
すると、入力時に日本語入力モードが確
実に [ひらがな] あになります。[オン]
を選択した場合も [ひらがな] あになり
ますが、環境や操作状況によってごくま
れに [全角カタカナ] カ など他のモード
に変わることがあります。それが心配なら
[ひらがな] に設定しておきましょう。

2 日本語入力モードの切り替わりを確認する

事前にふりがなの設定を行うには

レッスン16の［ふりがなウィザード］で、ふりがなの文字種として［全角カタカナ］を設定しました。この設定を行うと、ふりがなの入力先である［顧客名カナ］フィールドの［IME入力モード］プロパティに自動で［全角カタカナ］が設定されます。

データシートビューに切り替える　| 1 | ［表示］をクリック

データシートビューが表示された

自動で日本語入力がオフになる

レッスン17で［郵便番号］フィールドの［定型入力］プロパティに半角数字7桁の入力パターンが設定されました。この設定により、［郵便番号］フィールドの［IME入力モード］プロパティの設定値が［オン］のままでも、入力時に日本語入力モードが自動でオフになります。

入力モードの切り替わりを確認する　| 2 | 2件目のレコードの［住所］フィールドをクリック

日本語入力モードが［あ］になった

| 3 | Tab キーを押す

［電話番号］フィールドにカーソルが移動した

番地を半角で入力する場合は

住所は自動入力されるので、［住所］フィールドで手入力が必要になるのは番地データです。番地を「1-2-3」のように半角で入力する場合は、［IME入力モード］プロパティに［オフ］を設定しておくといいでしょう。

日本語入力モードが［A］になった

●データを入力する

続けてデータを入力する	**4** 電話番号と登録日を入力しておく

2件目のレコードの入力が完了した

5	残りのレコードを入力する

6	ここをクリックして［T_顧客］を 閉じておく	

使いこなしのヒント

残りのレコードはどうするの？

操作5で入力するレコードの内容は付録ページに掲載しています。参考にしてください。なお、以降の練習用ファイルにはレコードが入力された状態になっています。

スキルアップ

［定型入力］プロパティの設定をするには

レッスン17で［住所入力支援ウィザード］を使用したときに、［郵便番号］フィールドの［定型入力］プロパティに「000¥-0000;;_」が自動設定されました。［定型入力］プロパティの設定値は、セミコロン「;」で区切られる3つのセクションからなります。

```
000¥-0000;;_
```

| 第1セクション | 第2セクション | 第3セクション |

●定型入力文字の例

記号	説明
0	「0」の位置に半角の数字を入力。省略不可
9	「9」の位置に半角の数字を入力。省略可
¥	後ろの文字をそのまま表示する
""	「""」で囲んだ文字をそのまま表示する

●第1セクション：入力パターンの定義

第1セクションでは、「定型入力文字」と呼ばれる記号を使用して入力パターンを定義します。「000¥-0000」と定義した場合、必ず半角数字7つを入力しないとデータを確定できません。

●第2セクション：定型入力の文字の保存

「¥」の後ろの文字や「""」で囲んだ文字などの保存方法を指定します。「0」を指定すると保存され、「1」を指定するか省略すると保存されません。［T_顧客］テーブルの［郵便番号］フィールドでは第2セクションが省略されているので、ハイフン「-」は保存されません。ハイフンを含めた郵便番号を保存したい場合は、「000¥-000;0;_」のように第2セクションに「0」を指定してください。

●第3セクション：代替文字の指定

1文字分の入力位置にあらかじめ表示しておく文字を指定します。省略するとアンダースコア「_」が表示されます。

この章のまとめ

テーブルの仕組みを理解しよう

テーブルは、データベースの要のオブジェクトです。クエリやフォーム、レポートに表示されるデータの大元はテーブルです。したがって、テーブルをしっかり作り込むことが、データベース全体を適切に運用するためのカギとなります。テーブルにどのようなフィールドが必要か、そのフィールドにはどのようなデータが入力されるのか、よく考えてテーブルを設計しましょう。そして、この章で紹介したさまざまなフィールドプロパティを利用して、データを効率よく入力するための設定も行いましょう。

知らないことだらけでした…！

あまり普段から使うアプリではないですからね。操作をしながら仕組みを理解していきましょう。

入力支援機能がとてもうれしかったです！

ええ、使いこなすと強い味方になってくれます。［定型入力］プロパティもぜひ試してみてくださいね。

基本編

第3章

クエリでデータを抽出しよう

第2章では、顧客情報を保存するテーブルを作成しました。この章では、作成したテーブルから必要なデータを必要な形式で取り出すための、さまざまなクエリを作成します。クエリを使いこなして、データベースのデータを有効活用しましょう。

19

クエリでテーブルからデータを取り出そう

「クエリ」は、データベースに蓄積したデータを活用するための機能です。クエリを使うと、テーブルから必要なデータを取り出して、見やすい順序で表示できます。大量のデータの中から自分に必要なデータを的確に取り出せるように、クエリの使い方を身に付けましょう。

テーブルにデータを問い合わせる

クエリ？　なんだかすっぱそうな名前ですね。
これ、何ですか？

クエリ（query）は「質問」「疑問」といった意味で、データベースの場合は「検索要求」などと訳されますね。
テーブルにデータを「問い合わせる」ときに使うんです。

クエリでデータを操作する

テーブルに入力したデータを、取り出したり並べ替えたりするときに使うのが「クエリ」です。テーブルとクエリが対になることで、Accessの真の力が発揮されるんですよ。

必要な箇所だけ取り出せるんですね！
Accessってこうやって使うのかー！

顧客名	郵便番号	都道府県	住所	DM希望
長谷川 健司	216-0033	神奈川県	川崎市宮前区宮崎x-x-x	☑
山田 愛子	152-0032	東京都	目黒区平町x-x-x	☐
土井 夏美	270-2261	千葉県	松戸市常盤平x-x-x	☑
佐藤 良	340-0046	埼玉県	草加市北谷x-x-x	☑
和田 奈央	181-0005	東京都	三鷹市中原x-x-x	☑
鳥居 みのり	220-0051	神奈川県	横浜市西区中央x-x-x	☐
天野 翔太	275-0014	千葉県	習志野市鷺沼x-x-x	☐
鈴木 卓也	154-0001	東京都	世田谷区池尻x-x-x	☑
藤井 聖子	140-0014	東京都	品川区大井x-x-x	☑
佐藤 由香	261-0012	千葉県	千葉市美浜区磯辺x-x-x	☑
山田 健	350-1108	埼玉県	川越市伊勢原町x-x-x	☐

クエリ1

条件を絞ってデータを取り出そう

抽出条件を使うと、ある数字よりも大きいデータや、特定の期間のデータを絞り込んで取り出すこともできます。ちょっと複雑ですが、使いこなすと効率がぐっと上がりますよ♪

Excelと同じ「>=」みたいな比較演算子が使えるんですね！ 試してみます！

フィールド:	顧客番号	顧客名	登録日	
テーブル:	T_顧客	T_顧客	T_顧客	
並べ替え:				
表示:	☑	☑	☑	☐
抽出条件:	>=10			
または:				

抽出条件を組み合わせて使おう

そしてさらにパワーアップ！ 抽出条件を組み合わせたり、実行のたびに指定したりする方法も紹介します。ここまでマスターすれば、普段の仕事がかなり時短できますよ！

AndとOrの使い分け、きちんと覚えたいと思ってました！しっかりマスターします！

フィールド:	顧客名	都道府県	住所	DM希望	
テーブル:	T_顧客	T_顧客	T_顧客	T_顧客	
並べ替え:					
表示:	☑	☑	☑	☑	
抽出条件:		"千葉県"		Yes	
または:		"神奈川県"		Yes	

20 クエリの基本を知ろう

クエリの仕組み　　　　　　　　　　　　　**練習用ファイル** なし

クエリは、テーブルに保存されているデータを操作するオブジェクトです。この章では、クエリの中でもっとも基本的な「選択クエリ」という種類のクエリの作成方法を紹介します。まずは、選択クエリの機能と画面構成を知っておきましょう。

基本編　第3章　クエリでデータを抽出しよう

🔍 キーワード

クエリ	P.439
選択クエリ	P.440
テーブル	P.440

1 選択クエリの機能

選択クエリの役割は、テーブルからフィールドやレコードを取り出して表示することです。選択クエリを使用すると、以下のような操作を行えます。

・テーブルから一部のフィールドを取り出す
・テーブルのレコードを並べ替える
・テーブルから条件に合致するレコードを取り出す
・テーブルのデータから新しいフィールドを作成する

💡 使いこなしのヒント

クエリの種類と機能を確認しよう

クエリの種類には、選択クエリのほかに、2次元集計を行うクロス集計クエリや、テーブルのデータを更新する更新クエリなどがあります。それらのクエリは、第8章で紹介します。

●テーブル

顧客番号	顧客名	顧客名カナ	DM希望	登録日
1	長谷川	ハセガワ	Yes	2023/04/01
2	和田	ワダ	Yes	2023/04/28
3	天野	アマノ	No	2023/05/07

一部のフィールドを取り出す →

●クエリ

顧客名	顧客名カナ	DM希望
長谷川	ハセガワ	Yes
和田	ワダ	Yes
天野	アマノ	No

レコードを［顧客名カナ］の順に並べ替える →

顧客名	顧客名カナ	登録日
天野	アマノ	2023/05/07
長谷川	ハセガワ	2023/04/01
和田	ワダ	2023/04/28

［DM希望］が「Yes」のフィールドを抽出する →

顧客名	顧客名カナ	DM希望
長谷川	ハセガワ	Yes
和田	ワダ	Yes

［登録日］の月を求めて新しいフィールドに表示する →

顧客名	登録日	登録月
長谷川	2023/04/01	4
和田	2023/04/28	4
天野	2023/05/07	5

2 選択クエリの仕組み

クエリには3つのビューがありますが、主に使用するのは「デザインビュー」と「データシートビュー」です。デザインビューでは、クエリの元になるテーブル、そのテーブルから取り出すフィールドや抽出条件、並べ替えの順序などを設定します。その設定にしたがってテーブルからデータが取り出され、データシートビューに表示されます。

使いこなしのヒント

SQLビューとは

クエリのもう1つのビューである「SQLビュー」は、「SQLステートメント」と呼ばれるプログラミング言語のような文字列でクエリを定義するビューです。本書では扱いません。

●テーブル

●クエリのデザインビュー

◆フィールドリスト
クエリの元になるテーブルのフィールド名が表示される

◆デザイングリッド
テーブルから取り出すフィールドやレコードの抽出条件、並べ替えの順序などの指定をする

●クエリのデータシートビュー

デザインビューの設定にしたがってテーブルからデータが取り出される

21 選択クエリを作成しよう

クエリの作成と実行　　**練習用ファイル**　L21_選択クエリ.accdb

[T_顧客] テーブルには9つのフィールドがあります。このレッスンでは、そのうちの5つのフィールドを抜き出して表示するクエリを作成します。作成したクエリの実行方法と保存方法も紹介します。

🔍 キーワード

クエリ	P.439
選択クエリ	P.440
フィールド	P.441

[T_顧客] テーブルの一部のフィールドを抜き出す

Before

すべてのフィールドが表示されている

After

[顧客名] [郵便番号] [都道府県] [住所] [DM希望] フィールドが取り出された

1 新しいクエリの元になるテーブルを指定する

1 [作成] タブをクリック

2 [クエリデザイン] をクリック

💡 使いこなしのヒント

**新しい選択クエリの
デザインビューが表示される**

[作成] タブの [クエリデザイン] ボタンを使用すると、新しい選択クエリのデザインビューが表示され、クエリに表示するフィールドを指定できます。

●テーブルを追加する

新しいクエリが作成され、クエリの
デザインビューが表示された

[テーブルの追加] 作業ウィンドウ
が表示された

フィールドを追加するテーブルを選
択する

3 [T_顧客] をクリック

4 [選択したテーブルを追加]
をクリック

デザインビューに [T_顧客] テーブルの
フィールドリストが表示された

[テーブルの追加] 作業ウィンドウを
閉じる

5 [×] をクリック

使いこなしのヒント

[テーブルの追加] 作業ウィンドウ とは

[テーブルの追加] 作業ウィンドウは、ク
エリの元になるテーブルを指定するため
の画面です。クエリを新規に作成すると、
自動で表示されます。

使いこなしのヒント

[テーブルの追加] を 手動で開くには

[テーブルの追加] 作業ウィンドウを閉じ
たあとで再度開きたい場合は、[クエリデ
ザイン] タブの [テーブルの追加] をクリッ
クします。

1 クリックする

用語解説

フィールドリスト

「フィールドリスト」とは、テーブルに含
まれるフィールドの一覧リストです。主
キーのフィールドにはカギのマークが表示
されます。

フィールドリスト

次
の
ペ
ー
ジ
に
続
く
→

2 クエリに表示するフィールドを指定する

[テーブルの追加] 作業ウィンドウが閉じた	**1** フィールドリストの下端にマウスポインターを合わせる

マウスポインターの形が変わる ↕

2 下方向にドラッグ

フィールドリストのサイズが変わった

使いこなしのヒント

クエリの種類を確認するには

[クエリデザイン] タブの [クエリの種類] で、現在のクエリの種類を確認できます。選択クエリを作成しているときは、[選択] がオンの状態になります。

オンの状態になる

使いこなしのヒント

フィールドリストのサイズを調整するには

フィールドリストの境界線をドラッグすると、フィールドリストのサイズを調整できます。また、フィールドリストの下の境界線をダブルクリックすると、すべてのフィールドが見えるように高さが自動調整されます。

使いこなしのヒント

フィールドリストを移動するには

フィールドリストのタイトル部分をドラッグすると、デザインビュー内で位置を調整できます。

ここをドラッグすると移動できる

●フィールドを追加する

[顧客名] フィールドを追加する	**3** [顧客名] にマウスポインターを合わせる

4 [フィールド] 欄にドラッグ

[顧客名] フィールドが追加された

⏱ 時短ワザ

ダブルクリックでフィールドを追加できる

操作4の代わりにフィールドリストでフィールドをダブルクリックしても、そのフィールドを追加できます。

💡 使いこなしのヒント

複数のフィールドをまとめて追加するには

Ctrl キーを押しながらクリックすると、フィールドリストで複数のフィールドを選択できます。その状態でデザイングリッドにドラッグすると、複数のフィールドをまとめて追加できます。

💡 使いこなしのヒント

追加したフィールドを削除するには

フィールドセレクターをクリックすると、フィールド全体が選択されます。その状態で Delete キーを押すと、フィールドを削除できます。

1 フィールドセレクターをクリック

フィールドが選択された

2 Delete キーを押す

フィールドが削除される

次のページに続く ➡

●他のフィールドも追加する

同様に ［郵便番号］、［都道府県］、［住所］、［DM希望］の
4フィールドを追加しておく

3 クエリを実行して保存する

追加したフィールドが正しく表示されるか
どうかクエリを実行する

1 ［クエリデザイン］タブを
クリック

2 ［実行］をクリック

データシートビューが表示され、クエリの
実行結果が表示された

クエリに追加した順番でフィールドが
表示されている

使いこなしのヒント

フィールドの順番を変更するには

フィールドセレクターをクリックして
フィールドを選択します。その状態で
フィールドセレクターをドラッグすると、
フィールドを移動できます。

1 選択したフィールドを移動
したい場所までドラッグ

使いこなしのヒント

選択クエリを実行するには

デザインビューからクエリを実行するに
は、操作2のように ［クエリデザイン］タ
ブの ［実行］をクリックします。選択クエ
リを実行すると、データシートビューが表
示され、デザインビューで指定したフィー
ルドのデータが表示されます。

使いこなしのヒント

**［表示］をクリックしても
クエリを実行できる**

選択クエリでは、［クエリデザイン］タブ
の ［表示］をクリックしてもクエリを実行
できます。

なお、クエリの種類によっては、［表示］
と ［実行］のボタンの機能が変わるもの
があります。レッスン73で解説します。

選択クエリではどちらのボタンも
実行に使える

●名前を付けてクエリを保存する

| クエリを保存する | **3** [上書き保存]をクリック |

[名前を付けて保存] 画面が表示される

| **4** 「Q_顧客住所録」と入力 | **5** [OK] をクリック |

クエリが保存された

| ナビゲーションウィンドウとタブにクエリ名が表示された | [×] をクリックしてクエリを閉じておく |

💡 使いこなしのヒント

閉じているクエリを実行するには

閉じているクエリを実行したいときは、ナビゲーションウィンドウでクエリをダブルクリックします。詳しくはレッスン22を参照してください。

💡 使いこなしのヒント

命名ルールにしたがってクエリに名前を付けよう

データベース内のオブジェクトには、統一した命名ルールで名前を付けましょう。本書では、クエリ名の先頭に「Q_」を付けて「Q_○○○」と命名します。「Q」は「query」(クエリ)の頭文字です。

💡 使いこなしのヒント

テーブルとクエリは別の名前にする

同じデータベース内にあるテーブルとクエリには、同じ名前を付けることはできないので注意してください。

なお、フォームやレポートは、テーブルまたはクエリと同じ名前を付けられます。しかし混乱の元になるので、「T_受注」「Q_受注」「F_受注」のように、分かりやすい名前を付けるようにしましょう。

レッスン
22 クエリのレコードを 並べ替えよう

昇順と降順　　　　**練習用ファイル** L22_並び替え.accdb

クエリでは、レコードの並び順を指定できます。目的に合わせて見やすい並び順でレコードを表示しましょう。ここでは、レッスン21で作成した［Q_顧客住所録］のレコードを郵便番号の昇順に並べ替えます。

🔍 **キーワード**

選択クエリ	P.440
ナビゲーションウィンドウ	P.441
レコード	P.442

基本編　第3章　クエリでデータを抽出しよう

レコードを［郵便番号］の昇順に並べ替える

Before

顧客名	郵便番号	都道府県	住所	DM希望
長谷川 健司	216-0033	神奈川県	川崎市宮前区宮崎x-x-x	☑
山田 愛子	152-0032	東京都	目黒区平町x-x-x	☐
土井 夏美	270-2261	千葉県	松戸市常盤平x-x-x	☑
佐藤 良	340-0046	埼玉県	草加市北谷x-x-x	☑
和田 奈央	181-0005	東京都	三鷹市中原x-x-x	☑
鳥居 みのり	220-0051	神奈川県	横浜市西区中央x-x-x	☐

郵便番号の順に並べたい

After

顧客名	郵便番号	都道府県	住所	DM希望
堀 雄介	115-0056	東京都	北区西が丘x-x-x	☑
藤井 聖子	140-0014	東京都	品川区大井x-x-x	☑
山田 愛子	152-0032	東京都	目黒区平町x-x-x	☐
佐藤 順子	153-0042	東京都	目黒区青葉台x-x-x	☑
鈴木 卓也	154-0001	東京都	世田谷区池尻x-x-x	☑
和田 奈央	181-0005	東京都	三鷹市中原x-x-x	☑

郵便番号の昇順に並べられた

1 ナビゲーションウィンドウからクエリを開く

ここではナビゲーションウィンドウからクエリを実行する

1 ［Q_顧客住所録］を ダブルクリック

💡 **使いこなしのヒント**

ナビゲーションウィンドウから クエリを実行するには

ナビゲーションウィンドウでクエリをダブルクリックすると、クエリが実行され、データシートビューが表示されます。

💡 **使いこなしのヒント**

デザインビューを開くには

ナビゲーションウィンドウでクエリを右クリックして、［デザインビュー］をクリックすると、最初からクエリのデザインビューが開きます。

94　**できる**

●表示を確認する

[Q_顧客住所録] のデータシートビューが開いた

次のページに続く➡

---

2 レコードの並べ替えを設定する

デザインビューに切り替える

1 [表示] をクリック

デザインビューが表示された | [郵便番号] フィールドの [並べ替え] を設定する

2 [郵便番号] フィールドの [並べ替え] 欄をクリック

💡 使いこなしのヒント

選択クエリのビューを切り替えるには

選択クエリでは、[表示] をクリックするごとに、デザインビューとデータシートビューが交互に切り替わります。また、[表示] の下側をクリックし、一覧から目的のビューを選択しても切り替えられます。

一覧からも切り替えられる

💡 使いこなしのヒント

並べ替えを設定するには

並べ替えを設定するには、基準となるフィールド（ここでは [郵便番号] フィールド）の [並べ替え] 欄で [昇順] または [降順] を選択します。

📖 用語解説

昇順と降順

[並べ替え] 欄で [昇順] を設定すると以下のような順序でレコードが並べ替えられます。[降順] はその逆の順序です。

●データ型と並び順

データ型	並び順
数値型	数値の小さい順
日付／時刻型	日付の古い順
短いテキスト	五十音順または文字コード順
Yes ／ No型	Yes→Noの順

●並べ替えを設定する

3 [並べ替え] のここを
クリック

並べ替えの種類の一覧が
表示される

4 [昇順] をクリック

[並べ替え] 欄に [昇順] が設定された

3 クエリの実行結果を確認する

クエリを保存
する

1 [上書き保存] を
クリック

基本編

第3章 クエリでデータを抽出しよう

使いこなしのヒント

並べ替えを解除するには

並べ替えを設定したフィールドの [並べ
替え]欄で [(並べ替えなし)]を選択すると、
並べ替えの設定が解除されます。

使いこなしのヒント

漢字データを並べ替えるには

Accessでは、アルファベットやひらがな、
カタカナはアルファベット順、あいうえお
順になりますが、漢字データの並べ替え
では漢字の読みではなく文字コード順で
並べ替えられます。読みの順序で並べ替
えたいときは、[顧客名カナ] のようなふ
りがなのフィールドを基準に並べ替えをし
てください。

使いこなしのヒント

レコードが空白の場合は

並べ替えの基準にしたフィールドが空白
になっているレコードがある場合、そのレ
コードは [昇順] の並べ替えでは一番上、
[降順] の並べ替えでは一番下に表示され
ます。

●クエリを実行する

設定した並べ替え通りに正しく表示されるかどうかクエリを実行する

2 [クエリデザイン] タブをクリック

3 [実行] をクリック

郵便番号の昇順に並べ替えられた

Q_顧客住所録

顧客名	郵便番号	都道府県	住所	DM希望
堀 雄介	115-0056	東京都	北区西が丘x-x-x	☑
藤井 聖子	140-0014	東京都	品川区大井x-x-x	☑
山田 愛子	152-0032	東京都	目黒区平町x-x-x	☐
佐藤 順子	153-0042	東京都	目黒区青葉台x-x-x	☑
鈴木 卓也	154-0001	東京都	世田谷区池尻x-x-x	☑
和田 奈央	181-0005	東京都	三鷹市中原x-x-x	☑
小川 直人	183-0022	東京都	府中市宮西町x-x-x	☐
長谷川 健司	216-0033	神奈川県	川崎市宮前区宮崎x-x-x	☑
鳥居 みのり	220-0051	神奈川県	横浜市西区中央x-x-x	☐
茂木 麻衣子	227-0034	神奈川県	横浜市青葉区桂台x-x-x	☑
佐藤 由香	261-0012	千葉県	千葉市美浜区磯辺x-x-x	☑
土井 夏美	270-2261	千葉県	松戸市常盤平x-x-x	☑
天野 翔太	275-0014	千葉県	習志野市鷺沼x-x-x	☐
佐藤 良	340-0046	埼玉県	草加市北谷x-x-x	☑
山田 健	350-1108	埼玉県	川越市伊勢原町x-x-x	☐
*				☑

💡 使いこなしのヒント

都道府県を北から順に並べ替えるには

都道府県を地理的な順序で並べ替えたい場合は、都道府県を順序よく並べて番号を振った [T_都道府県] テーブルを用意し、レッスン67を参考に [T_顧客] と [T_都道府県] の2つのテーブルからクエリを作成します。

T_都道府県

都道府県コード	都道府県
01	北海道
02	青森県
03	岩手県
04	宮城県
05	秋田県
06	山形県
07	福島県
08	茨城県
09	栃木県
10	群馬県
11	埼玉県
12	千葉県
13	東京都
14	神奈川県

👍 スキルアップ

複数のフィールドを基準に並べ替えるには

クエリでは、複数のフィールドで並べ替えの設定を行えます。その場合、左のフィールドの並べ替えが優先されます。以下の例では、[DM希望] と [顧客名カナ] にそれぞれ [昇順] を設定していますが、左にある [DM希望] フィールドの優先順位が高くなります。

1 [DM希望] フィールドで [昇順] を設定

2 [顧客名カナ] フィールドで [昇順] を設定

[DM希望] が「Yes」のレコードが [顧客名カナ] 順に並んだ

[DM希望] が「No」のレコードが [顧客名カナ] 順に並んだ

レッスン 23 条件に合致するデータを抽出しよう

抽出条件　　　　　　　　**練習用ファイル**　L23_抽出.accdb

レッスン21〜22で作成した[Q_顧客住所録]には、[T_顧客]テーブルの全レコードが表示されます。ここでは、[Q_顧客住所録]に抽出条件を設定して、ダイレクトメールを希望している人のデータだけを抜き出します。

キーワード

チェックボックス	P.440
抽出	P.440
データ型	P.440

[DM希望]が「Yes」のレコードだけを表示する

Before

顧客名	郵便番号	都道府県	住所	DM希望
堀 雄介	115-0056	東京都	北区西が丘x-x-x	☑
藤井 聖子	140-0014	東京都	品川区大井x-x-x	☑
山田 愛子	152-0032	東京都	目黒区平町x-x-x	☐
佐藤 順子	153-0042	東京都	目黒区青葉台x-x-x	☑
鈴木 卓也	154-0001	東京都	世田谷区池尻x-x-x	☑
和田 奈央	181-0005	東京都	三鷹市中原x-x-x	☑

DM希望者だけ表示したい

↓

After

顧客名	郵便番号	都道府県	住所	DM希望
堀 雄介	115-0056	東京都	北区西が丘x-x-x	☑
藤井 聖子	140-0014	東京都	品川区大井x-x-x	☑
佐藤 順子	153-0042	東京都	目黒区青葉台x-x-x	☑
鈴木 卓也	154-0001	東京都	世田谷区池尻x-x-x	☑
和田 奈央	181-0005	東京都	三鷹市中原x-x-x	☑
長谷川 健司	216-0033	神奈川県	川崎市宮前区宮崎x-x-x	☑

DM希望者だけ表示できた

1 レコードの抽出条件を設定する

レッスン09を参考に「L23_抽出.accdb」を開いておく

デザインビューに切り替える

1 [表示]をクリック

使いこなしのヒント

ビュー切り替えボタンでビューを切り替えられる

画面の右下にあるビュー切り替えボタンを使って、ビューを切り替えることもできます。

画面右下のボタンで切り替えることもできる

●抽出条件を設定する

デザインビューが表示された	抽出条件を設定する

ここでは [DM希望] フィールドが「Yes」である
レコードを抽出する

2 [DM希望] フィールドの
[抽出条件] 欄をクリック

3 「Yes」と入力

抽出条件が設定された

使いこなしのヒント

[DM希望] フィールドに
抽出条件を設定する

抽出条件は、デザイングリッドの [抽出条件] 行に設定します。ここでは [DM希望] フィールドに抽出条件を設定します。

使いこなしのヒント

Yes ／ No型のフィールドから
抽出するには

[Yes ／ No型] のフィールドにチェックマークが付いているレコードを抽出するには、[抽出条件] 欄に「Yes」「True」「On」のいずれかを入力します。また、チェックマークが付いていないレコードを抽出するには、[抽出条件] 欄に「No」「False」「Off」のいずれかを入力します。

用語解説

True、False

一般的に「True」には「真」、「False」には「偽」の意味があります。Accessでは「True」は「Yes」「On」、「False」は「No」「Off」と同じデータとして扱います。

使いこなしのヒント

抽出条件を解除するには

デザイングリッドの [抽出条件] 欄に入力した文字を Delete キーで削除すると、抽出条件を解除できます。

次のページに続く➡

2 クエリの実行結果を確認する

クエリを保存する

1 [上書き保存]をクリック

設定した条件通りに正しく抽出されるかどうかクエリを実行する

2 [クエリデザイン]タブをクリック

3 [実行]をクリック

[DM希望]にチェックが付いているレコードだけが表示された

ここをクリックしてクエリを閉じておく

顧客名	郵便番号	都道府県	住所	DM希望
堀 雄介	115-0056	東京都	北区西が丘x-x-x	☑
藤井 聖子	140-0014	東京都	品川区大井x-x-x	☑
佐藤 順子	153-0042	東京都	目黒区青葉台x-x-x	☑
鈴木 卓也	154-0001	東京都	世田谷区池尻x-x-x	☑
和田 奈央	181-0005	東京都	三鷹市中原x-x-x	☑
長谷川 健司	216-0033	神奈川県	川崎市宮前区宮崎x-x-x	☑
茂木 麻衣子	227-0034	神奈川県	横浜市青葉区桂台x-x-x	☑
佐藤 由香	261-0012	千葉県	千葉市美浜区磯辺x-x-x	☑
土井 夏美	270-2261	千葉県	松戸市常盤平x-x-x	☑
佐藤 良	340-0046	埼玉県	草加市北谷x-x-x	☑
*				☑

💡 使いこなしのヒント

クエリを試してから上書き保存しよう

テーブルでは、デザインビューの変更を上書き保存しないとデータシートビューに切り替えられません。一方、クエリでは、上書き保存せずにビューを切り替えることができます。クエリが正しく実行できるかどうか不安な場合は、データシートビューで実行結果を確認してから上書き保存してもいいでしょう。

💡 使いこなしのヒント

クエリの列幅を変更するには

クエリのデータシートビューの列幅は、基本的にテーブルの列幅を継承します。[Q_顧客住所録]の実行結果は、[T_顧客]で設定した列幅で表示されます。

なお、クエリのデータシートビューでも列幅の変更が可能です。レッスン14を参考にクエリの列幅を変更して上書き保存すると、次回からはその列幅でクエリが表示されます。クエリでの列幅の変更は、テーブルには影響しません。

スキルアップ

データ型に応じて抽出条件を指定する

抽出条件を設定する際は、データ型に応じた抽出条件を指定する必要があります。適切な抽出条件を指定しないと、「抽出条件でデータ型が一致しません。」というエラーメッセージが表示され、クエリを実行できません。また、[定型入力]プロパティが設定されているフィールドは、データシート

ビューで表示されるデータと実際に保存されるデータが異なる場合があります。その場合、保存されているデータと同じ形式の抽出条件を指定しないと、抽出されないので注意しましょう。

●数値型、オートナンバー型

条件となる数値をそのまま入力します。

[顧客番号] の値が「10」の
レコードを抽出する

●短いテキスト

条件となる文字列をダブルクォーテーション「"」で囲んで指定します。[抽出条件] 欄に「埼玉県」と入力すると、確定時に自動的に「"埼玉県"」と表示されます。

[都道府県] の値が「埼玉県」
のレコードを抽出する

●日付／時刻型

条件となる文字列をシャープ「#」で囲んで指定します。[抽出条件] 欄に「2023/5/7」と入力すると、確定時に自動的に「#2023/05/07#」と表示されます。

[登録日] の値が「2023/5/7」の
レコードを抽出する

●[定型入力] が設定されているフィールド

[郵便番号] フィールドに実際に保存されているのは「-」なしの7桁の数字なので、抽出条件は7桁の数字だけを指定します。

[郵便番号] の値が「1520032」
の値を抽出する

24 ○○以上のデータを抽出しよう

比較演算子　　　　　　　| 練習用ファイル | L24_比較演算子.accdb

新しいクエリを作成し、[T_顧客] テーブルから [顧客番号] の値が「10以上」のレコードを抽出してみましょう。「○○以上」「○○より大きい」のような抽出条件を指定するには、「>=」「>」のような「比較演算子」という記号を使用します。

キーワード

抽出	P.440
比較演算子	P.441

基本編
第3章　クエリでデータを抽出しよう

[顧客番号] が「10以上」のレコードだけを表示する

After

[顧客番号] が「10以上」のレコードだけが表示された

1 比較演算子を使った抽出条件を設定する

レッスン21を参考に新しいクエリを作成して [T_顧客] を追加しておく

フィールドを追加する

⚠ ここに注意

ナビゲーションウィンドウでクエリが選択されている状態で新しいクエリを作成すると、[テーブルの追加] 作業ウィンドウにクエリの一覧が表示されます。その場合、[テーブル] をクリックしてテーブルの一覧に切り替えます。

1 [テーブル] をクリック

●フィールドを追加して抽出条件を設定する

抽出条件を設定する	**1**	レッスン21を参考に［顧客番号］［顧客名］［登録日］フィールドを追加する

ここでは［顧客番号］フィールドが「10以上」のレコードを抽出する	**2**	［顧客番号］フィールドの［抽出条件］をクリックし、「>=10」と入力

2 クエリの実行結果を確認して保存する

設定した条件通りに正しく抽出されるかどうかクエリを実行する	**1**	［クエリデザイン］タブをクリック

2 ［実行］をクリック

［顧客番号］が「10以上」のレコードだけが抽出された

クエリ1		
顧客番号	顧客名	登録日
10	佐藤　由香	2023/05/23
11	山田　健	2023/06/01
12	小川　直人	2023/06/09
13	佐藤　順子	2023/06/16
14	堀　雄介	2023/06/18
15	茂木　麻衣子	2023/06/23
*	（新規）	

レッスン21を参考に「Q_顧客_番号10以降」の名前でクエリを保存して閉じておく

🔆 使いこなしのヒント

抽出条件の意味を確認しよう

「>=」は、「以上」を表す比較演算子です。「>=10」は、「10以上」という意味になります。すべて半角で「>」「=」「10」を続けて入力してください。

🔍 用語解説

比較演算子

比較演算子は、数学の等号や不等号にあたる記号で、データを比較して条件判定するために使用します。

🔆 使いこなしのヒント

比較演算子の種類を確認しよう

比較演算子には、以下の種類があります。なお、「=10」は、「=」を省略して単に「10」と入力してもかまいません。

比較演算子	指定例	意味
>=	>=10	10以上
>	>10	10より大きい
<=	<=10	10以下
<	<10	10より小さい
=	=10	10と等しい
<>	<>10	10以外

🔆 使いこなしのヒント

日付の範囲も指定できる

比較演算子は、日付の抽出にも使用できます。具体例は、レッスン27で紹介します。

25 特定の期間のデータを抽出しよう

Between And演算子　　　練習用ファイル　L25_指定範囲.accdb

新しいクエリを作成し、[T_顧客]から[登録日]が「2023/5/1～2023/5/31」の期間のレコードを抽出してみましょう。特定の日付の期間や特定の数値の範囲を指定して抽出するには、Between And演算子を使用します。

🔍 キーワード	
Between And演算子	P.438
抽出	P.440

基本編

第3章　クエリでデータを抽出しよう

[受注日]が「2023/5/1～2023/5/31」のレコードだけを表示する

After

顧客番号	顧客名	登録日
6	鳥居 みのり	2023/05/07
7	天野 翔太	2023/05/07
8	鈴木 卓也	2023/05/14
9	藤井 聖子	2023/05/18
10	佐藤 由香	2023/05/23
*	(新規)	

特定の期間に登録した顧客データだけが抽出された

1 クエリに表示するフィールドを設定する

レッスン21を参考に新しいクエリを作成して[T_顧客]を追加しておく

[顧客番号][顧客名][登録日]フィールドを追加しておく

⏱ **時短ワザ**

ダブルクリックで追加できる

[テーブルの追加]作業ウィンドウでテーブルをダブルクリックする方法でも、クエリにテーブルを追加できます。

1 ダブルクリック

テーブルをダブルクリックするとクエリに追加できる

●フィールドの幅を広げる

抽出条件を入力できるように
フィールドの幅を広げる

1 [登録日] のフィールドセレクターの境界線に
マウスポインターを合わせる

マウスポインターの形が変わった **↔**　　**2** そのまま右にドラッグ

列幅が広がった

2 特定の期間の抽出条件を設定する

抽出条件を設定する

ここでは [登録日] フィールドに「2023/5/1 ～ 2023/5/31」が
入力されているレコードを抽出する

1 [登録日] フィールドの [抽出条件] 欄に「Between
2023/5/1 And 2023/5/31」と入力

2 Enter キーを押す

「Between #2023/05/01# And
#2023/05/31#」と表示された　　抽出条件が設定された

次のページに続く➡

💡 **使いこなしのヒント**

フィールドの幅を広げておく

長い抽出条件を入力するときは、手順1の
操作2のようにドラッグ操作でフィールド
の幅を広げます。事前に広げておくことで、
入力しやすくなります。

🔍 **用語解説**

Between And演算子

Between And演算子は、日付や数値の範
囲を抽出するときに使用します。「Between
○ And □」のように、「Between」と「And」
の後ろに半角スペースを入れて条件の日
付や数値を入力すると、「○から□まで」
の範囲のデータが抽出されます。

💡 **使いこなしのヒント**

「#」は自動入力される

抽 出 条 件 を「Between 2023/5/1 And
2023/5/31」と入力して Enter キーを押
すと、日付が自動的にシャープ「#」で囲
まれます。

3　クエリの実行結果を確認して保存する

指定した日付や数値を含めて抽出する

Between And演算子は、指定した日付や数値を含めて「○以降□以前」「○以上□以下」を抽出します。抽出条件を「Between 2023/5/1 And 2023/5/31」とした場合、「2023/5/1」と「2023/5/31」のデータも抽出されます。

設定した条件通りに正しく抽出されるかどうかクエリを実行する

1 ［クエリデザイン］タブをクリック

2 ［実行］をクリック

［受注日］が「2023/5/1〜2023/5/31」のレコードだけが表示された

名前を付けてクエリを保存する

3 ［上書き保存］をクリック

オブジェクトはデータベースファイルに保存される

テーブルやクエリなどのオブジェクトを保存すると、Accessのデータベースファイルに保存されます。そのため、データベースファイルを開けば、いつでもナビゲーションウィンドウからテーブルやクエリを開くことができます。

［名前を付けて保存］画面が表示される

4 「Q_顧客_5月登録」と入力

5 ［OK］をクリック　　クエリが保存された

数値の範囲を抽出するには

例えば20以上29以下の数値を抽出したいときは、「Between 20 And 29」という抽出条件を設定します。
なお「○以上□未満」のような条件を設定したいときは、117ページのスキルアップを参考に比較演算子とAnd演算子を使用してください。

👍 スキルアップ

「未入力」「入力済み」を条件に抽出するには

Accessでは、フィールドに何も入力されていない状態のこと を「Null（ヌル）」と表現します。フィールドが未入力のレコー ドを抽出したいときは、「Is Null」という抽出条件を指定します。

反対に、フィールドに何らかのデータが入力されているレコー ドを抽出したいときは、「Is Not Null」という抽出条件を指定 します。

●未入力のフィールドの抽出

[役職] フィールドに「Is Null」という条件を設定すると、役 職が入力されていない社員（役職についていない社員）を抽 出できます。

●入力済みのフィールドの抽出

[役職] フィールドに「Is Not Null」という条件を設定すると、 役職が入力されている社員（何らかの役職についている社員） を抽出できます。

[役職] に何も入力されていない
レコードを抽出する

[役職] に何らかの入力がある
レコードを抽出する

👍 スキルアップ

「○○以外」を抽出するには

フィールドに特定のデータ以外が入力されているレコードを抽 出したいときは、比較演算子の「<>」を使用します。「本社以 外」の場合は「<>"本社"」、「1以外」の場合は「<>1」のよう に入力します。

[所属] が「本社」以外の
レコードを抽出する

26 部分一致の条件で抽出しよう

ワイルドカード

練習用ファイル　L26_部分一致.accdb

「○○で始まる」「○○を含む」のような条件を指定したいときは、「ワイルドカード」という記号を使用します。ここでは「横浜市で始まる」という条件を例に、ワイルドカードの使用方法を紹介します。

🔍 キーワード

Like演算子	P.438
抽出	P.440
ワイルドカード	P.442

基本編　第3章　クエリでデータを抽出しよう

［住所］が「横浜市」で始まるレコードだけを表示する

After

Q_顧客_横浜市

顧客名	都道府県	住所
鳥居　みのり	神奈川県	横浜市西区中央x-x-x
茂木　麻衣子	神奈川県	横浜市青葉区桂台x-x-x

［住所］が「横浜市」で始まるレコードだけが表示された

1 ワイルドカードを使った抽出条件を設定する

レッスン21を参考に新しいクエリを作成して［T_顧客］を追加しておく

［顧客名］［都道府県］［住所］フィールドを追加しておく

抽出条件を設定する

ここでは［住所］フィールドが「横浜市」で始まるレコードを抽出する

T_顧客

*
🔑 顧客番号
顧客名
顧客名カナ
郵便番号
都道府県
住所
電話番号
DM希望
登録日

フィールド:	顧客名	都道府県	住所	
テーブル:	T_顧客	T_顧客	T_顧客	
並べ替え:				
表示:	☑	☑	☑	☐
抽出条件:			横浜市*	
または:				

1 ［住所］フィールドの［抽出条件］をクリックし、「横浜市*」と入力

2 Enter キーを押す

🔖 用語解説

ワイルドカード

ワイルドカードとは、任意の文字を表す記号です。「*」は、0文字以上の任意の文字列を表します。「横浜市*」は、「横浜市」の後ろに0文字以上の文字列があるデータを表します。

💡 使いこなしのヒント

数字の抽出にも使える

ワイルドカードは、文字列データに含まれている半角の数字の抽出にも使用できます。詳しくは次ページのスキルアップを参照してください。

●抽出条件の設定を確認する

「Like "横浜市*"」と表示された　抽出条件が設定された

🔅 使いこなしのヒント

Like演算子の使い方を覚えよう

［抽出条件］欄に「横浜市*」と入力して
Enter キーを押すと、「Like "横浜市*"」
に変わります。「Like」はワイルドカード
を使った文字列を抽出するための演算子
です。

2 クエリの実行結果を確認して保存する

設定した条件通りに正しく抽出されるか
どうかクエリを実行する

1 ［クエリデザイン］タブ
をクリック

2 ［実行］をクリック

［住所］が「横浜市」で始ま
るレコードだけが表示された

レッスン21を参考に「Q_顧客_横浜市」
の名前でクエリを保存して閉じておく

🔅 使いこなしのヒント

「*」の位置を確認しよう

抽出条件の中の「*」の位置によって、条
件の意味が変わります。

条件	意味
横浜市*	「横浜市」で始まる
*横浜市	「横浜市」で終わる
横浜市	「横浜市」を含む

👍 スキルアップ

ワイルドカードを活用しよう

主なワイルドカードの種類は下表のとおりです。「Like」の
前に「Not」を付けると、条件の意味が反対になります。なお、

下表のような複雑な使用例の場合、「Like」が自動入力され
ないことがあるので、その場合は手入力してください。

●主なワイルドカードと使用例

種類	意味	使用例	使用例の意味	抽出例
*	0文字以上の任意の文字列	Like "*谷*"	「谷」を含む	谷、谷口、大谷、小谷田、三木谷
		Not Like "*谷*"	「谷」を含まない	山川
?	任意の1文字	Like "??谷"	2文字+「谷」	三木谷
		Like "?谷*"	2文字目が「谷」	大谷、小谷田
#	任意の半角数字1文字	Like "T10#"	「T10」+数字1文字	T100、T101、T102

27 すべての条件に合致する データを抽出しよう

And条件　　　　　　　**練習用ファイル**　L27_and条件.accdb

クエリでは、複数の条件を指定できます。ここでは「T_顧客」から[都道府県]が「東京都」かつ[登録日]が「2023/6/1以降」のレコードを抽出します。複数の条件をすべて満たすデータを抽出する条件のことを「And条件」といいます。

🔍 キーワード

And条件	P.438
抽出	P.440
比較演算子	P.441

「条件Aかつ条件B」の条件で抽出する

After

[都道府県]が「東京都」かつ[登録日]が2023/6/1以降のレコードだけが表示された

1 1つ目の抽出条件を設定する

レッスン21を参考に新しいクエリを作成して[T_顧客]を追加しておく

[顧客名][都道府県][住所][登録日]フィールドを追加しておく

📖 用語解説

And条件

And条件は、日本語にすると「AかつBかつC…」で表される条件です。And条件では、指定した個々の条件がすべて成立する場合に全体として成立すると見なされます。条件がAとBの2つの場合、And条件の結果は下表のようになります。

条件A	条件B	And条件の結果 (AかつB)
成立	成立	成立
成立	不成立	不成立
不成立	成立	不成立
不成立	不成立	不成立

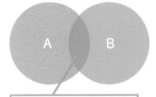

A and Bはこの部分を示す

●抽出条件を設定する

ここでは［住所］フィールドが「東京都」
であるレコードを抽出する

1 ［都道府県］フィールドの［抽出条件］
欄に「東京都」と入力

2 [Enter]キーを押す

「"東京都"」と表示された ／ 1つ目の抽出条件が設定された

27
And条件

2 クエリの実行結果を確認する

設定した条件通りに正しく抽出されるか
どうかクエリを実行する

1 ［クエリデザイン］タブ
をクリック

2 ［実行］をクリック

［都道府県］が「東京都」のレコードだけが
表示された

And条件を指定して、7件の中から
レコードを絞り込む

次のページに続く ➡

③ 2つ目の抽出条件（And条件）を設定する

ビューを切り替える

1 ［表示］をクリック

デザインビューが表示された　｜　2つ目の抽出条件を設定する

ここでは［登録日］フィールドに入力されている日付が
「2023/6/1以降」のレコードを抽出する

2 ［登録日］フィールドの［抽出条件］欄を
クリックして「>=2023/6/1」と入力

3 Enter キーを押す

「>=#2023/06/01#」と表示された

2つ目の抽出条件が設定された

基本編

第3章　クエリでデータを抽出しよう

使いこなしのヒント

And条件の内容を確認しよう

［抽出条件］欄の同じ行に入力した複数の条件は、And条件と見なされます。ここでは同じ行に「"東京都"」「>=#2023/06/01#」の2つを指定したので、「東京都かつ2023/6/1以降」のレコードが抽出されます。

使いこなしのヒント

比較演算子は日付にも使用できる

レッスン24で紹介した比較演算子は、下表のように日付の抽出条件にも使用できます。

比較演算子	指定例と意味
>=	>=#2023/06/01# 2023/6/1以降
>	>#2023/06/01# 2023/6/1より後
<=	<=#2023/06/01# 2023/6/1以前
<	<#2023/06/01# 2023/6/1より前
=	=#2023/06/01# 2023/6/1に等しい
<>	<>#2023/06/01# 2023/6/1以外

4 And条件による抽出結果を確認して保存する

設定した条件通りに正しく抽出されるか
どうかクエリを実行する

1 [クエリデザイン] タブをクリック

2 [実行] をクリック

[都道府県] が「東京都」かつ [登録日] が
2023/6/1以降のレコードだけが表示された

名前を付けてクエリを
保存する

3 [上書き保存] を
クリック

[名前を付けて保存] 画面が表示される

4 「Q_顧客_東京都6月以降」と入力

名前を付けて保存　　　　　　　?　×

クエリ名:

Q_顧客_東京都6月以降

　　　　　　　OK　　　キャンセル

5 [OK] をクリック　　クエリが保存された

※ 使いこなしのヒント

同じフィールドに
And条件を設定するには

例えば1つのフィールドに「10以上」かつ
「20未満」のような複数の条件を指定した
いときは、And演算子を使用して条件を
「>=10 And <20」と入力します。

1 「>=10 And <20」と入力

※ 使いこなしのヒント

クエリを別名で保存するには

保存済みのクエリに抽出条件を追加した
ときなどに、クエリを別の名前で保存した
いことがあります。そのようなときは、上
書き保存せずにF12キーを押しましょう。
[名前を付けて保存] 画面が表示され、元
のクエリとは別の名前で保存できます。

1 F12キーを押す

2 「(元のクエリ名)のコピー」と表示
されるので、新しい名前を入力

28 いずれかの条件に合致する データを抽出しよう

Or条件　　　　　　　　　**練習用ファイル**　L28_or条件.accdb

複数条件の指定には、レッスン27で紹介したAnd条件のほかに、「A またはB」のような条件を表す「Or条件」があります。ここでは「T_ 顧客」から［都道府県］が「千葉県」または「神奈川県」のレコー ドを抽出します。

🔍 キーワード

Or条件	P.438
抽出	P.440

「条件Aまたは条件B」の条件で抽出する

After

［都道府県］が「千葉県」または「神奈川県」 のレコードだけが表示された

1 1つ目の抽出条件を設定する

レッスン21を参考に新しいクエリを作成 して［T_顧客］を追加しておく

［顧客名］［都道府県］［住所］ ［DM希望フィールド］フィー ルドを追加しておく

💬 用語解説

Or条件

Or条件は、日本語にすると「AまたはBま たはC…」で表される条件です。Or条件 では、指定した条件のうち少なくとも1つ が成立する場合に全体として成立すると 見なされます。条件がAとBの2つの場合、 Or条件の結果は下表のようになります。

条件A	条件B	Or条件の結果 (AまたはB)
成立	成立	成立
成立	不成立	成立
不成立	成立	成立
不成立	不成立	不成立

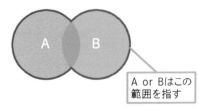

A or Bはこの 範囲を指す

●抽出条件を設定する

1つ目の抽出条件を設定する	ここでは [都道府県] フィールドが「千葉県」であるレコードを抽出する

1	[都道府県] フィールドの [抽出条件] 欄に「千葉県」と入力	**2**	Enter キーを押す

「"千葉県"」と表示された	1つ目の抽出条件が設定された

2 2つ目の抽出条件（Or条件）を設定する

2つ目の抽出条件を追加する	ここでは [都道府県] フィールドが「神奈川県」であるレコードを抽出する

1	[都道府県] フィールドの [または] 欄に「神奈川県」と入力	**2**	Enter キーを押す

「"神奈川県"」と表示された

2つ目の抽出条件が設定された

使いこなしのヒント

Or条件の設定方法を覚えよう

[抽出条件] 欄の異なる行に入力した複数の条件は、Or条件と見なされます。ここでは条件が2つあるので、[抽出条件] 欄と [または] 欄の異なる行を使用しました。条件が3つある場合は、[または] の下の行に入力します。

1	条件を追加する場合はここに入力

使いこなしのヒント

Or条件は複数フィールドにも設定できる

このレッスンでは同じフィールドにOr条件を設定しましたが、別のフィールドにOr条件を設定することもできます。下図では、「[都道府県] が東京都または [住所] が横浜市で始まる」というレコードが抽出されます。

違うフィールドにも条件を設定できる

次のページに続く➡

3 Or条件による抽出結果を確認して保存する

設定した条件通りに正しく抽出される
かどうかクエリを実行する

1 [クエリデザイン] タブ
をクリック

2 [実行] をクリック

[都道府県] が「千葉県」または「神奈川県」の
レコードだけが表示された

3 [上書き保存] を
クリック

[名前を付けて保存] 画面が表示される

4 「Q_顧客_千葉神奈川」と入力

5 [OK] をクリック　　クエリが保存された

基本編

第3章　クエリでデータを抽出しよう

使いこなしのヒント

抽出件数を確認するには

抽出されたレコードの件数は、移動ボタ
ンで確認できます。

件数を確認できる

使いこなしのヒント

クエリを保存すると
抽出条件が変換される

クエリを保存していったん閉じ、デザイン
ビューで開き直すと、Or演算子を使用し
て1行にまとめられた抽出条件に変換され
ることがあります。このレッスンのクエリ
の場合、"千葉県" Or "神奈川県" という
条件に変換されます。

抽出条件が変換された

👍 スキルアップ

And条件とOr条件を組み合わせるには

And条件とOr条件を組み合わせて指定することも可能です。組み合わせるときも、「And条件は同じ行」「Or条件は異なる行」というルールは一緒です。例えば、このレッスンで作成したクエリで［DM希望］フィールドの［抽出条件］欄と［ま

たは］欄にそれぞれ「Yes」と入力すると、「千葉県のDM希望」または「神奈川県のDM希望」の顧客のレコードが抽出されます。

1 ［DM希望］の［抽出条件］欄と［または］欄に「Yes」と入力

「千葉県のDM希望」または「神奈川県のDM希望」の顧客のレコードが抽出される

👍 スキルアップ

クエリに表示しないフィールドで抽出するには

データシートビューに表示しないフィールドに、抽出条件や並べ替えの設定をしたいことがあります。デザイングリッド

で［表示］のチェックマークを外すと、そのフィールドを非表示にできます。

［顧客名カナ］を追加して［並べ替え］で［昇順］を選択しておく

1 ［DM希望］と［顧客名カナ］の［表示］のチェックマークを外す

［顧客名］の五十音順に並べ替えられた

［DM希望］が非表示になった

29 抽出条件をその都度 指定して抽出しよう

パラメータークエリ　　　　　　練習用ファイル　L29_パラメーター .accdb

通常、抽出条件はクエリに保存されるので、毎回同じ条件で抽出が実行されます。実行のたびに抽出条件を指定したい場合は、「パラメータークエリ」を使用します。実行時に抽出条件の指定画面が表示され、その都度条件を指定できます。

キーワード

抽出	P.440
パラメータークエリ	P.441

「条件Aまたは条件B」の条件で抽出する

After

クエリの実行時に［都道府県］フィールドの抽出条件を入力できる

1 パラメータークエリを設定する

レッスン21を参考に新しいクエリを作成して［T_顧客］を追加しておく

［顧客番号］［顧客名］［都道府県］［住所］［登録日］フィールドを追加しておく

用語解説

パラメータークエリ

「パラメータークエリ」は、クエリの実行時に抽出条件を指定できるクエリです。パラメータークエリを実行すると、自動的に［パラメーターの入力］画面が表示されます。そこに抽出条件を入力すると、その条件に合致するレコードが抽出されます。

●抽出条件を設定する

抽出条件を記述できるように［都道府県］の
フィールドセレクターの幅を広げる

1 ［都道府県］フィールドフィールドセレクターの
境界線にマウスポインターを合わせる

マウスポインターの形が
変わった **╫**

2 そのまま右にドラッグ

列幅が広がった ［都道府県］フィールドの抽出条件をクエリの
実行時に入力できるようにする

3 ［都道府県］フィールドの［抽出条件］欄に
「[都道府県を入力してください。]」と入力

抽出条件が設定された

2 パラメータークエリを実行して保存する

設定した条件通りに正しく抽出されるか
どうかクエリを実行する

1 ［クエリデザイン］タブ
をクリック

2 ［実行］をクリック

使いこなしのヒント

メッセージ文を入力する

パラメータークエリの設定では、［パラメー
ターの入力］画面に表示するメッセージ
文を半角の角カッコ「[ ]」で囲んで、［抽
出条件］欄に入力します。

ここに表示したいメッセージ文を「[ ]」
で囲んで指定する

ここに注意

パラメータークエリでは、メッセージ文と
してフィールド名だけを指定することはで
きません。フィールド名を入れる場合は必
ず別の文言と一緒に入力してください。

フィールド名だけの入力ではパラメーター
クエリにならない

次
の
ペ
ー
ジ
に
続
く
➡

●［パラメーターの入力］画面に入力する

［パラメーターの入力］画面が
表示される

3 「東京都」と入力

4 ［OK］をクリック

［都道府県］が「東京都」のレコードだけが
表示された

レッスン21を参考に「Q_顧客_都道府県指定」の名前でクエリを保存して閉じておく

⚠ **ここに注意**

パラメータークエリで［Yes／No型］のフィールドを抽出する場合、「Yes」は「-1」、「No」は「0」と指定します。「Yes」「No」と指定するとエラーになります。

「-1」「0」以外ではエラーになる

👍 **スキルアップ**

抽出条件のデータ型を指定するには

クエリのデザインビューで［クエリデザイン］タブにある［パラメーター］をクリックすると、以下のような設定画面が表示され、抽出条件のデータ型を指定できます。データ型を指定することで、例えば［Yes／No］型の抽出条件は「-1」「0」ではなく「Yes」「No」と指定できるようになります。また、［パラメーターの入力］画面で数値や日付など間違った種類のデータを入力したときに、入力し直しを促されるようになります。

デザイングリッドに入力したメッセージ文と同じ文字列を入力

データ型を選択

基本編　第**3**章　クエリでデータを抽出しよう

ワイルドカードや比較演算子と組み合わせるには

パラメータークエリによる抽出では、ワイルドカードと組み合わせて部分一致の条件を指定したり、比較演算子と組み合わせて期間の条件を指定したりできます。
以下の例では、[顧客名] の抽出条件にワイルドカード、[登録日] の抽出条件にBetween And演算子を組み合わせてい

ます。[顧客名] の抽出条件の中にある「&」は、前後の文字列を連結するための記号です。複数の抽出条件を指定した場合、左にあるフィールドから順に [パラメーターの入力] 画面が表示されます。

1 [顧客名] の [抽出条件] 欄に「Like "*" & [顧客名入力 (部分指定可)] & "*"」と入力

2 [登録日] の [抽出条件] 欄に「Between [登録日いつから?] And [登録日いつまで?]」と入力

3 クエリを実行

実行

4 顧客名の一部を入力

5 [OK] をクリック

パラメーターの入力 ? ×
顧客名入力 (部分指定可)
佐藤
OK キャンセル

6 登録日の開始日を入力

7 [OK] をクリック

パラメーターの入力 ? ×
登録日いつから?
2023/4/1
OK キャンセル

8 登録日の終了日を入力

9 [OK] をクリック

パラメーターの入力 ? ×
登録日いつまで?
2023/5/31
OK キャンセル

Q_顧客抽出

顧客番号	顧客名	登録日
4	佐藤 良	2023/04/21
10	佐藤 由香	2023/05/23
*	(新規)	

指定した条件に合致するレコードが表示された

30 テーブルのデータを加工しよう

演算フィールド、加工 　　練習用ファイル　L30_演算フィールド.accdb

クエリでは、フィールドの値を使って計算を行い、その結果を「演算フィールド」として表示できます。四則演算や文字列結合、関数を使用した計算などが可能です。ここでは「Month」という関数を使用して、[登録日] から「月」の数値を取り出します。

キーワード

演算フィールド	P.439
関数	P.439
抽出	P.440

基本編　第3章　クエリでデータを抽出しよう

[登録日] から「月」を取り出して [登録月] フィールドを作成

After

顧客番号	顧客名	登録日	登録月
1	長谷川 健司	2023/04/01	4
2	山田 愛子	2023/04/05	4
3	土井 夏美	2023/04/12	4
4	佐藤 良	2023/04/21	4
5	和田 奈央	2023/04/28	4
6	鳥居 みのり	2023/05/07	5
7	天野 翔太	2023/05/07	5
8	鈴木 卓也	2023/05/14	5
9	藤井 聖子	2023/05/18	5
10	佐藤 由香	2023/05/23	5
11	山田 健	2023/06/01	6

Q_顧客_登録月計算

[登録日] から「月」が [登録月] フィールドに抽出された

1 フィールドにデータを入力する

レッスン21を参考に新しいクエリを作成して [T_顧客] を追加しておく

[顧客番号] [顧客名] [登録日] フィールドを追加しておく

クエリ1

T_顧客
＊
顧客番号
顧客名
顧客名カナ
郵便番号
都道府県
住所
電話番号
DM希望
登録日

フィールド:	顧客番号	顧客名	登録日	
テーブル:	T_顧客	T_顧客	T_顧客	
並べ替え:				
表示:	☑	☑	☑	☐
抽出条件:				
または:				

用語解説

演算フィールド

計算結果を表示するフィールドのことを「演算フィールド」と呼びます。

用語解説

関数

「関数」とは、複雑な計算や処理を簡単に実行できる仕組みです。関数の計算に使う値を「引数（ひきすう）」と呼びます。引数は、関数名の後ろに半角の丸カッコの中に入力します。

●フィールドセレクターの幅を広げる

抽出条件を記述できるように新しい列の
フィールドセレクターの幅を広げる

| 1 | フィールドの境界線にマウスカーソル
を合わせる |

マウスポインターの形が
変わった ✛

| 2 | そのまま右にドラッグ |

列幅が広がった

●計算式を入力する

クエリの実行時に[登録日]フィールドから登録
月を新しいフィールドに表示できるようにする

| 3 | 新しい列の[フィールド名]欄に「登録月:
Month([登録日])」と入力 |

計算式が設定された

次のページに続く ➡

🔆 使いこなしのヒント

演算フィールドを作成するには

演算フィールドを作成する場合は、デザ
イングリッドの[フィールド]欄にフィー
ルド名と計算式を半角のコロン「:」で区
切って入力します。

計算にフィールドを使用する場合は、
フィールド名を半角の角カッコ「[ ]」で
囲んで「[登録日]」のように指定します。

演算フィールド作成式
フィールド名:計算式

🔍 用語解説

Month関数

Month関数は、引数に指定した日付から
「月」の数値を取り出す関数です。例えば
「Month(#2023/04/01#)」の結果は「4」
になります。登録月に年会費を請求する、
誕生月に割引クーポンを送る、といったと
きに該当月を調べるのに役立ちます。

日付から「月」を取り出す
Month(日付)

🔆 使いこなしのヒント

関数名は自動で修正される

Accessの関数名は、大文字と小文字の組
み合わせです。すべて大文字、またはす
べて小文字で入力した場合、自動的に正
しい表記に変換されます。

2 クエリの実行結果を確認して保存する

設定した条件通りに正しく抽出されるか
どうかクエリを実行する

1 [クエリデザイン] タブ
をクリック

2 [実行] をクリック

[登録日] から「月」
が取り出された

[登録月] フィールドが
作成された

名前を付けてクエリを
保存する

3 [上書き保存] を
クリック

[名前を付けて保存] 画面が
表示される

4 「Q_顧客_登録月計算」
と入力

5 [OK] をクリック ｜ クエリが保存された

基本編 第3章 クエリでデータを抽出しよう

スキルアップ

四則演算や文字列結合を行うには

このレッスンでは演算フィールドに関数を使用しましたが、演算子を使用した四則演算や文字列結合なども行えます。「演算子」とは、計算の種類を表す記号です。

テーブルの［姓］フィールドや［数量］フィールドを使用して計算する

●主な演算子

演算子	説明	使用例	結果
+	足し算	[数量]+3	13
-	引き算	[数量]-3	7
*	掛け算	[数量]*3	30
/	割り算	[数量]/3	3.33333333333333
¥	割り算の整数商	[数量]¥3	3　（10を3で割った答えの整数部）
MOD	割り算の剰余	[数量] MOD 3	1　（10を3で割った余り）
^	べき乗	[数量]^3	1000　（10の3乗）
&	文字列結合	[姓] & "様"	山田様

スキルアップ

データベースファイルを最適化しよう

Accessでは、オブジェクトやレコードを削除しても、使用していた保存領域がファイル内に残ります。また、ユーザーが行うさまざまな操作の裏側で一時的に使用された保存領域も、削除されずにファイル内に残ります。そのため、ファイルサイズが無駄に肥大化することがあります。無駄な領域を削除してファイルサイズを小さくするには、［データベースの最適化／修復］を実行します。なお、万が一のトラブルに備えて、最適化の実行前にデータベースファイルをコピーしておいてください。ファイルアイコンをクリックし、Ctrlキーを押しながらフォルダー内でドラッグすると、「○○ - コピー」のようなファイル名でコピーされます。

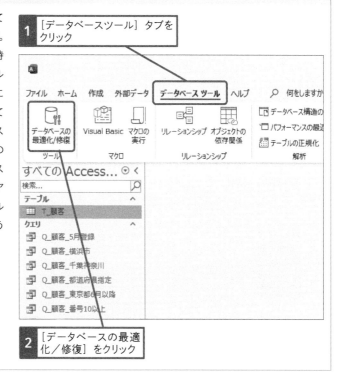

1 ［データベースツール］タブをクリック

2 ［データベースの最適化／修復］をクリック

この章のまとめ

クエリの仕組みに慣れよう

データベースにただ単にデータを蓄積していくだけでは、あまり意味がありません。蓄積したデータを活用してこそ、データベースとしての価値を発揮します。データ活用の第1歩は、大量に蓄積したデータの中から、自分に必要なデータを的確に取り出すことです。そのために使用するオブジェクトが「クエリ」です。クエリではさまざまな条件を駆使して必要な情報を瞬時に取り出せます。また、関数や式を使用してデータの加工も行えます。この章で紹介したクエリのさまざまな機能を使用して、データを活用してください。

すべての Access...

検索...

テーブル
- T_顧客

クエリ
- Q_顧客_5月登録
- Q_顧客_横浜市
- Q_顧客_千葉神奈川
- Q_顧客_都道府県指定
- Q_顧客_東京都6月以降
- Q_顧客_番号10以上
- Q_顧客住所録

クエリ1

顧客番号	顧客名	登録日	登録月
1	長谷川 健司	2023/04/01	4
2	山田 愛子	2023/04/05	4
3	土井 夏美	2023/04/12	4
4	佐藤 良	2023/04/21	4
5	和田 奈央	2023/04/28	4
6	鳥居 みのり	2023/05/07	5
7	天野 翔太	2023/05/07	5
8	鈴木 卓也	2023/05/14	5
9	藤井 聖子	2023/05/18	5
10	佐藤 由香	2023/05/23	5
11	山田 健	2023/06/01	6
12	小川 直人	2023/06/09	6
13	佐藤 順子	2023/06/16	6
14	堀 雄介	2023/06/18	6
15	茂木 麻衣子	2023/06/23	6
*	(新規)		

思っていたよりもシンプルで良かったですー

基本のクエリはほとんどマウス操作だけで作れますからね。
どんどん使って、仕組みに慣れていきましょう!

演算フィールド、初めて知りました!

そう、数式や関数を使って演算ができるんです。
データをさらに使いやすくするときに、試してみましょう!

基本編

第 **4** 章

データを入力する
フォームを作ろう

第2章でテーブルにデータを入力しましたが、実際にはデータの入力はフォームから行うのが一般的です。そこで、この章ではテーブルにデータを入力するためのフォームの作成に取り組みます。入力欄のサイズを調整したり、色を付けたりして、見やすく使いやすいフォームに仕上げます。

Introduction この章で学ぶこと

フォームでデータを入力・表示しよう

テーブルにデータを直接入力するより、フォームから入力したほうが分かりやすく入力できます。Accessにはフォームの自動作成機能があるので、フォーム作りは至って簡単です。データ入力の効率化を目指して操作しやすいフォームを作成しましょう。

データを入力する画面を作ろう

フォームは知ってますよ。
作るのは初めてですけど！

Accessに限らず、データを入力したり質問に回答したりする画面が「フォーム」ですね。この章ではAccessにデータを入力する画面を作りますよ。

テーブルからワンクリックで作れる

フォームを作るのは、実はとても簡単。記入済みのテーブルやクエリをクリックするだけで、同じレコードを入力するためのフォームが作れるんです！

ホントだ、クリックするだけでできた！
すごい便利ですね!!

すべての Access... ⊙ ‹	T_顧客 ×	T_顧客 ×

検索...

テーブル
- T_顧客

クエリ
- Q_顧客_5月登録
- Q_顧客_横浜市
- Q_顧客_千葉神奈川
- Q_顧客_登録月計算
- Q_顧客_都道府県指定
- Q_顧客_東京都6月以降
- Q_顧客_番号10以上
- Q_顧客住所録

T_顧客

顧客番号	1
顧客名	長谷川 健司
顧客名カナ	ハセガワ ケンジ
郵便番号	216-0033
都道府県	神奈川県
住所	川崎市宮前区宮崎x-x-x
電話番号	044-639-xxxx
DM希望	☑
登録日	2023/04/01

入力しやすい形に調整しよう

ここでもうひと手間。フォームの要素を調節したり、入力欄を追加したりして全体を整えます。

入力欄の大きさや並び順を変更できるんですね。
入力する際の間違いを減らせそうです。

F_顧客入力 ×

顧客入力

顧客番号	1
顧客名	長谷川 健司
顧客名カナ	ハセガワ ケンジ
登録日	2023/04/01
登録月	4
郵便番号	216-0033

デザインも変えよう

フォームは文字や背景の色を変えて、カラフルにすることもできます。
それと、入力欄を追加する方法も紹介しますよ♪

デザインが変わると楽しくなりますね。
要素も見やすくなって一石二鳥です!

F_顧客入力 ×

顧客入力

顧客番号	(新規)
顧客名		
顧客名カナ	
登録日	

32 フォームの基本を知ろう

フォームの仕組み | 練習用ファイル なし

フォームは、テーブルのデータを表示・入力するオブジェクトです。
この章では、1件のレコードを1画面に表示するフォームを作成して
いきます。その前に、フォームの役割とビューの種類を頭に入れて
おきましょう。

🔍 キーワード

テーブル	P.440
ビュー	P.441
フォーム	P.441

1 テーブルのデータを見やすく表示・入力できる

Accessでは、データをテーブルで一元管理しています。テーブルに直接データを入力することもできますが、
フォームを使えば画面に入力欄を自由に配置して、広々と入力することが可能になります。フォームでは、フォー
ムビューでデータを入力します。

●フォーム（フォームビュー）

F_顧客入力

顧客入力

顧客番号	17
顧客名	古宇田 愛
顧客名カナ	コウダ アイ
登録日	2023/07/09
登録月	7
郵便番号	112-0002
都道府県	東京都
住所	文京区小石川x-x-x
電話番号	03-3811-xxxx
DM希望	☐

> フォームにデータを入力すると、
> テーブルに追加される

●テーブル

T_顧客

顧客番号	顧客名	顧客名カナ	郵便番号	都道府県	住所	電話番号	DM希望	登録日	クリッ
1	長谷川 健司	ハセガワ ケンジ	216-0033	神奈川県	川崎市宮前区宮崎x-x-x	044-639-xxxx	☑	2023/04/01	
2	山田 愛子	ヤマダ アイコ	152-0032	東京都	目黒区平町x-x-x	03-4521-xxxx	☐	2023/04/05	
3	土井 夏美	ドイ ナツミ	270-2261	千葉県	松戸市常盤平x-x-x	0473-48-xxxx	☑	2023/04/12	
4	佐藤 良	サトウ リョウ	340-0046	埼玉県	草加市北谷x-x-x	0489-32-xxxx	☑	2023/04/21	
5	和田 奈央	ワダ ナオ	181-0005	東京都	三鷹市中原x-x-x	0422-47-xxxx	☑	2023/04/28	
6	鳥居 みのり	トリイ ミノリ	220-0051	神奈川県	横浜市西区中央x-x-x	045-331-xxxx	☐	2023/05/07	
7	天野 翔太	アマノ ショウタ	275-0014	千葉県	習志野市鷺沼x-x-x	0474-52-xxxx	☑	2023/05/07	
8	鈴木 卓也	スズキ タクヤ	154-0001	東京都	世田谷区池尻x-x-x	03-3341-xxxx	☑	2023/05/14	
9	藤井 聖子	フジイ セイコ	140-0014	東京都	品川区大井x-x-x	03-5521-xxxx	☐	2023/05/18	
10	佐藤 由香	サトウ ユカ	261-0012	千葉県	千葉市美浜区磯辺x-x-x	043-276-xxxx	☑	2023/05/23	
11	山田 健	ヤマダ タケル	350-1108	埼玉県	川越市伊勢原町x-x-x	0492-32-xxxx	☐	2023/06/01	
12	小川 直人	オガワ ナオト	183-0022	東京都	府中市宮西町x-x-x	042-335-xxxx	☐	2023/06/09	
13	佐藤 順子	サトウ ジュンコ	153-0042	東京都	目黒区青葉台x-x-x	03-3781-xxxx	☑	2023/06/16	
14	堀 雄介	ホリ ユウスケ	115-0056	東京都	北区西が丘x-x-x	03-3911-xxxx	☐	2023/06/18	
15	茂木 麻衣子	モギ マイコ	227-0034	神奈川県	横浜市青葉区桂台x-x-x	045-921-xxxx	☑	2023/06/23	
16	長谷 隆介	ハセ リュウスケ	279-0013	千葉県	浦安市日の出x-x-x	047-356-xxxx	☑	2023/07/03	
17	古宇田 愛	コウダ アイ	112-0002	東京都	文京区小石川x-x-x	03-3811-xxxx	☐	2023/07/09	
*	(新規)						☑		

2 適材適所のビューを使ってフォームを作成

フォームには、データを入力するための「フォームビュー」のほかに、設計画面である「レイアウトビュー」と「デザインビュー」があります。レイアウトビューは、フォームビューと同じような見た目をしています。実際のデータを見ながら作業できるので、入力欄の位置やサイズなどの調整をするのに便利です。

一方、デザインビューは、本格的な設計画面です。フォームが「セクション」と呼ばれるエリアに分かれており、セクション単位の設定を行うのに向いています。また、デザインビューでしか設定できないような設定項目もあります。特徴を理解して使い分けましょう。

●レイアウトビュー

完成イメージを確認しながらフォームを作成できる

●デザインビュー

フォームがセクションに分かれて表示される

フォームの詳細な設定を行える

1レコードを1画面で入力するフォームを作ろう

オートフォーム　　　　　　練習用ファイル　L33_オートフォーム.accdb

YouTube動画で見る　詳細は2ページへ

フォームを作成する方法は複数ありますが、テーブルの全フィールドを1画面に表示するフォームなら、ボタンのワンクリックで簡単に作成できます。このようなフォームの作成方法を「オートフォーム」と呼びます。

🔑 **キーワード**

ビュー	P.441
フォーム	P.441

［T_顧客］テーブルの一部のフィールドを抜き出す

テーブルに顧客情報が入力されている

フォームが作成され、顧客情報を1件ずつ表示できる

1 新しいフォームを表示する

レッスン09を参考に「L33_オート
フォーム.accdb」を開いておく

[T_顧客] からフォームを
作成する

1 [T_顧客] をクリック

2 [作成] タブをクリック　**3** [フォーム] をクリック

フォームが作成され、レイアウトビューに
1件目のレコードが表示された

◆レイアウトビュー

次のページに続く ➡

🔎 **用語解説**

オートフォーム

「オートフォーム」とは、指定したテーブ
ルやクエリの全フィールドを表示／入力
するフォームを自動で作成する機能です。
オートフォームでフォームを作成するに
は、あらかじめナビゲーションウィンドウ
でテーブルやクエリを選択する必要があ
ります。

🔎 **用語解説**

単票形式

1画面に1レコードずつ表示するフォーム
の形式を「単票形式」と呼びます。

🔎 **用語解説**

表形式

1行に1レコードずつ表示するフォームの
形式は「表形式」と呼ばれます。このレッ
スンで作成するのは、単票形式のフォー
ムです。

💡 **使いこなしのヒント**

レイアウトビューでは
データの編集はできない

オートフォームでフォームを作成すると、
フォームがレイアウトビューで表示されま
す。レイアウトビューは、データを表示し
たままレイアウトの変更を行える画面で
す。データの編集はできません。

2 フォームを保存する

作成したフォームを保存する | **1** [上書き保存]をクリック

[名前を付けて保存]画面が表示される

2 「F_顧客入力」と入力

3 [OK]をクリック

フォームが保存された

ナビゲーションウィンドウとタブに
フォーム名が表示された

4 ここをクリックしてフォームを閉じる

使いこなしのヒント
クエリからも作成できる

あらかじめナビゲーションウィンドウでクエリを作成して手順1の操作2〜3を実行すると、クエリの全フィールドを表示するフォームを作成できます。

使いこなしのヒント
フォームの名前は変更しよう

手順2の操作2の画面では、フォーム名の初期値としてテーブル名の「T_顧客」が表示されます。フォームには、テーブルと同じ名前を付けることが許されています。しかしナビゲーションウィンドウに表示された際に紛らわしいので、テーブルとは異なる分かりやすい名前を付けましょう。

使いこなしのヒント
レイアウトを変更するには

単票形式のフォームで入力欄のサイズや位置などを調整する方法は、レッスン34で紹介します。

表形式のフォームを作成するには

オートフォーム機能で表形式のフォームを作成することもできます。それには、[作成]タブにある[その他のフォーム]-[複数のアイテム]を使用します。下の手順では、クエリを元に

表形式のフォームを作成しています。単票形式と表形式では、入力欄のサイズや位置の調整方法が少し異なります。表形式の場合の調整方法は、184ページを参考にしてください。

1 [Q_顧客住所録]を クリック

2 [作成]タブをクリック

3 [その他のフォーム] をクリック

4 [複数のアイテム]を クリック

表形式のフォームが作成された

34 コントロールのサイズを調整しよう

集合形式レイアウト　　**練習用ファイル**　L34_サイズ.accdb

フォームに配置される入力欄などの部品を「コントロール」と呼びます。このレッスンでは、コントロールのサイズを調整します。オートフォームで作成したフォームではレイアウトの自動調整機能が働くので、簡単に調整できます。

キーワード

コントロール	P.439
コントロールレイアウト	P.440
テキストボックス	P.440

コントロールのサイズを変更する

After

テキストボックスのサイズが変更できた

◆テキストボックス
テーブルのデータを表示／入力するコントロール

1 フォームを開いてビューを切り替える

ナビゲーションウィンドウから［F_顧客入力］を開く

1 ［F_顧客入力］をダブルクリック

💡 **使いこなしのヒント**

フォームを表示するには

ナビゲーションウィンドウでフォームをダブルクリックすると、フォームがフォームビューで開きます。ナビゲーションウィンドウでフォームを右クリックして、開くビューを選択することもできます。

●フォームのレイアウトビューに切り替える

[F_顧客入力] がフォームビューで
表示された

レイアウトビューに
切り替える

2 [ホーム] タブをクリック　　**3** [表示] のここをクリック

[F_顧客入力] がレイアウト
ビューで表示された

使いこなしのヒント

フォームのビューを切り替えるには

テーブルやクエリと同様に、フォームも
ビューを切り替えて操作します。フォーム
では、[表示] をクリックするごとに、レ
イアウトビューとフォームビューが交互に
切り替わります。また、[表示] の下側を
クリックし、一覧から切り替えることもで
きます。

フォーム ビュー(F)		
レイアウト ビュー(Y)		
デザイン ビュー(D)		

[表示] の下側をクリックして
一覧からビューを選択できる

用語解説

コントロール

フォームに配置して利用する部品のことを
「コントロール」と呼びます。[F_顧客入力]
には次の部品が配置されています。

ラベル　　テキストボックス

チェックボックス

●ラベル
フォームに文字を表示するコントロール
●テキストボックス
テーブルのデータを表示／入力するコン
トロール
●チェックボックス
Yes ／ Noをチェックマークの有無で表す
コントロール

次のページに続く →

2 コントロールの幅を変更する

使いこなしのヒント

マウスポインターの形を確認しよう

コントロールのサイズを変更するときは、境界線にマウスポインターを合わせ、↔や↕の形になったことを確認してドラッグします。

全体のテキストボックスの幅を変更する

1 ［顧客番号］のテキストボックスをクリック

2 右端にマウスポインターを合わせる

マウスポインターの形が変わった ↔

3 左にドラッグ

［顧客番号］のテキストボックスの幅が変更された

使いこなしのヒント

テキストボックスの幅が自動で揃う

オートフォームで作成したフォームのコントロールは、自動でグループ化されており、レイアウトの自動調整機能が働きます。いずれかのテキストボックスの幅を変更すると、他のすべてのテキストボックスも自動で同じサイズに揃います。

また、任意のテキストボックスの高さを変更すると、その下にあるコントロールの位置がずれて、自動的に整列します。

すべてのテキストボックスの幅が自動で同じサイズに揃えられた

用語解説

コントロールレイアウト

このレッスンのフォームのように、レイアウトが自動的に調整されるようなコントロールのグループ化の機能を「コントロールレイアウト」と呼びます。オートフォームで作成したフォームのコントロールには、自動でコントロールレイアウトが適用されるので、サイズや位置の調整を簡単に行えます。

3 コントロールの高さを変更する

［住所］フィールドのテキスト
ボックスの高さを変える

1 ［住所］のテキストボックスを
クリック

2 下端にマウスポインターを
合わせる

マウスポインターの
形が変わった ↕

3 下にドラッグ

［住所］の高さが広がった

［住所］のテキストボックスの高さが
変更された

下のコントロールが自動でずれて
整列した

4 ［上書き保存］をクリックして
上書き保存しておく

使いこなしのヒント

**コントロールレイアウトの種類を
覚えよう**

コントロールレイアウトには、「集合形式
レイアウト」と「表形式レイアウト」があ
ります。任意のコントロールを選択すると、
グループ化されているコントロール全体
が点線で囲まれ、グループ化されている
ことを確認できます。

●集合形式レイアウト

左にラベル、右にテキストボックスが
配置される

●表形式レイアウト

上にラベル、下にテキストボックスが
配置される

●グループ化の設定なし

No　　1

氏名　　井上

年齢　　28

コントロールを選択しても点線で
囲まれない

レイアウトの自動調整機能は
働かない

35 コントロールの位置を入れ替えよう

コントロールの移動 | 練習用ファイル L35_入れ替え.accdb

フォームを作成すると、テーブルのフィールドと同じ順序でコントロールが配置されます。順序を変えたいときは、ラベルとテキストボックスを移動します。ドラッグ操作で簡単に移動できます。

🔍 **キーワード**

コントロール	P.439
テキストボックス	P.440
ラベル	P.442

コントロールの配置を変更する

Before [登録日] の位置を上に移動したい

After [登録日] の位置が変わった

1 ラベルとテキストボックスを選択する

レッスン33を参考に [F_顧客入力] をレイアウトビューで表示しておく

[登録日] のラベルとテキストボックスを選択する

1 [登録日] のラベルをクリック

2 Ctrl キーを押しながら [登録日] のテキストボックスをクリック

ラベルとテキストボックスが同時に選択された

💡 使いこなしのヒント

コントロールを複数選択するには

コントロールをクリックしたあと、Ctrl キーを押しながら別のコントロールをクリックすると、複数のコントロールを同時に選択できます。

2 コントロールを移動する

ラベルとテキストボックスの位置を変える

1 テキストボックスにマウスポインターを合わせる

2 上方向にドラッグ

マウスポインターの移動に合わせてピンクのラインが表示される

3 [顧客名カナ]と[郵便番号]の間にピンクのラインが表示されたところでマウスボタンから指を離す

登録日のラベルとテキストボックスが移動した

4 [上書き保存]をクリックして上書き保存しておく

使いこなしのヒント

連続する複数のコントロールを選択するには

コントロールをクリックしたあと、[Shift]キーを押しながら別のコントロールをクリックすると、2つの間にあるコントロールをまとめて選択できます。この方法は、コントロールレイアウト内のコントロールをレイアウトビューで選択するときに有効です。

使いこなしのヒント

レイアウトが自動調整される

コントロールレイアウト内のコントロールを移動すると、他のコントロールがずれて、レイアウトが自動で整います。

⚠ ここに注意

テキストボックスだけを選択してドラッグすると、移動したテキストボックスの左と、残ったラベルの右に空欄が生じてしまいます。[ホーム]タブの[元に戻す]をクリックして、操作をやり直しましょう。

空欄が生じる

36 ラベルの文字を変更しよう

ラベルの編集　　　|練習用ファイル| L36_ラベル.accdb

オートフォームを使用してフォームを作成すると、フォームの先頭にラベルが配置され、テーブルの名前が表示されます。ラベルを編集して、フォームの用途を表す分かりやすい名前に変えましょう。

🔍 キーワード

テキストボックス	P.440
ラベル	P.442

基本編 第4章 データを入力するフォームを作ろう

フォームのタイトルを編集する

After

フォームのタイトルを「T_顧客」から「顧客入力」にする

◆ラベル
テーブルやフィールドの内容を表すコントロール

1 ラベルを選択する

レッスン33を参考に［F_顧客入力］をレイアウトビューで表示しておく

1 タイトルのラベルをクリックして選択

2 もう一度クリック

🔍 用語解説

ラベル

ラベルは、フォーム上に文字を表示するためのコントロールです。タイトルや説明を表示するのに使用します。

ラベルにはタイトルや説明を入れる

2 ラベルを編集する

ラベル内にカーソルが表示され、ラベルの文字が編集できるようになった

ラベルの文字を編集する

```
F_顧客入力 ×
        T_顧客

   顧客番号    1
   顧客名      長谷川 健司
   顧客名カナ   ハセガワ ケンジ
```

| 1 | 「T_顧客」を削除して「顧客入力」と入力 | 2 | Enter キーを押す |

```
F_顧客入力 ×
        顧客入力

   顧客番号    1
   顧客名      長谷川 健司
   顧客名カナ   ハセガワ ケンジ
```

ラベルの文字の変更が確定された

| ラベルの文字数に合わせた幅に変更する | 3 | ラベルの右境界線にマウスポインターを合わせる |

```
F_顧客入力 ×
  田 📑  顧客入力                        ←─  ↔

   顧客番号    1
   顧客名      長谷川 健司
   顧客名カナ   ハセガワ ケンジ
```

| マウスポインターの形が変わった ↔ | 4 | 左にドラッグ |

ラベルの幅が変更された

| 5 | [上書き保存] をクリックして上書き保存しておく | 💾 |

```
🗄 💾

ファイル  ホーム  作成  外部データ  データベース ツール  ヘルプ  フォーム レイアウトのデザイン

📑       📑   ■配色 ∨      ↖  ab  Aa  ▢  ▢  �  ≡⊕  ▦  ▤
表示     テーマ  ▦フォント ∨

表示      テーマ                              コントロール

すべての Access... ⊙ <    F_顧客入力 ×
検索...              🔍     田 📑  顧客入力
テーブル              ∧
▦ T_顧客                     顧客番号    1
クエリ                ∧
```

💡 使いこなしのヒント

文字を編集できるようにするには

ラベル上を1回クリックすると、そのラベルが選択されます。もう一度クリックすると、ラベルの中にカーソルが表示され、文字を編集できる状態になります。

💡 使いこなしのヒント

テキストボックスの文字は変更できない

レイアウトビューでは、サイズ調整するときなどの目安としてテキストボックスにデータが表示されますが、表示されるデータの編集はできません。データの編集はフォームビューで行います。

⚠️ ここに注意

ラベルの幅を変更するときは、↔ の形のマウスポインターでドラッグしましょう。ラベルのサイズがAccessのウィンドウの端まである場合、マウスポインターを合わせる位置によっては⇔の形になることがあります。その形でドラッグすると、Accessのウィンドウサイズが変わるので注意してください。

37 フォームにテキストボックスを追加しよう

テキストボックスの追加　　**練習用ファイル** L37_テキストボックス.accdb

フォームには、あとから自由にコントロールを配置できます。このレッスンではテキストボックスを配置して、登録月を表示します。テキストボックスに表示する値は、「コントロールソース」というプロパティを使用して設定します。

テキストボックスを追加して登録月を表示する

Before

フィールドを追加して［登録月］を表示したい

After

［登録月］フィールドが追加され、［登録日］フィールドの日付から「月」を取り出して表示できるようになった

□ F_顧客入力 ×

顧客入力

顧客番号	1
顧客名	長谷川 健司
顧客名カナ	ハセガワ　ケンジ
登録日	2023/04/01
郵便番号	216-0033
都道府県	神奈川県

→

□ F_顧客入力 ×

顧客入力

顧客番号	1
顧客名	長谷川 健司
顧客名カナ	ハセガワ　ケンジ
登録日	2023/04/01
登録月	4
郵便番号	216-0033

1 ［コントロールウィザード］を無効にする

レッスン33を参考に［F_顧客入力］をレイアウトビューで表示しておく

1 ［フォームレイアウトのデザイン］タブをクリック

2 ここをクリック

3 ここをクリックしてオフにする

すべての Access... ⊙ <

検索...

テーブル
　T_顧客

✗ コントロール ウィザードの使用(W)

💡 **使いこなしのヒント**

コントロールウィザードを切り替えるには

操作3の［コントロールウィザード］は、クリックでオンとオフが交互に切り替わります。アイコンが枠線で囲まれた状態がオンの状態です。

●オンの状態

🗎 コントロール ウィザードの使用(W)

●オフの状態

🗎 コントロール ウィザードの使用(W)

2 新しいテキストボックスを追加する

テキストボックスを
追加する

1 [テキストボックス] を
クリック

マウスポインターの形が
変わった

2 [登録日] のテキストボックスの下
側にマウスポインターを合わせる

マウスポインターの移動に合わせ
てピンクのラインが表示される

3 [登録日] の下にピンクのライン
が表示されたところでクリック

登録日と郵便番号の間に新しい
テキストボックスが挿入された

ラベルには「テキスト33」と
表示される

次のページに続く➡

⚠ ここに注意

「コントロールウィザード」をオンにした
状態でテキストボックスを追加すると、
フォントや余白などの設定画面が表示さ
れます。ここでは設定をしないのでオフに
しました。誤ってオンにした場合は、[キャ
ンセル] をクリックして設定画面を閉じて
ください。

☀ 使いこなしのヒント

レイアウトが自動調整される

コントロールを追加すると、既存のコント
ロールがずれて、自動的にレイアウトが整
います。この自動調整機能が働くのは、コ
ントロールレイアウト（コントロールのグ
ループ化機能）が適用され、かつレイア
ウトビューで操作する場合です。

☀ 使いこなしのヒント

ラベルに文字が追加される

テキストボックスを追加すると、ラベル
も一緒に追加されます。ラベルには「テ
キストXX」のような文字が表示されます。
末尾の番号は、他の数値になる場合もあ
ります。

③ テキストボックスに関数を入力する

ラベルを編集する	**1** 「テキスト33」と表示されたラベルをクリック	**2** もう一度クリック

ラベル内にカーソルが表示され、ラベルの文字が編集できるようになった	**3** 「登録月」と入力

フィールド名が［登録月］になった

プロパティシートを表示する

4 新しいテキストボックスをクリック	**5** ［プロパティシート］をクリック

プロパティシートが表示された	**6** ［データ］タブをクリック

146 できる

用語解説
テキストボックス

テキストボックスは、テーブルのデータを表示／入力するコントロールです。また、計算結果を表示するのにも使用できます。ここでは［登録日］フィールドから「月」を取り出して、テキストボックスに表示します。

用語解説
プロパティシート

「プロパティシート」は、フォーム上で選択されているものの詳細な設定を行うための画面です。個々の設定項目のことを「プロパティ」と呼びます。

ショートカットキー

プロパティシートの表示	F4

使いこなしのヒント
入力欄を広くするには

プロパティシートの中央の境界線は、ドラッグで移動できます。入力欄が狭い場合は調整してください。

ドラッグで移動できる

●関数を入力する

7 [コントロールソース]に「=Month([登録日])」と入力

8 Enter キーを押す

[登録日] フィールドの日付から「月」を取り出せた

9 ここをクリック

上書き保存しておく

37

テキストボックスの追加

🔍 **用語解説**

コントロールソース

[コントロールソース] は、テキストボックスに表示する内容を指定するためのプロパティです。ここに「=」に続けて式を入力すると、テキストボックスに式の結果が表示されます。Month関数については、123ページを参照してください。

💡 **使いこなしのヒント**

プロパティにフィールド名が表示される

顧客番号や顧客名など、データを表示するテキストボックスでは、[コントロールソース] プロパティにフィールド名が設定されています。

フィールド名が表示されている

👍 **スキルアップ**

表形式のフォームにテキストボックスを追加するには

オートフォームで作成した表形式のフォームには、「表形式レイアウト」というグループ化の機能が適用されます。レイアウトビューでテキストボックスを追加すると、既存のコントロールがずれて、自動的に表のレイアウトが整います。

[コントロール] の一覧から [テキストボックス] をクリックしておく

テキストボックスが挿入された

1 挿入する位置をクリック

38 タイトルの背景に 色を付けよう

デザインビュー、セクション　　**練習用ファイル**　L38_セクション.accdb

フォームの背景は、「セクション」と呼ばれるいくつかのエリアに分かれています。セクション単位の設定を行うには、フォームの設計画面の1つである「デザインビュー」が便利です。ここでは「フォームヘッダー」セクションに色を設定します。

キーワード

セクション	P.440
フォーム	P.441
ヘッダー	P.441

基本編
第4章　データを入力するフォームを作ろう

フォームヘッダーの色を変える

After

フォームヘッダーに色を付ける

◆フォームヘッダー
フォームのタイトルが表示される

◆詳細
1件分のレコードが表示される

1 フォームのデザインビューを表示する

レッスン33を参考に[F_顧客入力]をレイアウトビューで表示しておく

1 [ホーム]タブをクリック　**2** [表示]のここをクリック

3 [デザインビュー]をクリック

使いこなしのヒント

デザインビューに切り替えるには

[表示]ボタンのクリックだけではデザインビューに切り替えられません。デザインビューに切り替えるときは、[表示]の一覧から切り替えてください。

●表示を確認する

[F_顧客入力] がデザインビューで
表示された

---

2 フォームヘッダーを編集する

セクション全体の色を変える

| セクションを選択する | **1** | [フォームヘッダー] の
セクションバーをクリック |

| セクションが選択された | **2** | [書式] タブをクリック |

使いこなしのヒント

**レイアウトビューと
デザインビューを使い分けよう**

フォームには、レイアウトビューとデザインビューの2つの設計画面があります。コントロールのサイズや配置の調整は、実際のデータを表示したまま作業できるレイアウトビューが便利です。一方、セクション単位の設定は、セクションの区切りがはっきりしているデザインビューのほうが分かりやすいでしょう。

使いこなしのヒント

セクションを選択するには

各セクションの上部にある横長のバーを「セクションバー」と呼びます。セクションバーをクリックするか、セクションの無地の部分をクリックすると、セクションが選択されます。セクションが選択されると、セクションバーが黒く反転します。

| **1** | クリックするとセクション
全体を選択できる |

使いこなしのヒント

フォームの背景の色を設定するには

フォームの背景の色は、セクション単位で設定します。このレッスンではフォームヘッダーの背景に色を設定しましたが、他のセクションも同様の手順で設定できます。

次のページに続く→

●塗りつぶしの色を設定する

変更する色を選択する

3 [図形の塗りつぶし] をクリック

4 [青、アクセント5] をクリック

3 ラベルの文字の色を変更する

セクション全体に色が付いた | ラベルを選択する

1 ラベルをクリック

ラベルが選択された | 2 [書式] タブをクリック

使いこなしのヒント

フォームのセクションの要素を確認しよう

フォームのセクションは、フォームヘッダー、詳細、フォームフッターから構成されます。[詳細] セクションはレコードが表示されるエリアで、フォームヘッダーとフォームフッターはその上下のエリアです。なお、[F_顧客入力] フォームではフォームフッターが非表示になっており、セクションバーだけが表示されています。フォームフッターを表示する方法は、レッスン62で紹介します。

ここでは表示されていない

使いこなしのヒント

文字の書式を設定するには

[書式] タブの [フォント] グループには、コントロールの文字を装飾するための機能が揃っています。フォントの種類やフォントサイズ、色、文字配置などを設定できます。

文字の種類や装飾を設定できる

●塗りつぶしの色を設定する

変更する色を選択する

3	[フォントの色] のここを クリック

4	[白、背景1] をクリック

ラベルの文字の色が白くなった

上書き保存する		5	[上書き保存] をクリックして 上書き保存しておく

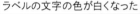

使いこなしのヒント

テキストボックスの書式を変更するには

ここではラベルの文字の色を変更しましたが、テキストボックスも同様の操作で文字の書式を変更できます。

使いこなしのヒント

フォームの書式を一気に変更するには

[テーマ] という機能を使用すると、データベース内のフォーム／レポートの色やフォントなどのデザインをまとめて変更できます。選択肢にマウスポインターを合わせると、デザインが一時的にフォームに設定されるので、いろいろ試すといいでしょう。

1	[フォームデザイン] タブをクリック		2	[テーマ] をクリック

3	選択肢にマウスポインター を合わせる

使いこなしのヒント

配色だけを変更するには

フォーム／レポートの色だけを変更するには、[フォームデザイン] タブの [配色]から色の組み合わせを選択します。

39 フィールドのカーソル表示を調整しよう

タブストップ | 練習用ファイル | L39_カーソル表示.accdb

[F_顧客入力]の[顧客番号]はオートナンバー型なので、番号が自動入力されます。また、[登録日]が入力されれば、[登録月]は自動表示されます。ここでは、このような入力不要のテキストボックスに、カーソルが移動しないように設定します。

キーワード

テキストボックス	P.440
フィールド	P.441
プロパティシート	P.441

入力しないフィールドにカーソルが移動するのを防ぐ

After

[顧客番号]と[登録月]のテキストボックスにカーソルが移動しなくなる

1 [タブストップ]を設定する

レッスン38を参考に[F_顧客入力]をデザインビューで表示しておく

1 [顧客番号]のテキストボックスをクリック

2 Ctrl キーを押しながら[登録月]のテキストボックスをクリック

2つのテキストボックスが選択された

用語解説

タブストップ

フォームビューでデータを入力する際に、Tab キーや Enter キーを押すと、通常はカーソルが次のテキストボックスに移動します。[タブストップ]プロパティに[いいえ]を設定すると、Tab キーや Enter キーを押したときに、そのテキストボックスを飛ばして、次のテキストボックスにカーソルが移動します。なお、テキストボックスをクリックした場合はカーソルが表示されます。

●プロパティシートを設定する

プロパティシートを表示する

3 [フォームデザイン] タブ
をクリック

4 [プロパティシート] を
クリック

プロパティシートが表示された

5 [その他] タブをクリック

6 [タブストップ] の欄を
クリック

7 ここをクリック

8 [いいえ] をクリック

[タブストップ] に [いいえ] が
設定された

9 ここをクリックしてプロパ
ティシートを閉じておく

使いこなしのヒント

デザインビューで
コントロールを複数選択するには

Ctrl キーを使用すると、コントロールを
複数選択できます。このほか、デザイン
ビューではルーラー（上端と左端に表示
される目盛り）を使用して選択する方法と、
ドラッグして選択する方法があります。

●ルーラーを使用

1 左端のルーラーをクリックするとマ
ウスポインターの右にある全コント
ロールが選択される

●ドラッグを使用

1 斜めにドラッグすると、ドラッグした
範囲に掛かっている全コントロール
が選択される

↓

次
の
ペ
ー
ジ
に
続
く
➡

2 テキストボックスの色を変更する

[顧客番号]と[登録月]のテキストボックスの色を変更する	引き続き[顧客番号]と[登録月]のテキストボックスを選択しておく

1 [書式]タブをクリック

2 [図形の塗りつぶし]をクリック

3 [白、背景1、黒+基本色5%]をクリック

テキストボックスの色が変わった

3 カーソルの動きを確認する

フォームビューに切り替える

1 [フォームデザイン] タブ をクリック

2 [表示] のここを クリック

3 [フォームビュー] を クリック

フォームビューが表示 された

[顧客名] のテキスト ボックスにカーソルが 移動した

4 [登録日] のテキス トボックスをクリッ ク

[登録日] のテキスト ボックスにカーソルが 移動した

5 Tab キーを押す

[登録月] を飛ばして [郵便番号] にカーソ ルが移動した

上書き保存してフォー ムを閉じておく

⚡ 使いこなしのヒント

フォームビューに切り替えるには

デザインビューでは、[ホーム] タブまた は [フォームデザイン] タブの [表示] ボ タンを使用してビューを切り替えます。[表 示] を直接クリックすると、フォームビュー に切り替わります。または [表示] の一覧 から [フォームビュー] をクリックしても 切り替えられます。

⚡ 使いこなしのヒント

[顧客番号] が飛ばされる

[F_顧客入力] の先頭にあるのは [顧客番 号] ですが、[タブストップ] プロパティ に [いいえ] を設定したので飛ばされます。 フォームビューに切り替えると、2番目の [顧客名] にカーソルが移動します。

⚡ 使いこなしのヒント

ラベルにはカーソルが移動しない

ラベルは表示専用のコントロールです。 フォームビューでは、Tab キーや Enter キーを押してもラベルにカーソルが移動 しません。

40 フォームでデータを入力しよう

フォームでの入力　　　練習用ファイル　L40_データ入力.accdb

作成したフォームを使用してデータを入力してみましょう。第2章でテーブルにふりがなの自動入力、住所の自動入力、入力モードの自動切り替えなどを設定しましたが、それらの設定がフォームに継承されていることを確認しながら入力していきます。

キーワード

フォーム	P.441
レコード	P.442
レコードセレクター	P.442

フォームでデータを入力する

After

フォームから入力した情報でレコードを追加できる

1 フォームを表示する

レッスン39を参考に[F_顧客入力]をフォームビューで開いておく

新しいレコードを表示する

1 [新しい（空の）レコード]をクリック

使いこなしのヒント

移動ボタンでレコードを移動する

単票形式のフォームでは、1画面に1レコードだけが表示されます。他のレコードに移動するには、画面下にある移動ボタンを使用します。

先頭レコード　　次のレコード　　最終レコード

前のレコード　　新しい（空の）レコード

2　フォームに入力する

新規レコードの入力画面が
表示された

[顧客名] のテキストボックス
にカーソルが移動した

[DM希望] にチェックマークが
付いている

自動的に入力モードが [あ] に
なった

次のページに続く ➡

●顧客名を入力する

1 [顧客名] に顧客名を
入力

自動的に顧客名カナが
表示された

🔆 使いこなしのヒント

テーブルの設定が
フォームに継承される

テーブルで行った設定は、基本的にフォームに継承します。ここでは次の設定が継承されていることを確認しながら作業を進めてください。

●既定値（レッスン15）
新規レコードの [DM希望] に自動でチェックマークが付く

●ふりがな（レッスン16）
[顧客名]を入力すると、そのフリガナが[顧客名カナ] に自動入力される

●住所入力支援（レッスン17）
[郵便番号] を入力すると、[都道府県] [住所] が自動入力される

●入力モード（レッスン18）
日本語を入力するフィールドはオン、英数字を入力するフィールドはオフになる

🔆 使いこなしのヒント

日付選択カレンダーも使える

日付は、日付選択カレンダーを使用して入力することもできます。

カレンダーも使用できる

●登録日を入力する

2 [登録日] に登録日を入力

自動的に登録月が表示された

●郵便番号を入力する

3 [郵便番号] に郵便番号を入力

自動的に都道府県と住所が入力された

4 番地など残りの住所（ここではx-x-x）を入力する

●残りのデータを入力する

5 [電話番号] に電話番号を入力

6 DMが不要な場合は [DM希望] をクリックしてチェックを外す

同様の手順で、付録を参照して残りのレコードを入力する

🔅 使いこなしのヒント

レコードを保存するには

レコードの入力を開始すると、レコードセレクターに鉛筆のマーク 🖉 が表示されます。他のレコードに移動したり、フォームを閉じたりすると、編集中のレコードは自動で保存されます。編集中のレコードを強制的に保存したいときは、レコードセレクターをクリックしてください。

レコードセレクター

🔲 ショートカットキー

レコードの保存　　Shift + Enter

🔅 使いこなしのヒント

入力を取り消すには

レコードの入力中に Esc キーを押すと、現在編集中のフィールドの入力が取り消されます。もう一度 Esc キーを押すと、現在編集中のレコードの入力が取り消されます。

🔅 使いこなしのヒント

付録を参考にレコードを完成させる

フォームで入力するレコードの内容は付録ページに掲載しています。参考にしてください。

●フォームを閉じる

すべてのレコードが入力できた	ここをクリックしてフォームを閉じる

□ F_顧客入力 ×

顧客入力

顧客番号	25
顧客名	早川 陸
顧客名カナ	ハヤカワ リク
登録日	2023/08/23
登録月	8
郵便番号	274-0801
都道府県	千葉県
住所	船橋市高野台
電話番号	047-441-xxxx
DM希望	☐

40
フォームでの入力

🔆 使いこなしのヒント

レコードを削除するには

レコードセレクターをクリックすると、レコードセレクターが黒く反転し、レコードが選択された状態になります。その状態で Delete キーを押すと、レコードを削除できます。

□ F_顧客入力 ×

顧客入力

顧客番号	16
顧客名	長谷 隆介
顧客名カナ	ハセ リュウスケ
登録日	2023/07/03
登録月	7

レコードが選択された状態

---

3 テーブルに入力されたことを確認する

追加されたデータをデータシートビューで
確認する

1 [T_顧客] をダブルクリック

フォームで入力したデータが
テーブルに追加されている

🔆 使いこなしのヒント

**オートナンバー型には
欠番が生じることがある**

Esc キーを押してレコードの入力を取り消すと、[オートナンバー型] のフィールドに表示されていた番号は欠番になり、新しいレコードには次の番号が入力されます。また、レコードを削除した場合も、[オートナンバー型] のフィールドに表示されていた番号は欠番になります。

🔆 使いこなしのヒント

テーブルに自動で追加される

フォームで入力したデータは、自動的にテーブルに保存されます。

この章のまとめ

使いやすいフォームを作ろう

データ入力のような面倒な単純作業は、効率よくササッと行いたいものです。しかし、フィールド数が多いテーブルでは横スクロールが必要になり、入力しづらい場合があります。そんなときは、フォームの出番です。フォームなら1画面に1レコードをゆったりと表示して、分かりやすく入力を行えます。用途に応じて入力欄を色分けしたり、カーソルの移動順を制御したりして、入力効率を上げる工夫も凝らせます。この章で紹介したように、作成方法もレイアウトの調整も簡単なので、使いやすいフォームを作りましょう。

F_顧客入力 ×	
顧客入力	
顧客番号	25
顧客名	早川 陸
顧客名カナ	ハヤカワ リク
登録日	2023/08/23
登録月	8
郵便番号	274-0801
都道府県	千葉県
住所	船橋市高野台
電話番号	047-441-xxxx
DM希望	☐

作るのは簡単でしたが、奥が深かったです!

フォームはデータを入力する際の大事なインターフェイス。正確に素早く入力できるように、工夫してみましょう

入力のときに役立つ機能がたくさんあってびっくりしました!

テーブルの設定の多くが継承されます。最初にテーブルを丁寧に作っておくと、ここで便利に使えるんですよ♪

第5章

レポートで情報をまとめよう

レポートを使用すると、テーブルに保存されているデータをさまざまな形式で印刷できます。この章では、顧客情報を表形式で印刷するレポートと、顧客の宛名を市販のラベルシートに印刷するレポートを作成します。

41

レポートでデータを印刷しよう

レポートは、印刷を目的としたオブジェクトです。この章では、テーブルのデータを見やすく配置して印刷するレポートを作成していきます。タイトルの文字や背景色、縞模様の色を設定しながらメリハリのあるレポートに仕上げます。

データを見やすく印刷しよう

基本編の最後の章ですね。
この章では何を学びますか？

データを「見せる」上で重要な、レポートの機能を紹介します。
操作が独特なので、しっかりとマスターしましょう。

レポートウィザードで簡単に作れる

まずは簡単な方法から。［レポートウィザード］で必要な項目を
選んでいくだけで、シンプルなレポートが作成できます。

必要事項をクリックするだけで作れちゃいました♪
意外と簡単ですね～。

R_顧客一覧 ✕

R_顧客一覧

顧客番号	顧客名	郵便番号	都道府県	住所	電話番号
1	長谷川 健司	216-0033	神奈川県	川崎市宮前区宮崎x-x-x	044-639-xxxx
2	山田 愛子	152-0032	東京都	目黒区平町x-x-x	03-4521-xxxx
3	土井 夏美	270-2261	千葉県	松戸市常盤平x-x-x	0473-48-xxxx
4	佐藤 良	340-0046	埼玉県	草加市北谷x-x-x	0489-32-xxxx
5	和田 奈央	181-0005	東京都	三鷹市中原x-x-x	0422-47-xxxx
6	鳥居 みのり	220-0051	神奈川県	横浜市西区中央x-x-x	045-331-xxxx
7	天野 翔太	275-0014	千葉県	習志野市鷺沼x-x-x	0474-52-xxxx

要素のメリハリをつけよう

レポートの要素はかなり自由にレイアウトできます。また、文字や背景に色を付けて、目立たせることもできるんです。

ビューを切り替えながら操作するのがポイントですね。
画面と見比べながら進めます！

きれいに仕上げよう

そしてこれが完成形。紙への印刷はもちろん、PDFにして配布するときも、見栄えのする資料にできますよ♪

Accessってこんなにきれいに出力できるんだ！
やり方、ぜひ知りたいです！

顧客リスト

顧客番号	顧客名	郵便番号	都道府県	住所	電話番号
1	長谷川 健司	216-0033	神奈川県	川崎市宮前区宮崎x-x-x	044-639-xxxx
2	山田 愛子	152-0032	東京都	目黒区平町x-x-x	03-4521-xxxx
3	土井 夏美	270-2261	千葉県	松戸市常盤平x-x-x	0473-48-xxxx
4	佐藤 良	340-0046	埼玉県	草加市北谷x-x-x	0489-32-xxxx

42 レポートの基本を知ろう

レポートの仕組み | 練習用ファイル なし

レポートは、テーブルのデータを見栄えよく印刷するためのオブジェクトです。この章では、顧客リストと宛名ラベルの2種類のレポートを作成します。スムーズに操作できるように、まずはここでレポートの基本事項に触れておきましょう。

1 テーブルのデータを見やすく印刷できる

レポートを使うメリットは、テーブルのデータを自由なレイアウトで印刷できることです。[T_顧客] テーブルから顧客名と住所を取り出して、表形式で印刷したり、宛名ラベルに印刷したりと、同じ情報をさまざまな体裁で印刷できます。

表形式や宛名ラベルなど
さまざまな体裁の印刷物
を作成できる

2 適材適所のビューを使ってレポートを作成

レポートには、「レポートビュー」「レイアウトビュー」「デザインビュー」「印刷プレビュー」の4つのビューがあります。
その中でレポートの作成に使用するのが「レイアウトビュー」と「デザインビュー」です。フォームのビューと同
様に、レイアウトビューでは実際のデータを見ながらレイアウトの設定を行えます。デザインビューでは、セクショ
ン単位の設定など、詳細な設定を行えます。レポートは配布や保存の目的で使われることも多く、フォーム以上
にレイアウトに気を配りながら作成する必要があります。

●レイアウトビュー

印刷イメージに近い画面
でレポートを作成できる

●デザインビュー

セクションごとの設定な
ど、レポートの詳細な設
定を行える

次のページに続く➡

思い通りのレポートを作成するには、セクションの理解が大切です。セクションはそれぞれ印刷される位置や回数が決まっています。どこに印刷したいかに応じて、配置するセクションを決めます。例えばレポートのタイトルを先頭ページにだけ印刷したい場合は［レポートヘッダー］、全ページの先頭に印刷したい場合は［ページヘッダー］、という具合に配置先を決めます。

●レポートのセクション

◆レポートヘッダー
レポートの先頭ページに1回だけ印刷される

◆ページヘッダー
すべてのページの上部に印刷される

◆詳細
レコードの数だけ繰り返し印刷される

◆ページフッター
すべてのページの下部に印刷される

◆レポートフッター
レポートの最終ページに1回だけ印刷される

●各セクションの印刷位置

先頭ページ

| レポートヘッダー |
| ページヘッダー |
| 詳細 |
| 詳細 |
| 詳細 |
| 詳細 |
| 詳細 |
| 詳細 |
| 詳細 |
| 詳細 |
| ページフッター |

間のページ

| ページヘッダー |
| 詳細 |
| 詳細 |
| 詳細 |
| 詳細 |
| 詳細 |
| 詳細 |
| 詳細 |
| 詳細 |
| 詳細 |
| ページフッター |

最終ページ

| ページヘッダー |
| 詳細 |
| 詳細 |
| 詳細 |
| 詳細 |
| レポートフッター |
| |
| |
| |
| ページフッター |

④ 印刷プレビューを確認しよう

レポートのビューの1つに、印刷イメージを確認するための「印刷プレビュー」があります。デザインビューではコントロールのサイズがデータの長さに合っているのか分かりません。また、レイアウトビューでは改ページが表示されません。どちらのビューで作業する場合も、必ず印刷プレビューを確認する必要があります。

●印刷プレビュー

用紙に印刷したときのイメージを確認できる

🔆 使いこなしのヒント

レポートビューの特徴を知ろう

「レポートビュー」は、レポートに表示されるデータを画面上で確認するためのビューです。印刷イメージ通りのレイア ウトで表示されるとは限りません。印刷する場合は、印刷プレビューを確認しましょう。

🔆 使いこなしのヒント

テーブルやクエリ、フォームのデータも印刷できる

テーブルやクエリのデータシートビューや、フォームのフォームビューを印刷することもできます。印刷対象のビューを開いて[ファイル]タブをクリックし、[印刷]をクリックすると、右のような画面が表示されます。[印刷プレビュー]を選択すると、用紙サイズや用紙の向きを設定したり印刷イメージを確認しながら印刷を行えます。

1 [ファイル]タブをクリック

2 [印刷]をクリック

3 [印刷プレビュー]をクリック

43 データを一覧印刷する
レポートを作成しよう

レポートウィザード   **練習用ファイル** L43_レポートW.accdb

第2章で作成した［T_顧客］テーブルのフィールドを抜き出して印刷するレポートを作成しましょう。「レポートウィザード」を使用すると、抜き出すフィールドや並べ替えの順序などを順に指定しながらレポートを作成できます。

キーワード

ウィザード	P.438
フィールド	P.441
レポート	P.442

顧客データを表形式で印刷するレポートを作成する

After

［T_顧客］を元に作成されたレポートを印刷プレビューで表示できる

1 ［レポートウィザード］でレポートを作成する

レッスン09を参考に「L43_レポートW.accdb」を開いておく

［T_顧客］を元にレポートを作成する

［レポートウィザード］を表示する

1 ［作成］タブをクリック

2 ［レポートウィザード］をクリック

用語解説

レポートウィザード

「レポートウィザード」は、表示される画面に沿って設定を進めることで、簡単にレポートを作成できる機能です。ウィザード画面で印刷するフィールドを指定できるので、テーブルの一部のフィールドを印刷したいときなどに便利です。

●フィールドを選択する

[レポートウィザード] が 表示された	レポートに含めるフィールドを 選択する

3 ここをクリックして [テーブル：T_顧客] を選択 ∨ ｜ [選択可能なフィールド] 欄に [T_顧客] のフィールドが一覧表示された

4 [顧客番号] を
クリック

5 ここをクリック

>

[顧客番号] が [選択したフィールド] 欄に 追加された

同様に顧客名、郵便番号、都道府県、住所、 電話番号を追加しておく

6 [次へ] をクリック

43

レポートウィザード

次のページに続く➡

💡 使いこなしのヒント

**オートレポートで
作成する方法もある**

レポートの作成方法には「オートレポート」もあります。ナビゲーションウィンドウでテーブルを選択し、[作成] タブの [レポート] ボタンをクリックすると、テーブルの全フィールドを表形式で印刷するレポートを瞬時に作成できます。

テーブルの一部のフィールドを印刷したい場合は、作成したレポートからフィールドを削除するか、フィールドを抜き出したクエリから作成します。

💡 使いこなしのヒント

フィールドを指定するには

操作4の画面左側の [選択可能なフィールド] 欄には、テーブルの全フィールドが表示されます。その中から印刷したいフィールドを選択して、画面右側の[選択したいフィールド]欄に移動します。

💡 使いこなしのヒント

印刷順に追加しよう

フィールドを [選択したフィールド] 欄に移動するときは、表に配置する順に移動しましょう。例えば、顧客名、登録日、電話番号の順に追加した場合、レポートでも顧客名、登録日、電話番号の順に表示されます。

●グループレベルを指定する

今回はグループレベルは指定しなくてよい

7 [次へ] をクリック

●並べ替える方法を指定する

並べ替えを行うフィールドを指定する

8 ここをクリック

9 [顧客番号] を
クリック

並べ替えの基準に [顧客番号] フィールドを
指定できた

10 [次へ] をクリック

基本編

第5章 レポートで情報をまとめよう

使いこなしのヒント

グループレベルって何?

操作7の画面のグループレベルとは、グループ化するフィールドのことです。例えば [都道府県] を選択して > をクリックした場合、茨城県の顧客、埼玉県の顧客、千葉県の顧客、……というように、顧客データが都道府県ごとに印刷されます。ここではグループ化を行わないので、操作7の画面では何も指定しません。

都道府県ごとに印刷する
こともできる

使いこなしのヒント

降順で並べ替えるには

操作5の画面では、並べ替えの基準とするフィールドの指定を行います。初期設定で [昇順] (小さい順) が選択されています。大きい順に並べ替えたい場合は、[昇順] をクリックすると [降順] に切り替わります。

●レポートの印刷形式を指定する

[レイアウト] と [印刷の向き] を指定する

11 [表形式] をクリック

12 [縦] をクリック

13 [次へ] をクリック

●レポート名を指定する

レポートに名前を付ける

14 「R_顧客一覧」と入力

15 [完了] をクリック

2 レポートの印刷プレビューを確認する

レポートが印刷プレビューで表示された

ここをクリックしてレポートを閉じる

使いこなしのヒント

レイアウトを変更するには

操作11の画面では、レポートのレイアウトとして [単票形式] や [帳票形式] も選べます。

●単票形式

左に項目名、右にデータを配置

●帳票形式

表形式と単票形式を組み合わせたような配置

使いこなしのヒント

印刷プレビューが開く

[レポートウィザード] が完了すると、自動的にレポートの印刷プレビューが表示され、印刷イメージを確認できます。不具合などがある場合は、レイアウトビューかデザインビューに切り替えて編集します。

44 表の体裁が自動で維持される
ように設定しよう

表形式レイアウト　　**練習用ファイル** L44_表形式.accdb

レポートのコントロールの配置を調整するときは、あらかじめ「表形式レイアウト」を設定しておくと、作業がぐっと楽になります。コントロールのサイズ変更や移動を行ったときに、全体の配置が自動調整され、常にきれいな表の体裁を保てます。

コントロールに表形式レイアウトを適用する

After

> コントロールを表形式でグループ化できる

> ここをクリックすると表内の全コントロールを選択できる

1 レポートを開いてビューを切り替える

[R_顧客一覧] を開く

1 [R_顧客一覧] をダブルクリック

用語解説

コントロールレイアウト

コントロールレイアウトとは、コントロールのグループ化の機能です。139ページで紹介したとおり「集合形式レイアウト」と「表形式レイアウト」の2種類があります。コントロールレイアウト内のコントロールには、サイズや配置の自動調整機能が働きます。

基本編　第5章　レポートで情報をまとめよう

●ビューを切り替える

[R_顧客一覧] が [レポートビュー] で開いた	レポートの [デザインビュー] に切り替える

◆レポートビュー

次のページに続く➡

用語解説

レポートビュー

ナビゲーションウィンドウでレポートをダブルクリックすると、レポートビューが開きます。レポートビューは、印刷するデータを画面上で確認するためのビューです。データ自体の確認が目的のビューなので、印刷プレビューと同じ表示になるとは限りません。

---

2 [ホーム] タブをクリック	3 [表示] のここをクリック

4 [デザインビュー] をクリック

[R_顧客一覧] がデザインビューで開いた	◆デザインビュー

使いこなしのヒント

コントロールレイアウトの解除はデザインビューで行う

ここでは、デザインビューでコントロールレイアウトの設定を行います。設定自体は、レイアウトビューでも行えますが、解除のためのボタンはデザインビューにしかありません。なお、実際にコントロールを移動する方法はレッスン45、サイズを調整する方法はレッスン46で解説します。

使いこなしのヒント

レコード1行分の設計画面が表示される

表形式では1つのレポートにレコードが複数行にわたって表示されますが、デザインビューに表示されるのはレコード1行分です。

2 コントロールを選択する

ラベルとテキストボックスを
まとめて選択する

1 垂直ルーラーにマウス
ポインターを合わせる

マウスポインターの形が
変わった　➡

2 下方向にドラッグ

黒矢印の右側にあった全コントロールが
選択された

［R_顧客一覧］の要素を確認しておこう

レッスン44〜47で、［R_顧客一覧］の見
栄えを修正していきます。まずは現在の
構成を確認しておきましょう。

①レポートヘッダー

タイトルのラベルが配置されている。レ
ポートの先頭に1回だけ印刷される。

②ページヘッダー

表の見出しのラベルが配置されている。
各ページの先頭に印刷される。

③詳細

データを表示するテキストボックスが配
置されている。レコードの数だけ繰り返し
印刷される。

④ページフッター

日付とページ番号のテキストボックスが
配置されている。各ページの末尾に印刷
される。

3 表形式レイアウトを適用する

選択したコントロールに
表形式を適用する

1 [配置] タブをクリック

2 [表形式] をクリック 🁢

選択した全コントロールが表形式の
体裁でグループ化された

左上にアイコンが
表示された

3 [上書き保存] をクリックして
上書き保存しておく 💾

44

表形式レイアウト

使いこなしのヒント

**コントロールレイアウトを
設定するには**

複数のコントロールを選択し、[配置] タ
ブにある [集合形式] または [表形式]
をクリックすると、それぞれの形式のコン
トロールレイアウトを設定できます。

使いこなしのヒント

**コントロールレイアウトを
選択するには**

コントロールレイアウト内の任意のコント
ロールをクリックすると、左上に 田 が表示
されます。これをクリックすると、コント
ロールレイアウトに含まれるすべてのコン
トロールを選択できます。

使いこなしのヒント

**コントロールレイアウトを
解除するには**

上のヒントを参考にコントロールレイアウ
トを選択し、[配置] タブにある [レイア
ウトの削除] をクリックすると、コントロー
ルレイアウトを解除できます

45 各セクションのサイズを変更しよう

セクションの高さ　　　　　　練習用ファイル　L45_高さ.accdb

[ページヘッダー] セクションに配置したコントロールは、すべての
ページに印刷されます。ここでは、レポートのタイトルを [ページヘッ
ダー] に移動して、タイトルがすべてのページに印刷されるようにし
ます。併せて色の設定も行います。

完成をイメージしながら各部のサイズを変える

Before

レポートヘッダーにはレポート名が
入っている

After

レポートヘッダーにあるタイトルがページ
ヘッダーに移動して名前が変わり、ペー
ジヘッダーの高さと色が変わった

1 ページヘッダーの高さを変更する

レッスン44を参考に [R_顧客一
覧] をデザインビューで表示して
おく

レポートヘッダーのタイトルを含めら
れるようにページヘッダーの高さを調
整する

1 ページヘッダー領域の下端に
マウスポインターを合わせる

📖 用語解説

レポートヘッダー

レポートヘッダーは、レポートを印刷した
ときに、1ページ目の先頭に表示されるセ
クションです。2ページ目以降には表示さ
れません。

レポートヘッダーは1ページ目にのみ
表示される

●ページヘッダーの高さを調整する

マウスポインターの形が
変わった

（デザインビュー画面）

R_顧客一覧

◆レポート ヘッダー

R_顧客一覧

◆ページ ヘッダー

| 顧客番号 | 顧客名 | | 郵便番号 | 都道府県 | 住所 | | 電 |

◆詳細

| 顧客番号 | 顧客名 | | 郵便番号 | 都道府県 | 住所 | | 電 |

◆ページ フッター

=Now()　　　　　　　　　　　　　　　　=[Page] & "/" & [Pages] &

◆レポート フッター

2 下方向にドラッグ

ページヘッダーの高さが変わった

R_顧客一覧

◆レポート ヘッダー

R_顧客一覧

◆ページ ヘッダー

| 顧客番号 | 顧客名 | | 郵便番号 | 都道府県 | 住所 | | 電 |

◆詳細

| 顧客番号 | 顧客名 | | 郵便番号 | 都道府県 | 住所 | | 電 |

◆ページ フッター

---

2 コントロールを編集する

1 ［顧客番号］のラベルを
クリック

ラベルが選択された

◆ページ ヘッダー

| 顧客番号 | 顧客名 | | 郵便番 |

2 選択したラベルにマウス
ポインターを合わせる

マウスポインターの形が
変わった

◆ページ ヘッダー

| 顧客番号 | 顧客名 | | 郵便番 |

用語解説

ページヘッダー

ページヘッダーは、レポートを印刷したと
きに、2ページ目以降のすべてのページの
先頭に表示されるセクションです。1ペー
ジ目のページヘッダーの位置は、レポート
ヘッダーの有無によって変わります。

●1ページ目

顧客リスト					
顧客番号	顧客名	郵便番号	都道府県	住所	電話番号
1	長谷川 健司	216-0003	神奈川県	川崎市宮前区宮崎x--x	044-659-xxxx
2	山田 愛子	152-0002	東京都	目黒区平町x--x-x	03-4021-xxxx
3	三井 夏美	270-2261	千葉県	松戸市常盤平x-x-x	0473-48-xxxx
4	佐藤 良	340-0048	埼玉県	草加市吉町x--x-x	0489-32-xxxx

●2ページ目以降

顧客番号	顧客名	郵便番号	都道府県	住所	電話番号
20	辻田 千秋	343-0023	埼玉県	越谷市東越谷x--x-x	048-963-xxxx
21	小長谷 晋	251-0861	神奈川県	藤沢市大鋸x-x-x	0466-87-xxxx
22	藤木 卓也	188-0012	東京都	西東京市南町x--x-x	0424-66-xxxx
23	松永 紀香	320-0021	栃木県	宇都宮市東塙田x-x-x	027-348-xxxx
24	三井 正弘	144-0083	東京都	大田区千鳥田本町x-x-x	03-3722-xxxx

ページヘッダーはすべての
ページに表示される

使いこなしのヒント

セクションの高さを変更するには

セクションの領域の下端にマウスポイン
ターを合わせると、の形になります。
その状態で下方向にドラッグすると、セ
クションの領域が広がります。上方向にド
ラッグした場合は、狭くなります。

使いこなしのヒント

グリッド線を利用しよう

デザインビューの背景には、初期設定で
1cm間隔のグリッド線が表示されます。レ
イアウトの調整の目安にしましょう。

◆ページ ヘッダー

| 顧客番号 | 顧客名 | | 郵 |

グリッド線をレイアウトの目安にできる

次のページに続く→

●ラベルを移動する

選択したラベルを移動する

3 下方向にドラッグ

すべてのラベルが移動した

レポートヘッダーにあるタイトルのラベルを
ページヘッダーに移動する

4 タイトルのラベルを
クリック

5 下方向にドラッグ

🔅 使いこなしのヒント

表形式レイアウトの効果で
手軽に作業できる

前のレッスンでラベルとテキストボックス
に表形式レイアウトを設定しました。その
効果により、操作3でラベルを1つだけド
ラッグすると、すべてのラベルが移動しま
す。その際、ドラッグの方向が多少ずれ
ても、ラベルは必ず対応するテキストボッ
クスの真上に移動します。

対になるテキストボックスとラベルの
位置が自動で揃う

🔅 使いこなしのヒント

セクションを越えてコントロールを
配置するには

操作5のようにセクションをまたいでド
ラッグすると、コントロールを別のセク
ションに移動できます。

●ラベルの名前を変更する

ラベルがページヘッダーに
移動した

6 ラベルをクリック

7 「顧客リスト」と入力

ラベルタイトルが「顧客リスト」に
変更された

●[詳細] セクションの編集をする

8 手順1を参考にして [詳細]
セクションの高さを広げる

おおむね1cmほど高さを
広げる

9 ラベルが [詳細] セクションの高さに対して
中央になるように移動

使いこなしのヒント

**全ページに印刷したい内容は
ページヘッダーに設定する**

レポートには、ヘッダーとして使用できる
セクションが [レポートヘッダー] と [ペー
ジヘッダー] の2種類あります。[レポート
ヘッダー] は先頭のページだけに印刷さ
れます。タイトルを [レポートヘッダー]
に配置した場合、1ページ目だけに印刷さ
れます。また、[ページヘッダー] に配置
した場合、全ページに印刷されます。違
いを理解して使い分けてください。

●1ページ目	●2ページ目以降
レポートヘッダー ページヘッダー	ページヘッダー

使いこなしのヒント

**[詳細] セクションの高さが
表の1行分の高さになる**

[詳細] セクションは、1件分のレコードが
表示される領域です。[詳細] セクション
の高さが、表の1行分の高さになります。

[詳細] セクションの高さが、印刷した
ときの1行分の高さになる

次のページに続く→

3 レポートヘッダーを非表示にする

タイトルが移動したためレポートヘッダーを非表示にする

| 1 | レポートヘッダーの下端にマウスポインターを合わせる |

マウスポインターの形が変わった ✛

| 2 | 上方向にドラッグ |

レポートヘッダーのセクションバーの下端までドラッグする

レポートヘッダーが非表示になった

4 セクションと文字の色を変更する

セクション全体を選択して色を変える

| 1 | ページヘッダーのセクションバーをクリック |

[ページヘッダー] セクションが選択された

| 2 | [書式] タブをクリック |

| 3 | [図形の塗りつぶし]をクリック |

| 4 | [青、アクセント5] をクリック |

> 💡 **使いこなしのヒント**
>
> **セクションを非表示にするには**
>
> コントロールを配置していないセクションでは、領域の下端をセクションバーまでドラッグすると、セクションが非表示になります。

> 💡 **使いこなしのヒント**
>
> **レポートヘッダーを非表示にするとページヘッダーの位置が揃う**
>
> 手順3でレポートヘッダーを非表示にしたので、ページヘッダーはすべてのページの先頭の同じ位置に印刷されるようになります。
>
> ●1ページ目　　●2ページ目以降
>
> ページヘッダー　　ページヘッダー

> 💡 **使いこなしのヒント**
>
> **背景色はセクション単位で設定する**
>
> レポートの背景の色は、セクション単位で設定します。セクションを選択して色を設定すると、セクション全体に色が付きます。

基本編　第5章　レポートで情報をまとめよう

●ページヘッダーにあるラベルの文字の色を変える

| セクション全体に色が付いた | **5** 垂直ルーラーにマウスポインターを合わせる |

| マウスポインターの形が変わった | → | **6** 下にドラッグ |

ページヘッダーにあるすべてのラベルが選択された

7 [書式] タブをクリック

8 [フォントの色] のここをクリック

9 [白、背景1] をクリック

ラベルの文字の色が白くなった

上書き保存しておく

使いこなしのヒント

コントロールを一括選択するには

デザインビューでは、上端と左端に「ルーラー」と呼ばれる目盛りが表示されます。上端の水平ルーラーを⬇のマウスポインターで、または左端の垂直ルーラーを➡のマウスポインターでクリック／ドラッグすると、マウスポインターの方向にあるすべてのコントロールを一括選択できます。

水平ルーラー

垂直ルーラー

使いこなしのヒント

編集結果を確認するには

このレッスンでの編集の結果を確認したい場合は、印刷イメージを確認しましょう。[ホーム] タブの [表示] の一覧から [印刷プレビュー] をクリックすると確認できます。この時点では表が2ページ目にはみ出ています。なお、印刷プレビューの詳細については、レッスン48で紹介します。

この時点では表がはみ出ている

46 表形式のコントロールの サイズを調整しよう

表の列幅変更、余白 | **練習用ファイル** L46_列幅と余白.accdb

レポートは、印刷することが目的のオブジェクトです。各コントロールを用紙の中にバランスよく収めることが大切です。最初に用紙や余白などのサイズを設定し、設定したサイズに合わせてコントロールのレイアウトを調整しましょう。

🔍 キーワード	
コントロール	P.439
デザインビュー	P.440
ビュー	P.441

用紙に合わせて列幅を調整する

Before

コントロールの一部がページからはみ出している

After

余白を広げ、列幅を調整して、すべてのコントロールが1ページに収まった

1 ビューを切り替えて余白を設定する

レポートのレイアウトビューに切り替える

1 [表示] タブのここをクリック

2 [レイアウトビュー] をクリック

💡 使いこなしのヒント

ビューを切り替えてサイズ調整する

コントロールのサイズの変更は、デザインビューとレイアウトビューのどちらでも行えます。ここでは、データの収まり具合を見ながらサイズ調整できるレイアウトビューを使用します。

●用紙の余白を設定する

レイアウトビューが表示された

余白を設定する

3 [ページ設定] タブを
クリック

次のページに続く ➡

4 [余白] をクリック

余白

5 [標準] をクリック

用紙の余白が広がった

破線が改ページの位置に
なっている

電話番号が2ページ目にはみ出ている

使いこなしのヒント

[ページ設定] の内容を確認しよう

[ページ設定] タブには、レポートの印刷
設定の機能が集められています。用紙の
サイズ、余白のサイズ、用紙の向きなど
を設定できます。

印刷関連の機能が
集められている

使いこなしのヒント

余白をイメージできる

レイアウトビューでは、用紙の余白部分が
表示されます。操作5のように余白の変更
を行うと、レイアウトビューの余白のサイ
ズも変更されます。

使いこなしのヒント

改ページ線が表示される

レイアウトビューでは、用紙の左右の境
界線に破線が表示されます。コントロー
ルが用紙の幅に収まっているかどうかを
一目で確認できます。

改ページ領域が破線で
示される

2 コントロールをページの幅に収める

表全体を表示するためにナビゲーション
ウィンドウを閉じる

1 ここをクリック

ナビゲーションウィンドウが
閉じた

表の列が1ページに収まるように
幅を調整する

2 [顧客番号] のテキスト
ボックスをクリック

[顧客番号] のテキストボックス
すべてが選択された

3 テキストボックスの右境界線に
マウスポインターを合わせる

マウスポインターの形が
変わった ↔

4 左方向にドラッグ

コントロールの幅が変更された

右にあるコントロールがすべて左にずれた

基本編

第5章 レポートで情報をまとめよう

🔆 使いこなしのヒント

ナビゲーションウィンドウを折り畳むには

操作画面を広く使いたいときは、操作1
のように < をクリックしてナビゲーション
ウィンドウを折り畳みましょう。再度 > を
クリックすれば、折り畳みを解除できます。

1 ここをクリックすると折り
畳みを解除できる

ナビゲーションウィンドウが折り畳まれる

⌨ ショートカットキー

ナビゲーションウィンドウの
展開／折り畳み　　[F11]

🔆 使いこなしのヒント

コントロールが自動でずれる

レッスン44で表形式レイアウトを設定し
たので、[顧客番号] のテキストボックス
の幅を縮めると、その上のラベルも同じ
幅に揃います。また、[顧客番号] の右に
あるすべてのコントロールが自動でずれ
て、縮めた分の隙間が埋まります。

●表を1ページに収める

同様にほかのコントロールの幅も変更して表を1ページに収める

使いこなしのヒント

レポートの幅が自動調整される

レイアウトビューでは、すべてのコントロールを破線の内側に収めると、隣のページに表示されていた縞模様が消え、レポートの幅が自動で用紙の幅に縮小されます。

●［ページ番号］の幅を変更する

［ページ番号］も1ページに収める

5 ページの下端までスクロール

6 ［ページ番号］のテキストボックスをクリック

7 テキストボックスの右境界線にマウスポインターを合わせる

マウスポインターの形が変わった ↔

8 左方向にドラッグ

［ページ番号］のテキストボックスの幅が変わった

すべてのコントロールが1ページに収まったので2ページ目に表示されていた縞模様が消えた

上書き保存しておく

使いこなしのヒント

デザインビューではレポートの幅の調整が必要

デザインビューでは、すべてのコントロールを用紙の幅に収めても、レポートの幅は自動調整されません。そのままでは白紙が印刷されてしまいます。レポートの右境界線をドラッグして、レポートの幅を手動で調整しましょう。

ここをドラッグするとレポート全体の幅を変更できる

47 縞模様の色を変更しよう

YouTube 動画で見る
詳細は2ページへ

交互の行の色 | 練習用ファイル L47_デザイン.accdb

レポートウィザードやオートレポートでレポートを作成すると、表の1行おきに薄いグレーの色が付きます。[交互の行の色]を使用すると、1行おきの色を好みの色に変更できます。ここでは、薄い青に変えてみましょう。

🔍 キーワード

セクション	P.440
ビュー	P.441

基本編 第5章 レポートで情報をまとめよう

縞模様の色を変えて見栄えを整える

Before

顧客リスト

顧客番号	顧客名	郵便番号	都道府県	住所	電話番号
1	長谷川 健司	216-0033	神奈川県	川崎市宮前区宮崎×-×-×	044-639-××××
2	山田 慶子	152-0032	東京都	目黒区平町×-×-×	03-4521-××××
3	土井 夏美	270-2261	千葉県	松戸市常盤平×-×-×	0473-48-××××
4	佐藤 良	340-0046	埼玉県	草加市北谷×-×-×	0489-32-××××
5	和田 奈央	181-0005	東京都	三鷹市中原×-×-×	0422-47-××××
6	鳥居 みのり	220-0051	神奈川県	横浜市西区中央×-×-×	045-331-××××
7	天野 翔太	275-0014	千葉県	習志野市鷺沼×-×-×	0474-52-××××
8	鈴木 卓也	154-0001	東京都	世田谷区池尻×-×-×	03-3341-××××

初期設定では白色と薄いグレーの色の縞模様になっている

After

顧客リスト

顧客番号	顧客名	郵便番号	都道府県	住所	電話番号
1	長谷川 健司	216-0033	神奈川県	川崎市宮前区宮崎×-×-×	044-639-××××
2	山田 慶子	152-0032	東京都	目黒区平町×-×-×	03-4521-××××
3	土井 夏美	270-2261	千葉県	松戸市常盤平×-×-×	0473-48-××××
4	佐藤 良	340-0046	埼玉県	草加市北谷×-×-×	0489-32-××××
5	和田 奈央	181-0005	東京都	三鷹市中原×-×-×	0422-47-××××
6	鳥居 みのり	220-0051	神奈川県	横浜市西区中央×-×-×	045-331-××××
7	天野 翔太	275-0014	千葉県	習志野市鷺沼×-×-×	0474-52-××××
8	鈴木 卓也	154-0001	東京都	世田谷区池尻×-×-×	03-3341-××××

青色と白色の縞模様に替えて見栄えを整えた

1 行を選択する

レッスン46を参考に[R_顧客一覧]をレイアウト・ビューで表示しておく

行の色が交互に変わるように設定する

1 [書式]タブをクリック

💡 使いこなしのヒント

レイアウトビューでのセクションを選択するには

[書式]タブの[オブジェクト]には、レポートに含まれるコントロールやセクションが一覧表示されます。そこから[詳細]を選択すると、レポート上で[詳細]セクションを選択できます。

●[詳細] セクションを選択する

2 [選択] グループにある [オブジェクト] のここをクリック

3 [詳細] をクリック

[詳細] セクション全体が選択された

2 色を設定する

縞模様の色を設定する

1 [交互の行の色] のここをクリック

2 [青、アクセント5、白+基本色80%] をクリック

縞模様の色が変わった　上書き保存しておく

使いこなしのヒント

縞模様を解除するには

[詳細] セクションを選択して、[書式] タブの [交互の行の色] から [色なし] を選択すると、縞模様を解除できます。

1 [色なし] をクリック

48 レポートを印刷しよう

レポートの印刷 　　　**練習用ファイル** 　L48_印刷.accdb

レッスン43から5レッスンにわたって［R_顧客一覧］レポートを作成してきました。ここでは完成したレポートを印刷してみます。印刷プレビューで印刷イメージを確認し、問題がなければ印刷を実行します。

🔍 **キーワード**

ナビゲーションウィンドウ	P.441
レポート	P.442

基本編

第5章　レポートで情報をまとめよう

1 印刷プレビューを表示する

印刷プレビューを確認する

1　［レポートレイアウトのデザイン］タブをクリック

2　［表示］のここをクリック

3　［印刷プレビュー］をクリック

印刷プレビューが表示された

4　［2ページ］をクリック

⏱ **時短ワザ**

印刷プレビューを最初から開くには

ナビゲーションウィンドウでレポートを右クリックし、表示される一覧から［印刷プレビュー］をクリックすると、レポートの印刷プレビューが表示されます。

1　レポートを右クリック

2　［印刷プレビュー］をクリック

💡 **使いこなしのヒント**

拡大と縮小

印刷プレビューでレポート上にマウスポインターを移動すると、🔍や🔍の形になります。クリックするごとに、見たい部分の拡大／縮小を切り替えられます。

2 印刷を実行する

2ページ表示された

表示を確認したら印刷を実行する

1 [印刷] をクリック

[印刷] 画面が表示された

2 [OK] をクリック

印刷が実行される

3 タブ上の [閉じる] をクリック

使いこなしのヒント

**ダブルクリックで
開くようにするには**

ナビゲーションウィンドウでレポートを
ダブルクリックすると、通常はレポート
ビューが開きます。ダブルクリックで印刷
プレビューが表示されるようにするには、
デザインビューで [レポートデザイン] タ
ブの [プロパティシート] をクリックし、
以下のように設定します。

1 ここをクリック

2 [レポート] をクリック

3 [書式] タブをクリック

4 [既定のビュー] から [印刷
プレビュー] を選択

できる　189

49 宛名ラベルを作成しよう

宛名ラベルウィザード　　**練習用ファイル**　L49_宛名ラベル.accdb

[宛名ラベルウィザード] を使用すると、テーブルに保存されている
データから簡単に宛名ラベルを作成できます。画面の指示にした
がって使用するラベルのメーカーや種類、宛名の配置などを指定し
ます。

キーワード

ウィザード	P.438
クエリ	P.439
フィールド	P.441

[DM希望] がYesの顧客の宛名ラベルを作成する

After

顧客対象者を絞った宛名
ラベルを作成できる

1 [宛名ラベルウィザード] を起動する

ここでは [DM希望] がYesの顧客
のみの宛名ラベルを作成する

1 [Q_顧客住所録] を
クリック

使いこなしのヒント

第3章で作成したクエリを使う

[Q_顧客住所録] クエリは、第3章で作成
したクエリです。[T_顧客] テーブルから
[DM希望] フィールドが「Yes」のレコー
ドを抜き出したものです。

●[宛名ラベルウィザード]を開く

| [宛名ラベルウィザード]を起動する | **2** [作成]タブをクリック |

3 [宛名ラベル]をクリック　

---

2 宛名ラベルを作成する

[宛名ラベルウィザード]が起動した

| ラベルのメーカーを選択する | **1** ここをクリック |

2 [A-ONE]をクリック

●製品番号を選択する

| 製品番号を指定する | **3** [AOne 28171]をクリック |

4 [次へ]をクリック

49

宛名ラベルウィザード

💡 使いこなしのヒント

市販のラベル用紙に印刷できる

[宛名ラベルウィザード]では、市販のラベルシートの種類を選べます。手順2の操作2でメーカーを選択すると、そのメーカーの製品番号が操作3の一覧に表示されます。手持ちの宛名ラベルのパッケージに記載されている製品番号を指定しましょう。

💡 使いこなしのヒント

使いたいラベルが一覧に表示されないときは

手順2操作3の一覧に手持ちの宛名ラベルが見つからない場合は、[ユーザー定義]をクリックし、開く画面で[新規]をクリックします。下図のような設定画面が表示されるので、ラベルのサイズを指定します。

ラベルのサイズを設定する

次のページに続く →

●フォントのサイズを設定する

| 印字するフォントのスタイルを設定する | **5** ［サイズ］から［12］を選択 |

6 ［次へ］をクリック

基本編 第5章 レポートで情報をまとめよう

3 レイアウトを設定する

| 2行目から配置するように レイアウトを設定する | **1** ［ラベルのレイアウト］ の2行目をクリック |

●［郵便番号］フィールドを設定する

| カーソルの位置が2行目に 移動した | ラベルに印字するフィールドを 指定する |

2 ［郵便番号］をクリック　**3** ここをクリック　＞

💡 **使いこなしのヒント**

文字の種類や サイズを指定できる

操作5の画面では、宛名ラベルに印刷する
文字の種類や大きさなどの書式を指定で
きます。指定した書式は宛名ラベルのす
べての文字に適用されます。

💡 **使いこなしのヒント**

データの配置を指定しよう

手順3〜4では、［ラベルのレイアウト］
欄を1枚のラベルと見なして、データの配
置を指定します。ここでは2行目に郵便
番号、3行目に都道府県と住所、5行目に
顧客名と「　様」（全角スペースと「様」）
の文字を印刷します。

⚠ **ここに注意**

［ラベルのレイアウト］に間違ったフィー
ルドを追加したときは、追加したフィー
ルド名の文字を選択して Delete キーで削除
します。

●[都道府県]フィールドを設定する

[郵便番号]が追加された

4 Enter キーを押す

次行が選択された

5 [都道府県]をクリック

6 ここをクリック >

[都道府県]が追加された

7 同様に[都道府県]の隣に[住所]を追加しておく

8 Enter キーを2回押す

4 [顧客名]フィールドを追加する

次々行が選択された

1 [顧客名]を追加しておく

2 Space キーを押す

使いこなしのヒント

顧客名の文字だけ大きくしたいときは

顧客名だけ文字を大きくしたい場合は、[宛名ラベルウィザード]の完了後、レポートをデザインビューに切り替えます。顧客名のテキストボックスを選択し、[書式]タブの[フォントサイズ]で文字を拡大します。必要に応じてテキストボックスの高さも調整しましょう。

=Trim([顧客名] & "様")

テキストボックスを選択してフォントサイズを変更しておく

1 印刷プレビューに切り替える

1150056
東京都北区西が丘x-x-x

堀 雄介 様

顧客名だけ拡大できた

次のページに続く ➡

●敬称を入力する

| 空白が入力された | | 3 「様」と入力 | 敬称が付いた |

4 [次へ] をクリック

並べ替えを指定する画面が表示されるが
ここでは並べ替えは指定しない

5 [次へ] をクリック

●レポート名を指定する

| 宛名ラベルの設定ができたので名前を付けて保存する | 6 「R_顧客宛名ラベル」と入力 |

7 [完了] をクリック

基本編

第5章 レポートで情報をまとめよう

💡 使いこなしのヒント

全ラベルに印刷する文字は
直接入力する

「〒」や敬称など、すべてのラベルに印刷したい文字は、[ラベルのレイアウト] 欄に直接入力します。

💡 使いこなしのヒント

ラベルの並べ替えを指定できる

操作5の画面では、ラベルを印刷する順序を指定できます。[選択可能なフィールド] 欄に含まれるフィールドであれば、ラベルに印刷しないフィールドを指定してもかまいません。

⚠ ここに注意

作成されるレポートは、指定したラベルシートに合わせたサイズになります。レポートの幅や高さを変えると、印刷位置がずれてしまうので、変更しないようにしましょう。

5 印刷プレビューを確認する

宛名ラベルの印刷プレビューが
表示された

1 [1ページ] を
クリック

用紙全体が表示された

2 ここをクリックして閉じる ✕

郵便番号をハイフン付きで表示するには

[郵便番号] フィールドに保存されているのは7桁の数字なので、宛名ラベルにハイフンは表示されません。ハイフン入りで印刷したい場合は、以下のように設定しましょう。

1 デザインビューに切り替える

2 [郵便番号] のテキスト
ボックスをクリック

3 [レポートデザイン] タブの [プロパティシート] をクリック

4 [書式] タブをクリック

5 [書式] に半角で「@@@-@@@@」と入力

6 印刷プレビューに切り替える

ハイフン付きで表示できた

この章のまとめ

レポートを使いこなそう

Accessでは、レポートウィザードや宛名ラベルウィザードなど、レポート作成用のウィザードが充実しています。まずはウィザードを利用してレポートを作成し、そのあとで必要な修正を加えていきましょう。表の体裁を効率よく整えるには、コントロールレイアウトの設定が早道です。表形式レイアウトを設定しておけば、コントロールが自動で表の形に整列するので、面倒な配置の作業を軽減できます。ウィザードやコントロールレイアウトなどの便利機能を上手に活用して、思い通りのレポートに仕上げてください。

細かい操作が多くて大変でした…。

コントロールの配置は、慣れるまでは難しいと思います。こまめに保存しながら進めていくといいですよ。

宛名ラベル、便利に使えそうです!

ええ、Accessの人気機能の1つですので、ぜひ覚えておきましょう。さあ、次の章からは活用編のスタートです!

活用編

第**6**章

リレーショナルデータベース
を作るには

活用編では、3つのテーブルを含む、受注管理用のリレーショナ
ルデータベースを作成していきます。複数のテーブルを連携させ
るには、テーブル間に「リレーションシップ」という関連付けを
行います。この章では、テーブルの作成とリレーションシップの設
定を行います。

リレーションシップでテーブルを関連付ける

Accessでは、同じファイルの中に複数のテーブルを作成できます。「リレーションシップ」を設定すると、それらのテーブルを組み合わせて使用できるようになります。また、データを入力するときに、別のテーブルのデータをリストに表示することも可能です。

データをリレーしてつなげよう

リレー大好きです！
Accessもリレーするんですか？

えっと、Accessは走りませんが、テーブルで共通している部分をリレーのようにつなげることができます。これがリレーションシップです！

テーブル同士をつなぎ合わせる

リレーションシップを使うと、テーブル同士を組み合わせることができます。下の例だと、顧客番号で結合して、顧客テーブルと受注テーブルのデータを一元化しています。

●[T_顧客]

顧客番号	顧客名	顧客名カナ	郵便番号	都道府県	…
1	長谷川　健司	ハセガワ　ケンジ	216-0033	神奈川県	…
2	山田　愛子	ヤマダ　アイコ	152-0032	東京都	…
3	土井　夏美	ドイ　ナツミ	270-2261	千葉県	…

結合フィールド

リレーションシップ

結合フィールド

顧客番号が「1」のレコード同士が結合する

●[T_受注]

受注番号	受注日	顧客番号
1001	2023/4/1	1
1002	2023/4/5	2
1003	2023/4/12	3

操作はマウスで手軽にできる

リレーションシップの設定はすぐにできます。テーブルごとに準備をしておいて、あとはマウスでクリックするだけ! 見た目も分かりやすいので、ぜひ操作をマスターしましょう。

テーブルが手をつないでるみたいでカワイイ♪
この操作、楽しいですね!

テーブルにリストから入力できる

さらにもうひと工夫。ほかのテーブルのデータを使って、入力の際にリストが表示されるようにします。内容を確認しながら入力できるので、便利ですよ。

これならミスが減らせそう! 作り方知りたいです!

リレーションシップの仕組み　｜　練習用ファイル　なし

複数のテーブルを組み合わせてデータを活用するには、リレーションシップの知識が不可欠です。このレッスンでは、リレーションシップの考え方を身に付けましょう。

🔍 **キーワード**

テーブル	P.440
フィールド	P.441
リレーションシップ	P.442

1 情報を分割して管理する

複雑な情報を扱うデータベースでは、データを複数のテーブルに分割して管理するのが基本です。例えば受注情報を扱うデータベースの場合、受注データの概要を管理するテーブル、顧客データを管理するテーブル、明細データを管理するテーブル、という具合にデータを分割します。複数のテーブルに分割することで、情報を集中的に一元管理できます。

●[T_顧客] テーブル

顧客名や顧客の住所などの顧客データを管理

顧客番号	顧客名	顧客名カナ	郵便番号	都道府県	…
1	長谷川　健司	ハセガワ　ケンジ	216-0033	神奈川県	…
2	山田　愛子	ヤマダ　アイコ	152-0032	東京都	…
3	土井　夏美	ドイ　ナツミ	270-2261	千葉県	…

●[T_受注] テーブル

受注番号や受注日などの受注データの概要を管理

受注番号	受注日	顧客番号
1001	2023/4/1	1
1002	2023/4/5	2
1003	2023/4/12	3

受注番号 1001
2023/04/01

受注明細書

216-0033
神奈川県川崎市宮前区宮崎x-x-x

長谷川　健司　様

〒101-0051
東京都千代田区神田神保町x-x-x

株式会社できるガーデン

内容	単価	数量	金額
庭木のお手入れ(高木)	¥20,000	2	¥40,000
庭木のお手入れ(低木)	¥4,000	3	¥12,000
		合計	52000

●[T_受注明細] テーブル

受注内容や金額などの明細データを管理

明細番号	受注番号	内容	分類	単価	数量
1	1001	庭木のお手入れ（高木）	メンテナンス	¥20,000	2
2	1001	庭木のお手入れ（低木）	メンテナンス	¥4,000	3
3	1002	ウッドデッキ設置	外構工事	¥120,000	1

2 複数のテーブルをリレーションシップで結ぶ

複数のテーブルに分かれて入力されているデータを組み合わせて利用するには、共通するフィールドを介してテーブルを関連付けます。この関連付けのことを「リレーションシップ」と呼びます。また、共通するフィールドのことを「結合フィールド」と呼びます。結合フィールドの同じ値をたどることで、各テーブルのレコードを結合することができます。

● [T_顧客]

顧客番号	顧客名	顧客名カナ	郵便番号	都道府県	…
1	長谷川　健司	ハセガワ　ケンジ	216-0033	神奈川県	…
2	山田　愛子	ヤマダ　アイコ	152-0032	東京都	…
3	土井　夏美	ドイ　ナツミ	270-2261	千葉県	…

結合フィールド

リレーションシップ

結合フィールド

顧客番号が「1」のレコード同士が結合する

● [T_受注]

受注番号	受注日	顧客番号
1001	2023/4/1	1
1002	2023/4/5	2
1003	2023/4/12	3

結合フィールド

リレーションシップ

結合フィールド

受注番号が「1001」のレコード同士が結合する

● [T_受注明細]

明細番号	受注番号	内容	分類	単価	数量
1	1001	庭木のお手入れ（高木）	メンテナンス	¥20,000	2
2	1001	庭木のお手入れ（低木）	メンテナンス	¥4,000	3
3	1002	ウッドデッキ設置	外構工事	¥120,000	1
4	1003	ガーデンライト設置	外構工事	¥5,000	5
5	1003	芝生のお手入れ	メンテナンス	¥23,000	1
6	1003	除草	メンテナンス	¥8,000	1

使いこなしのヒント

一元管理が重要になる

例えば [T_受注] テーブルに顧客情報を含めた場合、同じ顧客からの受注のたびに同じ顧客名や住所、電話番号などを入力することになります。非効率的であるうえ、同じ顧客のレコードに異なる顧客名が誤入力されるとデータの信頼性が損なわれます。[T_受注] テーブルから [T_顧客] テーブルを切り出せば、顧客情報を [T_顧客] テーブルで効率よく一元管理でき、データの信頼性も高められます。

データの整合性を保つには

参照整合性　　　　　　　　　**練習用ファイル**　なし

リレーションシップには、データの整合性を保つための「参照整合性」という付加機能があります。ここでは [T_受注] テーブルと [T_受注明細] テーブルの2つを使用して、リレーションシップと参照整合性について解説します。

1　一対多のリレーションシップ

一般的なリレーションシップでは、一方のテーブルの1件のレコードがもう一方のテーブルの複数のレコードと結合します。前者のテーブルを「一側テーブル」、後者のテーブルを「多側テーブル」と呼びます。また、このようなリレーションシップを「一対多のリレーションシップ」と呼びます。

一対多のリレーションシップでは、2つのテーブルのレコードが親子関係に例えられます。一側が「親レコード」、多側が「子レコード」です。1件の親レコードに対して、複数の子レコードが対応します。

●一対多のリレーションシップ

一側テーブル（T_受注）

	受注番号	受注日	顧客番号
親レコード	1001	2023/4/1	1
親レコード	1002	2023/4/5	2
親レコード	1003	2023/4/12	3

↑
結合フィールド

多側テーブル（T_受注明細）

明細番号	受注番号	…	単価	数量	
1	1001	…	¥20,000	2	子レコード
2	1001	…	¥4,000	3	子レコード
3	1002	…	¥120,000	1	子レコード
4	1003	…	¥5,000	5	子レコード
5	1003	…	¥23,000	1	子レコード
6	1003	…	¥8,000	1	子レコード

↑
結合フィールド

💡 **使いこなしのヒント**

主キーと外部キーについて覚えよう

一般的なリレーションシップでは、一方のテーブルの主キーと、もう一方のテーブルの主キーでないフィールドが結合フィールドとなります。後者のテーブルの結合フィールドを「外部キー」と呼びます。上図の場合、[T_受注] テーブルの [受注番号] フィールドが主キーで、[T_受注明細] テーブルの [受注番号] フィールドが外部キーです。

リレーションシップを設定したテーブルでは、結合フィールドに同じ値を持つレコード同士が結合します。結合フィールドに間違ったデータを入力すると、お互いのレコードを結合できなくなってしまいます。

Accessではこのような事態を防ぐために、［参照整合性］というデータの監視機能が用意されています。［参照整合性］を使用すると、「子レコードの入力の制限」という監視機能が働きます。例えば、［T_受注明細］テーブルの［受注番号］フィールドに、［T_受注］テーブルに存在しない「99」を入力するとエラーメッセージが表示され、正しい番号を入力しないとレコードを確定できません。それにより、親レコードと結合できない迷子の子レコードが発生することを防げます。

●子レコードの入力の制限

多側テーブルの結合フィールドに間違ったデータが入力されると、エラーメッセージが表示される

入力が制限され子レコードの作成が予防される

🖒 スキルアップ

［参照整合性］の3つの監視機能とは

［参照整合性］は、上で説明したような「親レコードのない迷子の子レコード」が生じるのを防ぐ機能です。そのために、子レコードと親レコードに対して以下の3つの監視機能が働きます。

対象	制限内容	禁止事項
子レコード	入力	親レコードのない子レコードの入力が禁止されます。上の図で説明した内容と同じです。
親レコード	更新	子レコードを持つ親レコードの変更が禁止されます。例えば、受注番号が「1001」の子レコードが存在する場合、親レコードの受注番号の「1001」を変更できません。
親レコード	削除	子レコードを持つ親レコードの削除が禁止されます。例えば、受注番号が「1001」の子レコードが存在する場合、受注番号が「1001」の親レコードを削除できません。

53 関連付けするテーブルを作成するには

結合フィールド　　　　**練習用ファイル**　L53_テーブルの結合.accdb

このレッスンでは受注情報を格納する［T_受注］テーブルと［T_受注明細］テーブルを新たに作成します。［T_顧客］テーブルを含めた3つのテーブルは、このあとリレーションシップで結合します。どのフィールドとどのフィールドが結合するのかを意識しながら、テーブルを作成していきましょう。

🔍 キーワード

結合フィールド	P.439
データ型	P.440
フィールドプロパティ	P.441

受注管理システムのテーブルを用意する

After

◆T_受注
1件1件の受注を管理する

◆T_受注明細
受注の内容や分類、数量、金額など、内訳を管理する

◆T_顧客
顧客の氏名や住所などを管理する

基本編で作成したものを利用する

1 ［T_受注］のフィールド名とデータ型を設定する

レッスン09を参考に「L53_テーブルの結合.accdb」を開いておく

最初に［T_受注］テーブルを作成する

テーブルのデザインビューを表示する

1 ［作成］タブをクリック

2 ［テーブルデザイン］をクリック

💡 使いこなしのヒント

基本編の練習用ファイルを使用できる

活用編では、基本編で作成したオブジェクトの中で［T_顧客］［Q_顧客住所録］［F_顧客入力］［R_顧客一覧］［R_顧客宛名ラベル］だけを使用します。このレッスンの練習用ファイルでは使用しないオブジェクトを削除しています。

●フィールド名を設定する

テーブルのデザインビューが表示された

フィールド名を入力する | 3 [フィールド名] をクリック

4 「受注番号」と入力

フィールド名が設定された

●データ型を設定する

続けてデータ型を指定する | 5 Tab キーを押す

自動的に [データ型] の欄に移動し「短いテキスト」と表示される | 6 ここをクリック

7 「数値型」をクリック

53

結合フィールド

💡 使いこなしのヒント

オブジェクトを削除するには

ナビゲーションウィンドウでオブジェクトをクリックして選択し、Delete キーを押すと削除できます。

💡 使いこなしのヒント

[T_受注] テーブルの要素を確認しよう

[T_受注] テーブルは、1件の受注データを1レコードに保存するテーブルです。受注番号、受注日、顧客番号を保存します。

[T_受注] テーブルの要素

📖 用語解説

数値型

「数値型」は、その名のとおり数値データを入力するためのデータ型です。整数や小数など、一般的な数値を入力するフィールドに設定します。

次のページに続く ➡

●その他のフィールドも設定する

データ型が指定された

同様の手順でフィールド名［受注日］をデータ型［日付/時刻型］に、
フィールド名［顧客番号］をデータ型［数値型］に設定する

すべてのフィールドが設定できた

2 ［T_受注］のフィールドプロパティを設定する

1 ［受注番号］をクリック

［フィールドサイズ］が長整数型、［既定値］が
0になっていることを確認

フィールドプロパティが
表示される

206　できる

🔍 用語解説

数値型のフィールドサイズ

［フィールドサイズ］プロパティを使用すると、フィールドに入力する数値の種類を指定できます。一般的に整数を入力するフィールドは［長整数型］、小数を入力するフィールドは［倍精度浮動小数点型］にします。初期設定は［長整数型］です。

1 ここをクリックして数値の
種類を表示

💡 使いこなしのヒント

**オートナンバー型の
結合相手は数値型にする**

［顧客番号］フィールドは［T_顧客］テーブルと結合するときの結合フィールドです。［T_顧客］テーブルの［顧客番号］フィールドはオートナンバー型です。オートナンバー型と結合するフィールドには整数を入力できるように、データ型を［数値型］、フィールドサイズを［長整数型］にする必要があります。

●[既定値]を削除する

2 [既定値]をクリック　**3** Delete を押す　「0」が削除された

標準　ルックアップ	
フィールドサイズ	長整数型
書式	
小数点以下表示桁数	自動
定型入力	
標題	
既定値	
入力規則	
エラーメッセージ	
値要求	いいえ
インデックス	はい (重複あり)
文字配置	標準

3 [顧客番号]のフィールドプロパティを設定する

テーブル1 ×	
フィールド名	データ型
受注番号	数値型
受注日	日付/時刻型
顧客番号	数値型

1 [顧客番号]をクリック

[顧客番号]のフィールドプロパティが表示される　　[受注番号]の[既定値]と同様に「0」を削除する

2 Delete を押す　「0」が削除された

標準　ルックアップ	
フィールドサイズ	長整数型
書式	
小数点以下表示桁数	自動
定型入力	
標題	
既定値	
入力規則	
エラーメッセージ	
値要求	いいえ
インデックス	はい (重複あり)
文字配置	標準

[受注番号]と[顧客番号]の[既定値]を設定できた

使いこなしのヒント

どうして既定値を削除するの?

[既定値]プロパティが「0」のままだと、新規レコードに自動で「0」が入力されます。[既定値]プロパティから「0」を削除すると新規レコードが空欄となるので、すぐにデータ入力を行えます。

●既定値が0の場合

新規レコードに自動で「0」が入力される

●既定値を削除した場合

新規レコードが空欄となる

使いこなしのヒント

「0」と空欄は異なるデータと見なされる

Excelでは、空欄のセルを「0」と見なして四則演算を行えますが、Accessでは空欄と「0」は異なるデータとして扱われます。Accessでは空欄のデータを「Null (ヌル)値」と呼びます。

次のページに続く →

4 [T_受注] の主キーを設定して保存する

[受注番号] を主キーに設定する

1 [受注番号] を
クリック

2 [テーブルデザイン] タブを
クリック

3 [主キー] をクリック

[受注番号] が主キーに
設定された

フィールドセレクターにカギの
マークが表示された

4 [上書き保存] ボタン
をクリック

[名前を付けて保存] 画面が
表示される

5 「T_受注」と入力

6 [OK] をクリック

使いこなしのヒント

**ショートカットメニューから
主キーを設定できる**

フィールドセレクターを右クリックして、
ショートカットメニューから主キーを設定
することもできます。

1 フィールドセレクターを
右クリック

2 [主キー] をクリック

[受注番号] が主キーに
設定される

使いこなしのヒント

**ショートカットメニューから
保存を実行できる**

タブを右クリックして、ショートカットメ
ニューから保存を実行することもできま
す。以下の操作2を行うと [名前を付けて
保存] 画面が表示されます。

1 タブを右クリック

2 [上書き保存] を
クリック

●テーブルを閉じる

テーブルを保存できた

テーブル名「T_受注」が表示された

7 ここをクリック　　✕　テーブルが閉じる

5 [T_受注明細] テーブルを作成する

テーブルのデザインビューを表示する

1 [作成] タブをクリック

2 [テーブルデザイン] をクリック

💡 使いこなしのヒント

データシートビューから
テーブルを作成するには

[作成] タブの [テーブル] をクリックすると、データシートビューから新規テーブルを作成できます。[クリックして追加] からフィールド名とデータ型を定義します。なお、詳細な設定はデザインビューに切り替えて行う必要があります。

1 [作成] タブをクリック

2 [テーブル] をクリック

新規テーブルのデータシートビューが表示された

3 [クリックして追加] をクリック

4 データ型を選択

フィールドが追加された

5 フィールド名を入力

次のページに続く→

●フィールド名とデータ型を設定する

| テーブルのデザインビューが表示された |

3 続けて下表を参考にフィールド名とデータ型、フィールドプロパティ、既定値を設定する

●設定内容

フィールド名	データ	フィールドサイズ	既定値
明細番号	オートナンバー型	長整数型	ー
受注番号	数値型	長整数型	0を削除
内容	短いテキスト	30	ー
分類	短いテキスト	10	ー
単価	通貨型	ー	0を削除
数量	数値型	長整数型	0を削除

| すべてのフィールドが設定できた |

6 [T_受注明細] の主キーを設定して保存する

| [明細番号]を主キーに設定する | **1** [明細番号]をクリック | **2** [テーブルデザイン]タブをクリック |

3 [主キー]をクリック

●保存して閉じる

[明細番号]が主キーに設定された

フィールドセレクターにカギのマークが表示された

4 [上書き保存]をクリック

[名前を付けて保存]画面が表示される

5「T_受注明細」と入力

名前を付けて保存

テーブル名(N):

T_受注明細

OK   キャンセル

6 [OK]をクリック

テーブルを保存できた

テーブル名「T_受注明細」が表示された

7 ここをクリックしてテーブルを閉じる

💡 使いこなしのヒント

フィールド間に行を挿入するには

デザインビューでフィールド間に新しいフィールドを追加したいときは、追加する位置のフィールドのフィールドセレクターを右クリックして表示されるメニューから[行の挿入]をクリックすると、選択したフィールドの上に新しい行を挿入できます。

1 フィールドセレクターを右クリック

2 [行の挿入]をクリック

💡 使いこなしのヒント

フィールドを削除するには

フィールドセレクターをクリックしてフィールドを選択し、[テーブルデザイン]タブの[行の削除]をクリックすると、選択したフィールドを削除できます。すでにデータが入力されている場合、フィールドを削除するとそのフィールドのデータも削除されます。

レッスン

54 テーブルを関連付けるには

リレーションシップ　練習用ファイル　L54_リレーションシップ.accdb

活用編　第6章　リレーショナルデータベースを作るには

[T_顧客] [T_受注] [T_受注明細] の3つのテーブルにリレーションシップと参照整合性を設定しましょう。リレーションシップウィンドウを開いて、3つのテーブルを追加し、結合フィールド同士で結合します。

キーワード

結合線	P.439
参照結合性	P.440
リレーションシップ	P.442

3つのテーブルを関連付ける

After

3つのテーブル [T_顧客] [T_受注]
[T_受注明細] を関連付ける

1 リレーションシップウィンドウにテーブルを追加する

リレーションシップウィンドウを
表示する

1 [データベースツール]
タブをクリック

2 [リレーションシップ]
をクリック

用語解説

リレーションシップウィンドウ

[リレーションシップウィンドウ] は、テーブル間にリレーションシップを設定するための専用画面です。

リレーションシップを設定するための
画面が表示される

●テーブルを追加する

リレーションシップウィンドウが
表示された

[テーブルの追加] 作業
ウィンドウが表示された

54

リ
レ
ー
シ
ョ
ン
シ
ッ
プ

使いこなしのヒント

[テーブルの追加] が
表示されないときは

画面の右側に [テーブルの追加] 作業ウィ
ンドウが表示されない場合は、[リレーショ
ンシップのデザイン] タブの [テーブルの
追加] をクリックすると表示できます。

1 ここをクリック

3 [T_顧客] をクリック

4 [選択したテーブルを
追加] をクリック

リレーションシップウィンドウに [T_顧客] が追加された

使いこなしのヒント

テーブルの一覧が
表示されないときは

あらかじめナビゲーションウィンドウでク
エリを選択している場合、[テーブルの追
加] 作業ウィンドウにクエリの一覧が表示
されます。[テーブル] をクリックすると、
テーブルの一覧を表示できます。

5 [T_受注] をクリック

6 [選択したテーブルを
追加] をクリック

リレーションシップウィンドウに [T_受注] が追加された

1 ここをクリックしてテーブルの
一覧を表示

7 [T_受注明細] をクリック

8 [選択したテーブルを
追加] をクリック

次
の
ペ
ー
ジ
に
続
く
➡

●表示を整える

リレーションシップウィンドウに
[T_受注明細] が追加された

作業ウィンドウを閉じる

9 ここをクリック ✕

作業ウィンドウが閉じた　｜　テーブルを横に並べる

10 [T_受注明細] のタイトルまわり
にマウスポインターを合わせる

11 [T_受注] の横に
ドラッグ

[T_受注明細] が移動した

[T_顧客] [T_受注] [T_受注明細] が
横に並んだ

フィールドリスト

リレーションシップウィンドウに追加されるテーブルの枠を「フィールドリスト」といいます。上部にテーブル名、その下にフィールド名が表示されます。主キーのフィールドの左側にはカギのマークが表示されます。

主キーにはカギのマークが付く

⚠️ **ここに注意**

テーブルの配置によっては、リレーションシップの結合状態が分かりづらくなることがあります。結合するテーブルが隣同士になるよう、[T_顧客] → [T_受注] → [T_受注明細] の順に並べて配置しましょう。

💡 **使いこなしのヒント**

**フィールドリストのサイズを
変更するには**

フィールドリストの枠にマウスポインターを合わせ、⇕の形になったことを確認してドラッグすると、サイズを変更できます。

2　テーブルを関連付ける

ここでは［T_顧客］と［T_受注］の
［顧客番号］を関連付ける

1 ［T_顧客］の［顧客番号］に
マウスポインターを合わせる

使いこなしのヒント

どちらのテーブルから
ドラッグしてもよい

手順2の操作2では、一側と多側のどちら
のテーブルからフィールドをドラッグして
もかまいません。

2 ［T_受注］の［顧客番号］まで
ドラッグ

使いこなしのヒント

参照整合性を設定するには

［リレーションシップ］画面で［参照整合性］
にチェックマークを付けると、リレーショ
ンシップと参照整合性を同時に設定でき
ます。チェックマークを付けない場合は、
リレーションシップだけが設定されます。

［リレーションシップ］画面が
表示された

3 ［参照整合性］をクリックして
チェックを付ける

リレーションシップ　　　　　　　　　　？　×

テーブル/クエリ(T):　　　リレーション テーブル/クエリ(R):

T_顧客　　　　　∨　T_受注　　　　　∨

| 顧客番号 ∨ | 顧客番号 | |

☑ 参照整合性(E)
☐ フィールドの連鎖更新(U)
☐ レコードの連鎖削除(D)

リレーションシップの種類　　　一対多

作成(C)
キャンセル
結合の種類(J)...
新規作成(N)...

4 ［作成］をクリック

2つのテーブルの［顧客番号］に
結合線が表示された

［T_顧客］と［T_受注］の［顧客番号］が
関連付けられた

使いこなしのヒント

連鎖更新と連鎖削除

［リレーションシップ］画面で［参照整合
性］にチェックマークを付けると、［フィー
ルドの連鎖更新］と［レコードの連鎖削
除］を選択できるようになります。これら
の設定項目については、223ページのスキ
ルアップで解説します。

次のページに続く ➡

●［T_受注明細］と［T_受注］を関連付ける

ここでは［T_受注明細］と［T_受注］
の［受注番号］を関連付ける

5 ［T_受注］の［受注番号］に
マウスポインターを合わせる

6 ［T_受注明細］の［受注番号］
までドラッグ

活用編
第6章　リレーショナルデータベースを作るには

［リレーションシップ］画面が
表示された

7 ［参照整合性］をクリックして
チェックを付ける

リレーションシップ　　　　　　　　　　　　　　? ×

テーブル/クエリ(I):　　　　　リレーション テーブル/クエリ(R):

T_受注　　　　　　 ∨　T_受注明細　　∨　　　作成(C)

受注番号	∨	受注番号		

キャンセル

結合の種類(J)...

☑参照整合性(E)　　　　　　　　　　　　　 新規作成(N)...
☐フィールドの連鎖更新(U)
☐レコードの連鎖削除(D)

8 ［作成］をクリック

リレーションシップの種類　　　一対多

2つのテーブルの［受注番号］に
結合線が表示された

［T_受注明細］と［T_受注］の［受注番号］が
関連付けられた

💡 使いこなしのヒント

結合線の種類を確認しよう

リレーションシップを設定すると、テーブルが結合線で結ばれます。参照整合性を設定した場合、一側テーブル側に「1」、多側テーブル側に「∞」のマークが表示されます。

●参照整合性の設定なし

結合線のみが表示される

●参照整合性の設定あり

テーブルの種類で違うマーク
が表示される

💡 使いこなしのヒント

設定を編集するには

結合線の斜めの部分を右クリックし、［リレーションシップの編集］をクリックすると、［リレーションシップ］画面が表示され、設定を編集できます。

1 クリックして設定を編集

3 リレーションシップウィンドウを閉じる

リレーションシップが作成できたので
保存してウィンドウを閉じる

1 ［上書き保存］を
クリック

リレーションシップのレ
イアウトが保存された

2 ［閉じる］をクリック

閉じる

リレーションシップウィンドウが閉じた

使いこなしのヒント
リレーションシップを解除するには

結合線をクリックすると、太線になります。その状態で Delete キーを押し、確認メッセージで［はい］をクリックすると、リレーションシップを解除できます。

使いこなしのヒント
**リレーションシップは
自動保存される**

操作1で［上書き保存］をクリックすると、フィールドリストの配置が保存されます。なお、上書き保存しなくてもリレーションシップ自体の設定は自動保存されます。次回開いたときにフィールドリストの位置が変わる可能性がありますが、結合した状態は保たれます。

使いこなしのヒント
参照結合性を使用する条件を確認しよう

参照整合性は、リレーションシップを設定したテーブル間でデータの整合性を保つための機能です。参照整合性を設定するには、結合する2つのフィールドが次の条件を満たす必要があります。条件に合わないフィールドに参照整合性を設定しようとすると、エラーになります。なお、お互いのフィールド名は異なる名前でもかまいません。

参照整合性の設定条件
①2つの結合フィールドのうち少なくとも一方が主キー[1]
②2つの結合フィールドのデータ型が同じ[2]
③結合フィールドが数値型の場合はフィールドサイズが同じ
④2つのテーブルが同じデータベースファイル内にある

[1] 主キーの代わりに「固有インデックス」という機能が設定されたフィールドでもよい
[2] オートナンバー型のフィールドと数値型のフィールドは、フィールドサイズを長整数型にすることで参照整合性を設定できる

55 関連付けしたテーブルに入力するには

サブデータシート   **練習用ファイル**   L55_サブデータシート.accdb

一対多のリレーションシップの「一側」にあたるテーブルでは、「サブデータシート」と呼ばれるシートを利用して、「多側」にあたるテーブルのレコードを入力できます。両方のテーブルのデータを同時に表示しながら入力できるので便利です。

キーワード

データシート	P.440
テーブル	P.440
レコード	P.442

サブデータシートを利用して入力する

[T_受注]のサブデータシートとして[T_受注明細]を使用することができる

1 [T_受注]にデータを入力する

ここでは[T_受注]にデータを入力する

1 [T_受注]をダブルクリック

使いこなしのヒント

一側テーブルを開いて操作する

サブデータシートを利用するには、一対多のリレーションシップの「一側」にあたるテーブルを開きます。一側とは、結合線に「1」のマークが付く、親レコード側のテーブルです。

●一側テーブル（親レコード）　●多側テーブル（子レコード）

●データを入力する

[T_受注] のデータシートビューが
表示された

データが入力できるようになった | **2** [受注番号] をクリック

3 下表を参考にレコードを入力

●入力内容

	受注番号	受注日	顧客番号
1件目	1001	2023/4/1	1
2件目	1002	2023/4/5	1

データが入力された

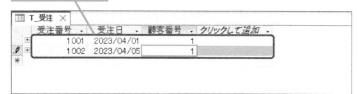

1件目のレコードの受注明細を入力する

サブデータシート [T_受注明細]
を表示する | **4** 1件目のレコードの先頭の
ここをクリック

サブデータシート [T_受注明細] が
表示された

レッスン54で [T_受注] の [受注番号] フィールドに
[T_受注明細] を関連付けたためこのシートに入力す
る内容は [T_受注明細] に反映される

サブデータシート

一対多のリレーションシップの一側テー
ブルに表示される、多側テーブルのデー
タシートを「サブデータシート」と呼びま
す。サブデータシートは、子レコードの入
力に使用します。

親レコードごとに設定できる

サブデータシートは、親レコードごとに
用意されています。例えば受注番号が
「1001」のレコードの+をクリックすると、
受注番号が「1001」の子レコードを入力
するためのサブデータシートが開きます。

サブデータシートを閉じるには

-をクリックすると、サブデータシートを
折り畳めます。

1 ここをクリックして折り畳む | −

サブデータシートの展開
Ctrl + Shift + ↓

サブデータシートの折り畳み
Ctrl + Shift + ↑

次
の
ペー
ジ
に
続
く
➡

2 [T_受注明細] にデータを入力する

1 サブデータシートの1件目の [内容] フィールドをクリック

[明細番号] は自動で振られるので入力しなくてもよい

2 下表を参考にレコードを入力

単価の「¥」「,」は自動で振られるので数値のみの入力でよい

●入力内容

	内容	分類	単価	数量
1件目	庭木のお手入れ（高木）	メンテナンス	20000	2
2件目	庭木のお手入れ（低木）	メンテナンス	4000	3

データが入力された

列幅を広げる

3 [内容] と [分類] の境界にマウスポインターを合わせる

マウスポインターの形が変わった ╋

4 ダブルクリック

列幅が広がった

使いこなしのヒント

通貨記号と桁区切り記号が自動で追加される

[通貨型] のフィールドに数値を入力すると、自動で「¥20,000」のような通貨の形式で表示されます。

1 「20000」と入力

2 Tab キーを押す

「¥20,000」と表示された

時短ワザ

すぐ上のレコードと同じデータを入力するには

Ctrl + 7 キーを押すと、1つ上のレコードと同じデータを入力できます。例えば、[明細番号] が「2」のレコードの [分類] フィールドにカーソルがある状態で Ctrl + 7 キーを押すと、「メンテナンス」が自動入力されます。

使いこなしのヒント

サブデータシートの列幅は共通

列幅は、すべてのサブデータシートで共通です。操作3で列幅を変更すると、操作6のサブデータシートも同じ列幅で表示されます。

●2件目のレコードの受注明細を入力する

サブデータシート [T_受注明細] を表示する

5 2件目のレコードの先頭のここをクリック

サブデータシート [T_受注明細] が表示された

6 サブデータシートの1件目の [内容] フィールドをクリック

7 下表を参考にレコードを入力

●入力内容

	内容	分類	単価	数量
1件目	ウッドデッキ設置	外構工事	120000	1

8 [上書き保存] をクリック

データが入力された　　　[T_受注] を閉じる　　**9** ここをクリック

[T_受注] が閉じる

親レコードの値が自動入力される

サブデータシートには、結合フィールドである [受注番号] フィールドが表示されません。そのためサブデータシートで [受注番号] を入力できませんが、実際の [T_受注明細] テーブルの [受注番号] フィールドには親レコードの [受注番号] の値が自動入力されるので問題ありません。

親レコードの受注番号が子レコードの [受注番号] フィールドに自動入力される

2つのテーブルがまとめて保存される

操作8で上書き保存を実行すると、[T_受注] テーブルと [T_受注明細] テーブルの両方のレイアウトが保存されます。[T_受注明細] テーブルを単独で開くと、操作3で設定した列幅で表示されます。なお、入力したデータ自体は、上書き保存を実行しなくても自動保存されます。

次のページに続く→

3 [T_受注明細] を確認する

サブデータシートに入力した内容が
反映されているか確認する

1 [T_受注明細] をダブル
クリック

[T_受注明細] のデータシートビューが
表示された

サブデータシートに入力したレコードが
[T_受注明細] に入力されている

[受注番号] が自動入力
されている

2 ここをクリックしてテーブルを
閉じる

⚠ ここに注意

[T_受注明細] テーブルを開いて子レコードを入力する場合は、あらかじめ [T_受注]テーブルに親レコードを入力しておく必要があります。参照整合性を設定している場合、親レコードのない子レコードを入力できないからです。

[受注番号] フィールドには、[T_受注]
テーブルに入力済みの受注番号しか入
力できない

💡 使いこなしのヒント

本番の入力はフォームを使おう

このレッスンではデータの入力にサブデータシートを利用しましたが、実際にはフォームを使用するのが一般的です。親レコードと子レコードを同じ画面で入力するフォームを第7章で作成します。

入力にはフォームを使う

スキルアップ

[T_受注明細] テーブルを受注番号順で表示するには

[T_受注明細] テーブルのレコードは、[明細番号] フィールドの昇順で表示されます。そのため、あとから受注番号の若いレコードを追加すると、レコードが離れて表示されます。

受注番号順に並べ替えるには、以下のように操作します。なお、並べ替えを解除するには、[ホーム] タブの [並べ替えの解除] をクリックしてください。

1 「1001」のレコードが離れた位置に入力されている

2 [受注番号] のここをクリック

3 [昇順で並べ替え] をクリック

レコードが [受注番号] フィールドの昇順で並べ替えられる

スキルアップ

親レコードの更新や削除を可能にするには

レッスン52のスキルアップで紹介したように、参照整合性を設定すると、子レコードを持つ親レコードの更新や削除が制限されます。しかし実務では、更新や削除の操作を行いたい場面もあります。そんなときは、[リレーションシップ] 画面を開き、[フィールドの連鎖更新] にチェックマークを付けると、親レコードの結合フィールドの値を変更したときに、自動で子レコードの結合フィールドも同じ値に変更できます。また、[レコードの連鎖削除] にチェックマークを付けると、親レコードを削除したときに自動で対応する子レコードも一括削除できます。

連鎖更新と連鎖削除は、参照整合性による制限を緩和するための機能で、一見便利な機能です。しかし、むやみに使用すると、意図せずデータが書き換わってしまったり、削除されてしまう危険性があります。通常は参照整合性のみを設定しておき、必要なときだけ一時的に連鎖更新や連鎖削除を有効にしましょう。

216ページのヒントを参考に [リレーションシップ] 画面を表示しておく

1 [フィールドの連鎖更新] と [レコードの連鎖削除] にチェックマークを付ける

56 データをリストから入力できるようにするには

YouTube動画で見る
詳細は2ページへ

ルックアップ　　　　　　　**練習用ファイル** L56_コンボボックス.accdb

[T_受注] テーブルで [顧客番号] を入力するときに、顧客名の一覧リストから入力できるように設定しましょう。顧客名を見ながら分かりやすく入力できます。また、リストから選ぶので入力ミスの防止にも役立ちます。

キーワード

コントロールソース	P.439
データシート	P.440

顧客名の一覧リストから顧客番号を入力できるようにする

[T_受注] の [顧客番号] フィールドに [T_顧客] のデータソースが設定され、顧客番号と顧客名の一覧を表示できる

1 コンボボックスを設定する準備をする

レッスン11を参考に [T_受注] をデザインビューで表示しておく

[ルックアップ] タブを表示する

1 [顧客番号] フィールドを選択

2 [ルックアップ] タブをクリック

使いこなしのヒント

データシートビューでリスト入力ができる

操作3の [表示コントロール] プロパティで [コンボボックス] か [リストボックス] を選択すると、テーブルのデータシートビューでリスト入力できるようになります。数値型や短いテキストのフィールドでは、標準で [テキストボックス] が設定されています。

●コンボボックスの設定項目を表示する

[表示コントロール] にコンボ ボックスを設定する	**3** [表示コントロール] を クリック

4 ここをクリック	⌄

5 [コンボボックス] をクリック

コンボボックスの設定項目が表示された

コンボボックスとリストボックスの違いを確認しよう

テーブルからフォームを作成すると、[表示コントロール] プロパティで選択したコントロールが配置されます。それぞれの違いを確認しましょう。

●コンボボックス

テキストボックスと一覧リストから構成されるコントロールです。テキストボックスに直接入力することも、リストから選んで入力することも可能です。

ここに直接入力できる

リストを開いて一覧から選択することも可能

●リストボックス

データを一覧リストから選択するコントロールです。コンボボックスでは⌄をクリックして一覧リストを開きますが、リストボックスの一覧リストは常に開いています。

次のページに続く →

② リストの内容を設定する

コントロールのデータソースに
[T_顧客] を設定する

1 [値集合ソース] の項目をクリック

2 ここをクリック

標準	ルックアップ
表示コントロール	コンボ ボックス
値集合タイプ	テーブル/クエリ
値集合ソース	
連結列	T_受注明細
列数	T_受注
列見出し	T_顧客
列幅	Q_顧客住所録
リスト行数	16

3 [T_顧客] をクリック

データソースに [T_顧客] が
設定された

表示する列の数を
設定する

[連結列] に「1」と
入力されていることを
確認

4 [列数] の項目をクリック

5 「2」と入力

標準	ルックアップ
表示コントロール	コンボ ボックス
値集合タイプ	テーブル/クエリ
値集合ソース	T_顧客
連結列	1
列数	1
列見出し	いいえ
列幅	
リスト行数	16
リスト幅	自動

列数が設定できた　　列幅を設定する

6 [列幅] の項目をクリック

7 「1;3」と入力

8 Enter キーを押す

標準	ルックアップ
表示コントロール	コンボ ボックス
値集合タイプ	テーブル/クエリ
値集合ソース	T_顧客
連結列	1
列数	2
列見出し	いいえ
列幅	
リスト行数	16

自動で「1cm;3cm」と表示される　　列幅が設定できた

リストの幅を設定する

9 [リスト幅] の項目をクリック

10 「4」と入力

11 Enter キーを押す

標準	ルックアップ
表示コントロール	コンボ ボックス
値集合タイプ	テーブル/クエリ
値集合ソース	T_顧客
連結列	1
列数	2
列見出し	いいえ
列幅	1cm;3cm
リスト行数	16
リスト幅	自動
入力チェック	いいえ

自動で「4cm」と表示される　　リストの幅が設定できた

[上書き保存] ボタンをクリックして上書き保存しておく

標準	ルックアップ
表示コントロール	コンボ ボックス
値集合タイプ	テーブル/クエリ
値集合ソース	T_顧客
連結列	1
列数	2
列見出し	いいえ
列幅	1cm;3cm
リスト行数	16
リスト幅	4cm

使いこなしのヒント

データの取得元を設定する

[値集合ソース] プロパティでは、一覧リストに表示するデータの取得元を設定します。ここでは顧客データを表示したいので、[T_顧客] を選択しました。

使いこなしのヒント

連結列と列数を指定する

[列数] プロパティはリストに表示する列数を、[連結列] プロパティはリストに表示した列のうち何番目のデータを保存するかを指定します。ここでは[列数]に「2」、[連結列] に「1」を設定したので、[T_顧客] テーブルの先頭から2列分のデータがリストに表示され、そのうちの1列目のデータがフィールドに保存されます。

[T_顧客] テーブルの先頭から2列が表示される

受注日	顧客番号	クリックして追加
	1 長谷川 健司	
	2 山田 愛子	
	3 土井 夏美	
	4 佐藤 良	
	5 和田 奈央	
	6 鳥居 みのり	
	7 天野 翔太	

1 [4 佐藤良] をクリック

受注日	顧客番号	クリックして追加
	4	

2 リストの1列目の「4」が保存される

3 データシートビューを開いて入力を確認する

設定したルックアップを確認するために [T_受注] のデータシートビューを表示する

```
1 [表示] をクリック
```

[T_受注] がデータシートビューで表示された

```
2 2レコード目の [顧客番号] 欄をクリック
```

顧客番号と顧客名の一覧が表示された

```
3 ここをクリック
```

```
4 「2 山田　愛子」をクリック
```

「2」が入力された

ここクリックしてテーブルを閉じておく

使いこなしのヒント

列幅とリスト幅を設定しよう

[列幅] プロパティにはリストの各列の幅をセミコロン「;」で区切って「1;3」のように設定します。また、[リスト幅] プロパティにはその合計「4」を設定します。単位の「cm」は自動入力されます。

使いこなしのヒント

1列目と3列目を表示するには

[列数] プロパティに「3」、[列幅] プロパティに「1;0;4」のように設定すると、2列目を非表示にして、1列目と3列目だけを表示できます。

スキルアップ

オリジナルのデータをリストに表示するには

下図のようなリストを表示するには、[値集合タイプ] プロパティで「値リスト」を選択し、[値集合ソース] プロパティに「"未入金";"確認中";"入金済み"」のようにデータをセミコロン「;」で区切って設定します。

57

「単価×数量」を計算するには

集計フィールド　　　　**練習用ファイル** L57_集計.accdb

「集計フィールド」を使用すると、テーブル内のフィールドの値を使用した計算を行い、その計算結果をフィールドとしてテーブルに表示できます。ここでは［T_受注明細］テーブルに［金額］フィールドを追加し、「単価×数量」を計算します。

キーワード

演算子	P.439
データ型	P.440

［金額］フィールドを作成して「単価×数量」を計算する

自動で「単価×数量」を計算してくれるフィールドが追加された

After

明細番号	受注番号	内容	分類	単価	数量	金額	クリックして
1	1001	庭木のお手入れ（高木）	メンテナンス	¥20,000	2	¥40,000	
2	1001	庭木のお手入れ（低木）	メンテナンス	¥4,000	3	¥12,000	
3	1002	ウッドデッキ設置	外構工事	¥120,000	1	¥120,000	
*	（新規）						

1 ［金額］フィールドを作成する

レッスン11を参考に［T_受注明細］をデザインビューで表示しておく

［T_受注明細］に計算結果を表示するためのフィールド［金額］を作成する

1 新しい行の［フィールド名］の空欄をクリック

用語解説

集計フィールド

「集計フィールド」は、テーブルに含まれるフィールドの値を使って計算を行うフィールドです。

使いこなしのヒント

演算子の種類を確認しよう

集計フィールドでは下表の記号を使用して計算式を作成します。このような記号を「演算子」と呼びます。

記号	計算の種類
+	加算
−	減算
*	乗算
/	除算
&	文字列結合

●フィールド名とデータ型を設定する

テキストが入力できるようになった | **2** 「金額」と入力

フィールド名が設定された

続いてデータ型を設定する | **3** Tab キーを押す

自動的に［データ型］の欄に移動し
「短いテキスト」と表示される | **4** ここをクリック

データ型の一覧が表示される | **5** ［集計］をクリック

［式ビルダー］画面が表示された

使いこなしのヒント

［集計］データ型で
集計フィールドを作成する

操作4のデータ型の一覧にある［集計］は、
集計フィールドを作成するための項目で
す。［集計］を選択すると、式を入力する
ための［式ビルダー］が表示されます。

使いこなしのヒント

クエリで金額を計算するには

「単価×金額」を計算するには、レッスン
30で紹介したクエリの演算フィールドを
使用する方法もあります。

1 「金額:［単価］*［数量］」と入力

金額を表示できた

次
の
ペ
ー
ジ
に
続
く
➡

② 式ビルダーで計算式を設定する

「単価×数量」の計算式を設定する ｜ **1** ［単価］をダブルクリック

「[単価]」が入力された ｜ **2** 「*」を入力

3 ［数量］をダブルクリック

「[数量]」が入力された ｜ **4** ［OK］をクリック

フィールドプロパティの［式］に「[単価]*[数量]」が設定された ｜ ［上書き保存］ボタンをクリックして上書き保存しておく

用語解説

式ビルダー

［式ビルダー］は、式を入力するための画面です。フィールド名やコントロール名など、式で使う要素を下のボックスからダブルクリックで入力できます。

使いこなしのヒント

式を直接入力してもいい

手順2ではフィールド名を一覧からダブルクリックしましたが、［式ビルダー］の上部の入力ボックスに直接「[単価]*[数量]」と入力してもかまいません。「[ ]」や「*」は半角で入力してください。

使いこなしのヒント

式を編集するには

式を修正したいときは、［式］プロパティの…をクリックすると［式ビルダー］を起動できます。または、［式］プロパティ欄で直接式を編集してもかまいません。

1 ここをクリックして式ビルダーを起動

3 計算結果を確認する

計算結果を確認するために [T_受注明細] のデータシートビューを表示する

1 [テーブルデザイン] タブをクリック

2 [表示] をクリック

データシートビューで表示された

[金額] フィールドに「単価×数量」が計算された数値が表示されている

ここをクリックしてテーブルを閉じておく

使いこなしのヒント

計算結果のデータ型を指定するには

[結果の型] プロパティを使用すると、計算結果のデータ型を指定できます。このレッスンの例では、自動で [通貨型] が設定されます。デザインビューを開き直すと、[通貨型] が設定されていることを確認できます。また、データ型に応じて、表示されるフィールドプロパティの種類も変わります。

標準	ルックアップ	
式		[単価]*[数量]
結果の型		通貨型
書式		
小数点以下表示桁数		自動
標題		
文字配置		標準

自動で [通貨型] が設定されている

他のフィールドと同様にクリックしてデータ型を変更できる

使いこなしのヒント

集計フィールドと演算フィールドのメリットを知ろう

テーブルの集計フィールドは、テーブル内で1回計算式を定義しておけば、テーブルから作成するクエリやフォームなどのあらゆるオブジェクトでその計算結果を使用できる点がメリットです。

クエリの演算フィールドは、「テーブル1の単価×テーブル2の数量」のような複数のテーブルにまたがった計算を行える点がメリットです。

この章のまとめ

テーブルを正確に設定しよう

Accessのようなリレーショナルデータベースでは、情報を複数のテーブルに分けて管理するのが基本です。そして、複数のテーブルを組み合わせて利用するための設定が、この章で解説したリレーションシップです。リレーションシップでテーブルを結合することで、各テーブルのデータを組み合わせて扱えるようになります。さらに参照整合性を設定すれば、データの整合性が維持されるようにAccessが自動でデータを管理してくれます。データベースを正しく運用するためにも、リレーションシップの理解が大切です。

フィールドプロパティがややこしかったです…。

そうですね、項目が多くて初めは大変だと思います。「結合するフィールドは同じ設定」と覚えておきましょう。

Accessの使い道が、ぐっと広がりそうです!

リレーションシップはAccess最大の特徴ともいえます。しっかりマスターして、データ管理に役立てましょう!

活用編

第7章

入力しやすいフォームを作るには

リレーションシップで結合したテーブルのデータは、「メイン／サブフォーム」を使用して入力できます。メインフォームで親レコードを、メインフォームの中に埋め込むサブフォームで子レコードを入力します。この章では、受注情報をまとめて入力するためのメイン／サブフォームを作成します。

58

Introduction この章で学ぶこと

複数のテーブルに同時に入力するフォームとは

この章では、[T_受注]と[T_受注明細]の2つのテーブルに同時にデータを入力するフォームを作成します。レッスン55で紹介したサブデータシートのフォーム版です。顧客情報の表示や受注金額の計算などの付加機能を追加して、使い勝手のいいフォームに仕上げます。

フォームを大幅パワーアップ！

第4章で学んだ「フォーム」の活用編ですね。
この章では何をやるんですか？

リレーションシップはフォームでも使えるんです。まずは、1つのフォームで複数のテーブルに入力できる、メイン／サブフォームから作っていきますよ。

親子レコードをまとめて入力できる

リレーションシップで結合されたテーブルに対して、入力用のフォームをまとめて1画面にすることができます。フォームウィザードで手軽に作っちゃいましょう♪

フォーム内に合計を表示する

ここでフォームにもうひと工夫。関数で合計を計算して、フォーム内に表示します。Excelでもおなじみの「Sum」関数ですが、書式が違うので覚えましょう。

フィールドを指定するだけでいいんですね！
Excelよりも簡単かも！

カーソルの移動順も変更できる

フォームにはまだまだ便利な機能があります。キーボードで入力する人のために、Tab キーを押したときの、カーソルの移動順を設定できるんですよ。

入力の必要がない欄はスキップできるんですね！
作り方知りたいです。

59 メイン／サブフォームを作成するには

フォームウィザード　　　　**練習用ファイル**　L59_フォームW.accdb

受注情報を入力するための「メイン／サブフォーム」を作成しましょう。
[T_受注] [T_顧客] [T_受注明細] の3テーブルのデータを1つ
の画面に表示する便利なフォームです。[フォームウィザード] を使
用して作成します。

キーワード

ウィザード	P.438
フィールド	P.441
メイン／サブフォーム	P.442

受注データと明細データを1つのフォームで入力する

[フォームウィザード] を使用すると、リレーションシップで結合する複数のテーブルのデータを1画面に表示する
メイン／サブフォームを簡単に作成できます。このレッスンで作成するフォームは、受注情報を入力するために
使用します。メインフォームで [T_受注] テーブルのデータを、サブフォームで [T_受注明細] テーブルのデー
タを入力します。[顧客番号] を入力すると、[T_顧客] テーブルに入力済みの顧客情報が自動表示されます。
作成されるフォームはレイアウトの修正が必要ですが、次レッスン以降で調整していきます。

◆メインフォーム
[T_受注] テーブルの入力用のフォーム

◆[T_受注] のデータの入力欄

◆[T_顧客] のデータの表示欄
[顧客番号] を入力すると自動表示される

◆サブフォーム
[T_受注明細] テーブルの入力用のフォーム

用語解説

メイン／サブフォーム

メイン／サブフォームは、フォームの中に別のフォームを埋め込んだフォームです。フォーム全体を「メインフォーム」、中
のフォームを「サブフォーム」と呼びます。メイン／サブフォームを使うと、一対多のリレーションシップの関係にあるテー
ブルの親レコードをメインフォームに、複数の子レコードをサブフォームにまとめて表示できます。

1 ［フォームウィザード］でフィールドを指定する

ここでは受注入力用のメインフォームと
サブフォームを作成する

［フォームウィザード］を起動する　**1**　［作成］タブをクリック

2　［フォームウィザード］をクリック

●フォームに表示するフィールドを指定する

［フォームウィザード］が
起動した　｜　フォームに含めるフィールドの元となる
テーブルを指定する

3　ここをクリック

4　［テーブル: T_受注］
をクリック

［T_受注］が設定された

5　ここをクリック

［T_受注］に含まれるフィールドが
表示された　｜　フォームに含めるフィールドを
指定する

🔍 **用語解説**

フォームウィザード

［フォームウィザード］は、表示される画面に沿って設定を進めることで、簡単にフォームを作成できる機能です。複数のテーブルを組み合わせたフォームも作成できます。

💡 **使いこなしのヒント**

フォームに配置する
順序で追加する

操作3〜9でメインフォームに配置するフィールドを、操作10〜12でサブフォームに配置するフィールド指定します。指定した順序でフォームにレイアウトされるので、フォームの完成イメージ通りに指定していくと、フォームの修正の手間を軽減できます。

💡 **使いこなしのヒント**

［T_受注］テーブルの
全フィールドを配置する

メインフォームは［T_受注］テーブルの入力用のフォームなので、［T_受注］の全フィールドを配置します。 >> ボタンをクリックすると、一気に［選択したフィールド］欄に移動できます。

次のページに続く →

●フィールドを追加する

すべてのフィールドが［選択した
フィールド］に移動した

元となるテーブルを替えてフィールドを
追加する

6 ここをクリック

[テーブル: T_顧客]
をクリック **7**

［T_顧客］が設定された

フォームに含めるフィールドを指定する

8 ［顧客名］をクリック

9 ここをクリック

どうして［T_顧客］テーブルの
データを追加するの?

［T_受注］テーブルと［T_顧客］テーブル
は［受注番号］フィールドを結合フィー
ルドとしてリレーションシップが設定して
あります。そのため、フォームに［T_顧
客］テーブルのフィールドを配置しておく
と、［T_受注］テーブルの［顧客番号］が
入力されたときにその番号に紐付いた顧
客データが自動表示されます。受注情報
を入力しながら顧客情報の確認ができる
ので便利です。

［T_受注］から配置した［顧客番号］
を入力すると、それに紐付く顧客情報
が［T_顧客］テーブルから自動表示
される

［顧客番号］は
［T_受注］から配置する

［顧客番号］フィールドは［T_受注］テー
ブルと［T_顧客］テーブルの両方にあり
ますが、必ず［T_受注］テーブルから追
加してください。そうすれば入力した顧客
番号が［T_受注］テーブルの［顧客番号］
フィールドに保存されます。

●さらにフィールドを追加する

[顧客名] が移動した

同様に [都道府県] [住所] [電話番号]
も移動しておく

元となるテーブルを替えてさらに
フィールドを追加する

10 ここをクリック

11 [テーブル: T_受注明細] をクリック

[T_受注明細] が設定された

[内容] [分類] [単価] [数量]
[金額] を移動しておく

12 [次へ] をクリック

💡 使いこなしのヒント

[受注番号] は [T_受注] から配置する

メインフォームとサブフォームに共通する
結合フィールドは、メインフォームに追加
するのが基本です。[受注番号] フィール
ドは、[T_受注] テーブルから追加してく
ださい。リレーションシップが設定してあ
るので、メインフォームで [受注番号] を
入力すると、自動的に [T_受注明細] テー
ブルの [受注番号] フィールドにも同じデー
タが入力されます。

💡 使いこなしのヒント

サブフォームに追加するフィールド を確認しよう

サブフォームは [T_受注明細] テーブル
の入力用のフォームです。オートナンバー
型の [明細番号] フィールドと、メイン
フォームとの結合フィールドである [受注
番号] フィールドは自動入力されるので、
サブフォームに追加しなくてもかまいませ
ん。それ以外のフィールドは漏れなく追
加する必要があります。

💡 使いこなしのヒント

リレーションシップの設定が必要

フォームウィザードを使用してメイン／サ
ブフォームを作成するには、メインフォー
ムに表示するテーブルとサブフォームに
表示するテーブルの間にリレーションシッ
プの設定が必要です。本書では第6章で
設定済みですが、未設定の場合は操作12
のあとでリレーションシップの設定を促す
メッセージが表示されます。

次
の
ペ
ー
ジ
に
続
く
➡

2 メイン／サブフォームの設定をする

データの表示方法を
設定する

[byT_受注] と [サブフォームがあるフォーム]
が選択されていることを確認する

1 [次へ] をクリック

サブフォームのレイアウトを設定する

2 [表形式] をクリック

3 [次へ] をクリック

フォーム名を
指定する

4 [フォーム] に [F_受注入力]
と入力

5 [サブフォーム] に「F_受注入力
サブフォーム」と入力

6 [完了] をクリック

使いこなしのヒント

**メインフォームに
[byT_受注] を表示する**

操作1の画面では、メインフォームに表示
するテーブルを選択します。[byT_受注]
を選択すると、[T_受注] テーブルがメイ
ンフォームに表示され、その子レコードと
なる [T_受注明細] テーブルがサブフォー
ムに表示されます。また、[T_受注] テー
ブルと結合する [T_顧客] テーブルは、
メインフォームに表示されます。

メインフォームに   サブフォームに
表示   表示

使いこなしのヒント

2つのフォームが作成される

メインフォームとサブフォームは、別々の
フォームとして保存します。メインフォー
ムを開くとその中にサブフォームが表示さ
れますが、サブフォームを単独で開くこと
もできます。

●表示を確認する

> ［フォームウィザード］が閉じてフォームビューが表示された

> メインフォームとサブフォームが作成された

> ナビゲーションウィンドウに2つのフォームが追加された

💡 使いこなしのヒント

レイアウトの調整が必要

完成したフォームは、コントロールのサイズや位置など、レイアウトの調整が必要です。このあとのレッスンで調整します。

💡 使いこなしのヒント

データシート形式でサブフォームを作成できる

手順2の操作2で［データシート］を選択すると、サブフォームがデータシートの形式で表示されます。テーブルのデータシートビューと同様にドラッグで列幅を変更できるので、レイアウトの調整が簡単です。ただし、あとから合計用のコントロールを追加するなど、細かいカスタマイズはできません。今回は［金額］フィールドの合計を表示するコントロールを追加したいので、［表形式］を選択しました。合計の計算方法はレッスン62で紹介します。

> ［データシート］を指定するとサブフォームがデータシート形式で表示される

レッスン 60 メインフォームのレイアウトを調整するには

コントロールの配置　　練習用ファイル　L60_フォームレイアウト.accdb

レッスン59で作成したメイン／サブフォームのうち、メインフォームのレイアウトを調整します。デザインビューとレイアウトビューのどちらでも調整できますが、ここではデザインビューで調整する方法を紹介します。

キーワード

コントロール	P.439
セクション	P.440
フォーム	P.441

活用編　第7章　入力しやすいフォームを作るには

メインフォームのコントロールの配置を調整する

Before

After

2つのフォームの位置やサイズが整えられた

1 メインフォームの位置とサイズを調整する

レッスン38を参考に［F_受注入力］をフォームのデザインビューで表示しておく

ラベルの文字とテキストボックスを近付ける

1 ラベルを囲むようにドラッグ

⚠ ここに注意

デザインビューに切り替えたときに、画面右に［フィールドリスト］が表示された場合は、［閉じる］をクリックして閉じてください。

ここをクリックして閉じる

●ラベルのサイズを変更する

ラベルがまとめて選択された

2 サイズ変更ハンドルにマウスポインターを合わせる

マウスポインターの形が変わった

↔

3 右にドラッグ

ラベルのサイズがまとめて変更された

4 [顧客番号] をクリック

5 サイズ変更ハンドルにマウスポインターを合わせる

マウスポインターの形が変わった

↔

6 左にドラッグ

サイズが縮小された

◆ 使いこなしのヒント

ドラッグでサイズを変更できる

デザインビューでコントロールを選択すると、周囲に7つのサイズ変更ハンドル■が表示されます。これをドラッグすると、サイズを変更できます。なお、コントロールレイアウトが適用されている場合、表示されるサイズ変更ハンドルは2つのみになります。

◆サイズ変更ハンドル

◆ 使いこなしのヒント

フォームビューで結果を確認しよう

デザインビューでコントロールのサイズを調整するときは、適宜フォームビューに切り替えて、データがバランスよく収まっているか確認しましょう。

◆ 使いこなしのヒント

**選択したコントロールだけが
サイズ調整される**

第4章で作成した [F_顧客入力] フォームにはコントロールレイアウトが適用されていたので、複数のコントロールのサイズが連動しました。[F_受注入力] フォームにはコントロールレイアウトが適用されていないので、選択したコントロールだけがサイズ変更されます。

次のページに続く →

●コントロールの横幅を揃える

[顧客番号] の横幅を基準とする

7 [受注番号] [受注日] [顧客番号]
を囲むようにドラッグして選択

8 [配置] タブ
をクリック

9 [サイズ/間隔] を
クリック

10 [広いコントロールに合わせる]
をクリック

[顧客番号] を基準としてコントロールの横幅が統一された

| コントロールをまとめ
て移動する | **11** [顧客名] [都道府県] [住所] [電話番号]
を囲むようにドラッグして選択 |

12 マウスポインターを
合わせる

マウスポインターの
形が変わった

13 右上にドラッグ

選択したコントロールがまとめて移動した

| ヒントを参考に移動した4つのテキ
ストボックスのサイズを整えておく | レッスン39を参考に4つのテキスト
ボックスに色を付けておく |

使いこなしのヒント

**複数のコントロールの
間隔を揃えるには**

操作10のメニューから [左右の間隔を均
等にする] や [上下の間隔を均等にする]
を選択すると、複数のコントロールの間隔
を揃えられます。

使いこなしのヒント

**複数のコントロールの
位置を揃えるには**

複数のコントロールを選択して、[配置] タ
ブの [配置] をクリックすると、[左] [右] [上]
[下] などのメニュー項目が表示されます。
例えば [左] をクリックすると、すべての
コントロールの左端の位置が、もっとも左
にあるコントロールと同じ位置に揃います。

使いこなしのヒント

**テキストボックスのサイズを
整えておく**

ここでは [顧客名] [都道府県] を [電話番号]
のサイズに合わせ、[住所] の先端が17cm
の目盛りに届くサイズに調整しています。

使いこなしのヒント

どうして色を付けるの?

[T_受注] テーブルと [T_顧客] テーブ
ルにはリレーションシップが設定してあり
ます。そのため、フォームで [顧客番号]
を入力すると、対応する [顧客名] [都道
府県] [住所] [電話番号] が [T_顧客] テー
ブルから自動表示されます。入力用のテ
キストボックスと区別できるように、表示
用のテキストボックスに色を付けます。

入力用と区別のために色を付ける

活用編 第7章 入力しやすいフォームを作るには

2 サブフォームの位置とサイズを調整する

余計なコントロールを削除する

| 1 | [F_受注入力] をクリック | | 2 | Delete キーを押す |

| [F_受注入力] が削除された | サブフォームを移動する |

| 3 | サブフォームをクリック | サブフォームが選択された |

| 4 | 枠にマウスポインター
を合わせる | マウスポインターの
形が変わった |

| 5 | 左上にドラッグ |

サブフォームが移動した

使いこなしのヒント

**テキストボックスを
単独で移動するには**

デザインビューでテキストボックスをドラッグすると、ラベルも一緒に移動します。テキストボックスだけを移動したい場合は、左上の移動ハンドル■をドラッグします。

なお、コントロールレイアウトが適用されている場合、移動ハンドルは表示されず、常にラベルとテキストボックスが一緒に移動します。

●ラベルと一緒に移動

テキストボックスの境界線をドラッグすると、ラベルも一緒に移動する

●単独で移動

移動ハンドルをドラッグすると、テキストボックスだけが移動する

使いこなしのヒント

サブフォームの移動

サブフォームを1回クリックすると、サブフォーム全体が選択され、オレンジ色の枠で囲まれます。その状態で境界線をドラッグすると移動できます。

次のページに続く ➡

●サブフォームのサイズを調整する

サブフォーム下部のサイズを調整する

6 画面をスクロール

サブフォーム下部が
表示された

7 右下角にマウスポインターを
合わせる

マウスポインターの形が変わった ↖↘ **8** 左上にドラッグ

サブフォームのサイズが変わった

9 [詳細] セクションの下端を
上方向にドラッグ

[詳細] セクションの余白が
調整された

15.5cm程度の幅の中に
配置する

●フォーム全体の幅を調整する

フォームの右端を 表示する	**10** ［フォームヘッダー］セクションの 右端にマウスポインターを合わせる

マウスポインターの形 が変わった		**11** 左にドラッグ

すべてのセクションの幅が変わった

レッスン36を参考にラベルの 文字を変更しておく	レッスン38を参考に［フォームヘッダー］ セクションとラベルの色を変更しておく

［上書き保存］をクリックして 上書き保存しておく	保存後にフォームを 閉じる	

使いこなしのヒント

フォーム内に
無駄な余白がある場合は

デザインビューでフォームの右端と下端
に空白の領域がある場合、Accessのウィ
ンドウサイズによってはフォームビューで
無駄なスクロールバーが表示されてしま
うので、操作9～11で空白の領域を削除
しました。

使いこなしのヒント

サイズや位置を数値で
指定するには

コントロールを選択して、［フォームデザ
イン］タブの［プロパティシート］をクリッ
クすると、プロパティシートが表示されま
す。［書式］タブの［幅］［高さ］［上位置］［左
位置］でコントロールのサイズと位置を数
値で指定できます。［上位置］はセクショ
ンの上端からコントロールの上端までの
サイズ、［左位置］はフォームの左端から
コントロールの左端までのサイズです。整
数のサイズを入力しても、端数が付くこと
があります。

クリックしてサイズと位置を 指定できる

61 サブフォームのレイアウトを調整するには

サブフォームのコントロール | 練習用ファイル L61_サブフォームレイアウト.accdb

メインフォームに続いて、サブフォームのレイアウトを調整しましょう。[表形式レイアウト]を設定してレイアウトの自動調整機能を利用しながら、メインフォームにきれいに収まるように調整します。

🔍 キーワード

コントロールレイアウト	P.440
サブフォーム	P.440
ルーラー	P.442

サブフォームのコントロールの配置を調整する

After

サブフォームに表形式レイアウトが適用され、コントロールやフォームのサイズが調整された

1 表形式レイアウトを適用する

サブフォームのデザインビューを表示する

| 1 | [F_受注入力サブフォーム]を右クリック |
| 2 | [デザインビュー]をクリック |

💡 使いこなしのヒント

サブフォームを単独で開いて編集する

サブフォームのコントロールの編集は、メインフォームのデザインビューやレイアウトビューでも行えます。しかし、サブフォームを単独で開いて編集したほうが分かりやすく操作できるので、ここではサブフォームを開きます。

●フォームの全体を表示する

[F_受注入力サブフォーム] が デザインビューで表示された	ナビゲーションウィンドウを 閉じる

3 ここをクリック ‹

ナビゲーションウィンドウが 閉じた	**4** 垂直ルーラーにマウス ポインターを合わせる

マウスポインターの形が 変わった ➡	**5** 下にドラッグ

すべてのコントロールが 選択された

次のページに続く ➡

💡 使いこなしのヒント

**ナビゲーションウィンドウを
再表示するには**

操作画面を広く使いたいときは、操作3の
ようにナビゲーションウィンドウを折り畳
みましょう。再度 ‹ をクリックすれば、ナ
ビゲーションウィンドウを再表示できます。

⌨ ショートカットキー

ナビゲーションウィンドウの 折り畳み／展開	F11

💡 使いこなしのヒント

なぜサイズを調整するの?

このレッスンの目標は、サブフォームの
全コントロールをおよそ15.5cmの幅に収
めることです。15.5cmの根拠は、メイン
フォーム上のサブフォームの余裕を持っ
たサイズです。

●表形式レイアウトを適用する

選択したコントロールに表形式レイアウトを適用する

6 [配置] タブをクリック

7 [表形式] をクリック

表形式レイアウトが適用された

選択を解除する

8 フォームの無地の部分をクリック

選択が解除された

---

2 コントロールやフォームのサイズを調整する

コントロールのサイズを調整する

1 ［内容］をクリック

2 右境界線にマウスポインターを合わせる

マウスポインターの形が変わった ↔

3 右にドラッグ

［内容］のテキストボックスとラベルの幅が広がった

その他のコントロールが自動でずれた

同様に各コントロールの幅を調整しておく

サブフォームの幅を調整する

4 サブフォームの右端にマウスポインターを合わせる

マウスポインターの形が変わった ✛

5 左にドラッグ

サブフォームの幅が縮まった

［上書き保存］をクリックして上書き保存しておく

使いこなしのヒント

ルーラーでおおよそのサイズを確認しよう

デザインビューでレイアウトの調整をするメリットは、ルーラーとグリッド線でおおよそのサイズを確認できることです。手順2ではサブフォームの幅が15.5cmに収まるように配置しましょう。ただし、デザインビューではデータが表示されないので、適宜フォームビューに切り替えて、コントロールのサイズとデータのバランスも確認してください。

ルーラーで表のサイズを確認できる

使いこなしのヒント

メインフォームのフォームビューで確認するには

メインフォームのフォームビューで仕上がりを確認したいときは、サブフォームを上書き保存して閉じたうえでメインフォームを開いてください。

62 金額の合計を表示するには

Sum関数 | 練習用ファイル | L62_合計.accdb

サブフォームのフォームフッター領域に新しいテキストボックスを配置して、[金額] フィールドの合計を表示しましょう。フィールドの値を合計するには、テキストボックスの [コントロールソース] プロパティに「Sum関数」を設定します。

活用編

第7章 入力しやすいフォームを作るには

🔍 キーワード

関数	P.439
コントロールソース	P.439
プロパティシート	P.441

テキストボックスを配置して金額の合計を表示する

After

関数を利用してテキストボックスに金額の合計を表示する

内容	分類	単価	数量	金額
▶ 庭木のお手入れ（高木）	メンテナンス	¥20,000	2	¥40,000
庭木のお手入れ（低木）	メンテナンス	¥4,000	3	¥12,000
＊				
			合計	¥52,000

レコード: ◀ 1 / 2 ▶ ▶| ▶* 🅥フィルターなし | 検索

1 テキストボックスとラベルを配置する

レッスン61を参考に [F_受注入力サブフォーム] のデザインビューを表示する

1 フォームフッターの下端にマウスポインターを合わせる

マウスポインターの形が変わった ‡ | **2** 下方向にドラッグ

💡 使いこなしのヒント

フォームフッター領域を表示するには

フォームフッター領域が表示されていない場合でも、フォームフッターのセクションバーが表示されている場合、その下端を下方向にドラッグすると、フォームフッター領域を表示できます。セクションバーが表示されていない場合の表示方法は、363ページを参照してください。

●［コントロール］を利用する

フォームフッター領域が広がった

テキストボックスとラベルを
配置する

3 ［コントロール］を
クリック

［コントロールウィザードの使用］が
オフになっているかを確認しておく

4 ［テキストボックス］
をクリック

5 フォームフッター領域
をクリック

テキストボックスとラベルが配置された

使いこなしのヒント

テキストボックスを配置するには

テキストボックスを配置するときは、マウスポインター⁺ab の「+」の位置を目安にします。「+」の位置にテキストボックスの先頭が配置され、その左にラベルが配置されます。

1 フォームフッターを
クリック

2 「+」の位置にテキストボックスの
先頭が配置される

⚠ ここに注意

テキストボックスをフォームフッターの下端や左端の近くに配置すると、フォームの幅やセクションの高さが広がることがあります。テキストボックスの位置を調整したあと、フォームやセクションのサイズを再調整しましょう。

次のページに続く →

●テキストボックスとラベルの配置を整える

右のヒントを参考にテキストボックスと
ラベルの位置を調整しておく

2 Sum関数を使用して合計する

ラベルに名前を入力する

| 1 | ラベルに「合計」と入力 | 2 | テキストボックスをクリック |

[プロパティシート] を表示する

| 3 | [フォームデザイン] タブをクリック | 4 | [プロパティシート] をクリック |

● 使いこなしのヒント

テキストボックスとラベルの位置を調整するには

フォームフッターに配置したテキストボックスと [金額] のテキストボックスを選択し、[配置] タブの [サイズ/間隔] ボタンと [配置] ボタンを使用すると、サイズと配置を簡単に揃えられます。ラベルも同様に [数量] のテキストボックスと揃えるといいでしょう。

| 1 | 2つのテキストボックスを選択 |

| 2 | [配置] タブの [サイズ/間隔] から [狭いコントロールに合わせる] を選択 |

サイズが揃った

| 3 | [配置] タブの [配置] から [右] を選択 |

配置が揃った

⏱ 時短ワザ

ダブルクリックでも表示できる

操作2 〜 4の代わりにテキストボックスをダブルクリックしても、プロパティシートを表示できます。

●［プロパティシート］を設定する

［プロパティシート］が表示された

関数を設定する

5 ［データ］タブをクリック

6 ［コントロールソース］に
「=Sum([金額])」と入力

関数が設定された

書式を設定する

7 ［書式］タブを
クリック

8 ［書式］のここ
をクリック

9 ［通貨］をクリック

書式が設定
された

10 ここをクリックしてプロパティ
シートを閉じておく

62

Sum関数

用語解説

Sum関数

Sum関数は、フィールドの合計を計算する関数です。「Sum([フィールド名])」の書式で使用します。

フィールドの合計を計算する
Sum([フィールド名])

使いこなしのヒント

広い画面で入力するには

［コントロールソース］プロパティの…を
クリックすると、［式ビルダー］が表示され、
広い画面で式を入力できます。引数の「[金
額]」はダブルクリックで入力できます。

1 式を入力

2 ここをダブルクリックすると
「[金額]」を入力できる

用語解説

［書式］プロパティ

［書式］プロパティでは、テキストボックスに表示する値の表示形式を指定します。
ここではSum関数の結果を通貨形式で表示します。

次のページに続く➡

3 計算結果を確認する

使いこなしのヒント
全レコードの合計が表示される

Sum関数は、フォーム上に表示されているレコードを対象に合計を計算します。サブフォームのフォームビューでは [T_受注明細] テーブルの全レコードが表示されるので、全レコードの合計が計算されます。メインフォームを開いた場合は、メインフォームに表示されている受注番号の子レコードの合計が計算されます。

フォームビューに切り替える | **1** [表示] をクリック

フォームビューが表示された　　　通貨形式で表示されている

全レコードの合計が | **2** [上書き保存] をクリックして
計算されている | 上書き保存する

フォームを閉じておく

メインフォームを | **3** [F_受注入力] をフォーム
確認する | ビューで開く

使いこなしのヒント
平均やデータの個数を求めるには

次表の関数を使うと、フォームやレポートに表示されているレコードの特定のフィールドの集計値を求めることができます。使い方はSum関数と同じで、引数にフィールド名を指定します。

●集計値を求める関数

関数	集計値
Sum([フィールド名])	合計
Avg([フィールド名])	平均
Max([フィールド名])	最大値
Min([フィールド名])	最小値
Count([フィールド名])	データの個数

使いこなしのヒント
スクロールバーが表示されることもある

レッスン60で調整したサブフォームのサイズや、このレッスンの手順1の操作2で広げたフォームフッターのサイズによっては、メインフォームの中のサブフォームに垂直スクロールバーが表示されることがありますが、そのまま進めて問題ありません。

現在表示されているレコードだけの
合計が表示される

スキルアップ

サブフォームに配置したコントロールの値をメインフォームに表示するには

サブフォームに配置したコントロールの値をメインフォームに表示するには、テキストボックスの［コントロールソース］プロパティに次の式を指定します。

式の中にサブフォームのコントロール名を指定するので、あらかじめ分かりやすい名前を付けておきましょう。

=[サブフォーム名].[Form]![コントロール名]

合計値のテキストボックスを選択して
プロパティシートを表示しておく

1 ［その他］タブをクリック

2 ［名前］に「合計金額」と入力

3 Enter キーを押す

上書き保存してサブフォームを
閉じておく

［F_受注入力］フォームを
デザインビューで開いておく

レイアウトを調整してテキストボックスを追加しておく

4 ラベルに「請求金額」と入力

5 テキストボックスを選択

6 プロパティシートの［データ］タブをクリック

7 ［コントロールソース］に「=[F_受注入力サブフォーム].[Form]![合計金額]」と入力

255ページを参考に［書式］タブの［書式］で［通貨］を設定しておく

フォームビューに切り替える

サブフォームの計算結果を表示できた

63 テキストボックスに入力候補を表示するには

コントロールの種類の変更 　　練習用ファイル　L63_種類変更.accdb

YouTube 動画で見る 詳細は2ページへ

サブフォームで［分類］フィールドを入力するときに、一覧リストから選択して入力できるようにします。テキストボックスをコンボボックスに変換し、リスト入力用のプロパティを設定する、という手順で操作を進めます。

活用編 第7章 入力しやすいフォームを作るには

キーワード

テーブル	P.440
フォーム	P.441
プロパティシート	P.441

入力候補をリストから選択できるようにする

After

［分類］の項目を複数の選択肢から選べるようにする

1 コンボボックスを設定する

レッスン61を参考に［F_受注入力サブフォーム］のデザインビューを表示する

テキストボックスの種類を変更する

1 ［分類］のテキストボックスを右クリック	2 ［コントロールの種類の変更］をクリック	3 ［コンボボックス］をクリック

使いこなしのヒント

コントロールの種類を変更するには

［コントロールの種類の変更］を実行すると、テキストボックスを別のコントロールに変換できます。ここではコンボボックスに変換します。

用語解説

コンボボックス

「コンボボックス」は、テキストボックスと一覧リストを組み合わせた形状のコントロールです。テキストボックスに直接入力することも、リストから選択肢をクリックして入力することも可能です。

●［プロパティシート］を設定する

テキストボックスがコンボボックスに変わった

［プロパティシート］を表示してコンボボックスの内容を設定する

4 ［プロパティシート］をクリック

［プロパティシート］が表示された

5 ［データ］タブをクリック

6 ［値集合タイプ］をクリック

7 ここをクリック

8 ［値リスト］をクリック

［値集合タイプ］が設定された

9 ［値集合ソース］をクリック

10 ここをクリック

使いこなしのヒント

値集合タイプとは

［値集合タイプ］プロパティは、コンボボックスのリスト部分に表示する項目の種類を指定します。テーブルやクエリのデータを表示する場合は［テーブル／クエリ］を、表示する項目を自由に指定したい場合は［値リスト］を選択します。

使いこなしのヒント

値集合ソースに直接入力するには

［値集合ソース］プロパティでは、一覧リストに表示する項目の取得元を設定します。［値集合タイプ］で［値リスト］を選択した場合、表示項目をダブルクォーテーション「"」で囲み、セミコロン「;」で区切って指定します。

使いこなしのヒント

テーブルとフォームの設定の違いを確認しよう

レッスン56で紹介したように、テーブルのフィールドプロパティを使用してリスト入力の設定を行うこともできます。テーブルで設定した場合、そのテーブルから作成したすべてのフォームでリスト入力を行えます。フォームで指定した場合はそのフォームだけでリスト入力を行えます。

次のページに続く➡

●[リスト項目の編集]画面で設定する

[リスト項目の編集]画面が
表示された

コンボボックスに表示する項目を入力する

11 「外構工事」(改行)「メンテナンス」と入力

12 [OK]をクリック

[値集合ソース]に「"外構工事";"メンテナンス"」が
設定された

13 [上書き保存]をクリックして上書き保存する

14 ここをクリックしてプロパティシートを閉じる ✕

使いこなしのヒント

[リスト項目の編集]画面で手軽に設定できる

[リスト項目の編集]画面を使用すると、[値集合ソース]プロパティを簡単に設定できます。1行に1項目ずつ入力すると、[値集合ソース]プロパティに「"項目1";"項目2";…」が設定されます。

使いこなしのヒント

テーブルで指定するには

[T_受注明細]テーブルの[分類]フィールドで[表示コントロール]から[コンボボックス]、[値集合タイプ]から[値リスト]を選択し、[値集合ソース]に「"外構工事";"メンテナンス"」と入力すると、リスト入力の設定を行えます。

テーブルでも指定できる

2 コンボボックスの表示を確認する

フォームビューに切り替える　　**1** [表示]をクリック

フォームビューが
表示された　　**2** 新しいレコードの[分類]の
　　　　　　　　ここをクリック

リストに「外構工事」「メンテナンス」が
表示された

ここではデータを選択せずに
そのままフォームを閉じる

64 入力時のカーソルの移動順を指定するには

タブオーダー、タブストップ　**練習用ファイル** L64_カーソル移動.accdb

フォームでデータを入力するときに Tab キーを押すと、次のコントロールにカーソルが移動します。この移動の順序は、[タブオーダー]画面で設定できます。上から下へ、左から右へと順序よく移動できるようにしましょう。

キーワード

テキストボックス	P.440
フォーム	P.441
プロパティシート	P.441

カーソルが表の左側から順に移動するようにする

After

サブフォームのカーソルが左側から順に移動するようになり、自動入力される項目にはカーソルが移動しないようにできる

カーソルが移動しない項目は背景をグレーにする

1 [タブオーダー] でタブの並び順を設定する

レッスン61を参考に [F_受注入力サブフォーム] のデザインビューを表示しておく

[タブオーダー] 画面を表示する

1 [フォームデザイン] タブをクリック

2 [タブオーダー] をクリック

用語解説

タブオーダー

「タブオーダー」とは、フォームビューで Tab キーや Enter キーを押したときのカーソルの移動の順序のことです。タブオーダーを順序よく設定することで、データを上から下へ、左から右へとスムーズに入力できます。

●[タブオーダー]画面で操作する

[タブオーダー]画面が表示された

「分類、内容、単価…」の
順になっていることを確認

並び順をサブフォームの
並び順に揃える

3 [内容]の先頭
の四角形をクリッ
ク

[内容]が選択された

4 上方向にドラッグ

「内容、分類、単価…」の
順に並んだ

サブフォームの並び順に
揃った

5 [OK]をクリック

次のページに続く➡

● 使いこなしのヒント

タブオーダーはなぜ設定するの?

オートフォームやフォームウィザードで
フォームを作成すると、タブオーダーは
上から下へ、左から右へと自動で順序よ
く設定されます。この順序は、コントロー
ルの移動や追加、変更などをしたときに、
ばらばらになってしまうことがあります。
サンプルではレッスン63でコントロール
の種類を変えたタイミングで「分類、内容、
単価…」の順に変わってしまいました。こ
のレッスンではその順序を「内容、分類、
単価…」に変更します。

●タブオーダー設定前の入力順

コントロールの種類を変えたため、
カーソルの移動順がばらばらに
なっている

●タブオーダー設定後の入力順

カーソルの移動順を左から
右に変更できた

⏱ 時短ワザ

[自動]ボタンで設定できる

[タブオーダー]画面の下部にある[自動]
ボタンをクリックすると、上から下、左か
ら右の順になるように、タブオーダーが自
動設定されます。

2 [金額]にカーソルが移動しないようにする

[金額]は自動で計算される項目なので
カーソルが移動しないように設定したい

1 [金額]のテキスト
ボックスをクリック

2 [フォームデザイン]
タブをクリック

3 [プロパティシート]
をクリック

プロパティシートが
表示された

4 [その他]タブを
クリック

5 [タブストップ]をクリック

6 ここをクリック

7 [いいえ]を
クリック

8 ここをクリックしてプロパティ
シートを閉じる

活用編

第7章 入力しやすいフォームを作るには

使いこなしのヒント

**[タブストップ]でカーソルが
移動しないように設定する**

[タブストップ]プロパティに[いいえ]
を設定すると、Tab キーや Enter キーを
押したときに、そのテキストボックスを飛
ばして、次のテキストボックスにカーソル
が移動します。集計フィールドである[金
額]欄は入力する必要がないので、カー
ソルが移動しないようにしました。

使いこなしのヒント

**テキストボックスの
見た目に変化を付ける**

次ページの操作9でテキストボックスに着
色します。[金額]と[合計]のテキストボッ
クスは、計算結果を表示する表示専用の
テキストボックスのため、入力用のテキス
トボックスと区別できるようにグレーで着
色しました。

[白、背景1、黒+基本3 色5%]
を設定する

●テキストボックスに着色する

[タブストップ] が設定された

9 レッスン39を参考に [金額] と [合計] のテキストボックスに色を付ける

タブの移動しない [金額] のテキストボックスをより目立たせるために表の縞模様を解除する

10 [詳細] のセクションバーをクリック

11 [書式] タブをクリック

12 [交互の行の色] のここをクリック

13 [色なし] をクリック | 表の縞模様が解除された

次のページに続く ➡

使いこなしのヒント

サブフォームを見やすく設定する

表形式のフォームには自動的に [交互の色の行] が設定され、縞模様になります。サブフォームを縞模様で表示すると、操作9で設定した色が分かりづらくなります。[交互の色の行] から [色なし] を選択すると、縞模様を解除できます。

●[交互の色の行] が設定されている

[内容] や [数量] の色を変更して [金額] などの色を目立たせたい

●[交互の色の行] を解除

[内容] や [数量] の色が [色なし] になり、[金額] などの色が目立つようになった

使いこなしのヒント

フォームビューで設定結果を確認しよう

[交互の色の行] の設定を解除しても、デザインビューの見た目は変わりません。設定が解除された様子を確認するには、フォームビューに切り替えます。

3 カーソルの移動順を確認する

フォームビューに切り替える | 1 [表示] をクリック

フォームビューで | 縞模様が解除されて
表示された | いる

[内容] にカーソルがあることを確認 | 2 Tab キーを押す

[分類] にカーソルが移動した | 3 Tab キーを2回押す

[数量] にカーソルが移動した | 4 Tab キーを押す

[金額] を飛ばして次のレコードに | 5 ここをクリックしてサブ
カーソルが移動した | フォームを閉じる

使いこなしのヒント

**クリックすれば
カーソルを移動できる**

[タブストップ] プロパティで [いいえ] を設定しても、フォームビューで [金額] のテキストボックスをクリックするとカーソルは移動します。そのため、テキストボックス内の金額を選択してコピーし、ほかで利用するなどの操作が可能です。

	単価	数量	金額
∨	¥20,000	2	¥40,000
∨	¥4,000	3	¥12,000
∨	¥120,000	1	¥120,000
∨			

項目をクリックしてカーソルを
移動できる

使いこなしのヒント

**計算結果のコントロールは
編集できない**

[金額] や [合計] のコントロールには数式が入っており、計算結果が表示されています。このため、テキストボックスをクリックして数値を編集しようとすると、ステータスバーに編集できない旨のメッセージが表示されます。

●[金額] を編集しようとした場合

フィールド '金額' は読み取り専用です。

●[合計] を編集しようとした場合

このコントロールは式 'Sum([金額])' に連結しているため、編集できません。

4 メインフォームのタブストップを設定する

[F_受注入力]をデザインビューで開く

[顧客名][都道府県][住所][電話番号]は自動で入力される項目なのでカーソルが移動しないように設定したい

1 [顧客名][都道府県][住所][電話番号]のテキストボックスをドラッグして選択

テキストボックスが選択された

2 [プロパティシート]をクリック

プロパティシート

3 手順2を参考に[タブストップ]プロパティで[いいえ]を設定

[上書き保存]をクリックして上書き保存しておく

フォームを閉じておく

メインフォームのフォームビューで[顧客番号]を入力すると、対応する[顧客名][都道府県][住所][電話番号]が[T_顧客]テーブルから自動表示されます。これらは入力の必要がないテキストボックスなので、カーソルが移動しないように[タブストップ]プロパティに[いいえ]を設定しました。

サブフォームの[金額]と[合計]のテキストボックスは、編集しようとしても編集できません。一方、メインフォームの[顧客名][都道府県][住所][電話番号]は、[タブストップ]プロパティを[いいえ]にしても、クリックして編集できます。編集結果は[T_顧客]テーブルに反映されます。編集できないようにする場合は、[編集ロック]プロパティに[はい]を設定します。そうすれば、誤って[T_顧客]テーブルのデータを書き換えてしまうことがなくなります。

テキストボックスを選択しておく

1 [データ]タブをクリック

2 [編集ロック]で[はい]を設定

65 メイン／サブフォームで入力するには

メイン／サブフォームでの入力　**練習用ファイル**　L65_2つのフォーム.accdb

この章で作成してきたメイン／サブフォームは、前レッスンでひと通り完成しました。ここでは完成したフォームに新規の受注データを入力します。リスト入力、タブオーダー、合計金額の計算などの設定効果を確認しながら入力しましょう。

キーワード

テーブル	P.440
メイン／サブフォーム	P.442
リレーションシップ	P.442

メイン／サブフォームの動作を確認しよう

Before

受注入力

空のレコードを確認する

After

受注入力

データを入力しながらカーソルの移動やリストからの選択、計算結果などを確認する

1 メインフォームのデータを入力する

レッスン34を参考に ［F_受注入力］を
フォームビューで開く

メインフォームに新規レコードを入力する

1 ［新しい (空の) レコード］
ボタンをクリック

使いこなしのヒント

移動ボタンは2つ表示される

メイン／サブフォームにはそれぞれに移動ボタンが表示されます。メインフォームのデータを切り替えるには、メインフォームの下端にある移動ボタンを使用します。

●新規レコードを入力する

| 新規レコードの入力画面が表示された | 2 [受注番号] をクリック |

| 3 「1003」と入力 | 4 [受注日] に「2023/4/12」と入力 |

| 5 [顧客番号] のここをクリック | ∨ |

レッスン56でルックアップを設定したので [T_受注] の [顧客番号] フィールドのデータが参照され、一覧で表示された

| 6 「3」をクリック |

使いこなしのヒント

サブデータシートの入力と同じように入力する

レッスン55でサブデータシートを使用した受注データの入力を行いました。まず親レコードを入力し、次にサブデータシートで子レコードを入力しました。メイン／サブフォームでの入力の順序もそれと同じです。まず、メインフォームに親レコードを入力し、次にサブフォームで子レコードを入力してください。

使いこなしのヒント

テーブルの設定がフォームに継承する

レッスン56で [T_受注] テーブルの [顧客番号] フィールドにリスト入力の設定を行いました。その設定がフォームに引き継がれ、フォームでも顧客番号をリストから入力できます。

| 顧客番号に対応したリストを表示できる |

次のページに続く→

●自動入力された内容を確認する

| 顧客名、都道府県、住所、電話番号が自動表示された | ［T_受注］の［顧客番号］フィールドのデータと一致している |

使いこなしのヒント

顧客情報が自動で表示される

［T_受注］テーブルと［T_顧客］テーブルにはリレーションシップが設定されています。そのため、フォームで［顧客番号］を入力すると、対応する［顧客名］［都道府県］［住所］［電話番号］が［T_顧客］テーブルから自動表示されます。

2 サブフォームのデータを入力する

| 続いてサブフォームにデータを入力する | **1** ［顧客番号］にカーソルがある状態で Tab キーを押す |

| サブフォームの［内容］にカーソルが移動した | **2** ［内容］［分類］［単価］［数量］を入力 |

使いこなしのヒント

［タブオーダー］の設定内容を確認する

メインフォームをデザインビューで開き、［フォームデザイン］タブの［タブオーダー］をクリックすると、タブオーダーを確認できます。［タブストップ］を［いいえ］にした［顧客名］［都道府県］［住所］［電話番号］にはカーソルが移動しないので、［顧客番号］の入力後に Tab キーを押すと、カーソルはサブフォームに移動します。

| 受注番号、受注日、顧客番号の次に、カーソルがサブフォームに移動する |

●入力する内容

内容	分類	単価	数量
ガーデンライト設置	外構工事	5000	5

● 金額を自動計算する

[内容] [分類] [単価]
[数量] が入力された

3 [Tab] キーを押す

レッスン57で「単価×数量」の計算式を
設定したので自動計算される

2行目の [内容] にカーソルが
移動した

4 2行目と3行目のレコード
を入力

● 入力する内容

内容	分類	単価	数量
芝生のお手入れ	メンテナンス	23000	1
除草	メンテナンス	8000	1

2行目と3行目のレコードが
入力された

合計金額が計算された

レッスン62でSum関数を設定したので
合計金額が自動計算される

フォームを閉じておく

⚠ ここに注意

メインフォームのレコードとサブフォーム
のレコードは、[受注番号] フィールドで
結合します。サブフォームに [受注番号]
を入力するコントロールはありませんが、
メインフォームに入力した [受注番号] が
自動で [T_受注明細] テーブルの [受注
番号] フィールドに入力される仕組みに
なっています。サブフォームを先に入力し
てしまうと、[受注番号] フィールドが空
になってしまうので、必ずメインフォーム
から入力してください。

💡 使いこなしのヒント

**合計が合わない場合は
計算式を確認しよう**

[金額] フィールドの合計の計算が合わな
い場合は、レッスン57で設定した [金額]
フィールドの式（[単価]*[数量]）とレッス
ン62で設定した合計の式（=Sum([金額])）
が正しく入力されているかどうか確認しま
しょう。

レッスン57で設定した計算式を
確認する

レッスン62で設定した計算式を
確認する

次のページに続く →

できる 271

③ テーブルを確認する

入力した新規レコードの内容が [T_受注] に反映されているか確認する	レッスン11を参考に [T_受注] をデータシートビューで開いておく

3レコード目が保存されていることを確認

1 3レコード目のここをクリック ⊞

明細データが表示された	新規に3件追加されていることを確認

テーブルを閉じる	**2** ここをクリック ☒

[T_受注] が閉じた

👍 スキルアップ

サブフォームの移動ボタンを非表示にするには

サブフォームのレコード数が増えると、自動で垂直スクロールバーが表示されます。スクロールバーを使えば隠れているレコードを表示できるので、移動ボタンがなくても差し支えありません。移動ボタンを非表示にしたい場合は、サブフォームのデザインビューを開きます。[フォームセレクター] をクリックしてフォーム全体を選択し、プロパティシートの [書式] タブの [移動ボタン] プロパティで [いいえ] を設定します。

プロパティシートで移動ボタンを非表示にできる

💡 使いこなしのヒント

付録を参考にレコードを入力しよう

第8章で使用する練習用サンプルには25件の受注データが入力されています。追加する受注データの内容は、付録ページに掲載しています。なお、[F_受注入力] フォームで受注データを入力したあとでフォームを開き直すと、レコードが受注番号順に表示されないことがあります。この不具合は、レッスン74で修正します。

スキルアップ

オブジェクト同士の関係を調べるには

オブジェクト同士は、リレーションシップやフォーム／サブフォームなど、互いにさまざまな関係にあります。このため、オブジェクトを不用意に削除すると、ほかのオブジェクトに支障が出る場合があります。［オブジェクトの依存関係］という機能を使用すると、指定したオブジェクトに関係するオブジェクトを事前に確認できます。

●［T_顧客］に依存するオブジェクトを調べる

1 ［T_顧客］をクリック

2 ［データベースツール］タブをクリック

3 ［オブジェクトの依存関係］をクリック

［このオブジェクトに依存するオブジェクト］が選択されていることを確認

［T_顧客］テーブルから作成したオブジェクトやリレーションシップで結合するオブジェクトが一覧表示された

4 ［×］をクリックして閉じる

●［F_受注入力］が依存するオブジェクトを調べる

1 ［F_受注入力］をクリック

2 ［データベースツール］タブをクリック

3 ［オブジェクトの依存関係］をクリック

4 ［このオブジェクトが依存するオブジェクト］をクリック

［F_受注入力］フォームの元になるオブジェクトなどが一覧表示された

5 ［×］をクリックして閉じる

この章のまとめ

入力ミスを減らせる工夫をしよう

データを複数のテーブルで管理するリレーショナルデータベースにおいて、1件の親レコードに紐付けられた複数の子レコードを1画面にまとめて表示する「メイン／サブフォーム」は、欠かせない入力画面です。一般的な受注伝票と同じ体裁なので、リレーションシップや親レコード／子レコードといった難しい概念を知らないユーザーでも迷わず入力できます。顧客情報の表示や合計金額の計算といった、フォームならではの機能も付けられます。ユーザーにとって見やすく使いやすい入力画面を作成できるのです。

この章は盛りだくさんでした…。
頭がパンクしちゃうかも。

フォームの機能は多彩ですからね。ひとつひとつはそれほど複雑ではないので、使いながら覚えていきましょう。

使いやすいフォームが完成して感動しました！

入力する人の立場で考えて、分かりやすくて間違いにくいフォームを作りましょう。色の使い方もポイントです！

活用編

第8章

複雑な条件のクエリを
使いこなすには

クエリの機能は、第3章で紹介した抽出、並べ替え、計算にとどまりません。複数のテーブルのデータを1つの表にまとめたり、売上を年月ごとに集計したり、テーブルのデータを更新したりと多彩です。この章では、そのようなさまざまなクエリを紹介します。

66

用途に応じてクエリを使い分けよう

クエリには第3章で紹介した選択クエリのほかに、グループ集計を行う集計クエリ、二次元の集計表を作成するクロス集計クエリ、テーブルのデータをまとめて書き換える更新クエリなどがあります。この章では、実践で役立つさまざまなクエリを紹介します。

活用編　第8章　複雑な条件のクエリを使いこなすには

自由自在にデータを抽出しよう

リレーションシップは便利なんですけど…
今度はテーブルが複雑になってきました。

そんなときはクエリ！　第3章で基本的な使い方を紹介しましたけど、この章ではクエリの真の実力を見せますよ！

グループごとに集計できる

クエリはリレーションシップに対応していて、複数のテーブルのレコードをまとめて表示できます。さらに、同じ内容のレコードをグループ化して集計できるんです♪

合計した内容をフィールドに表示できるんですね。
計算し直さなくていいから、すごく便利！

受注番号	受注日	顧客番号	顧客名	合計金額
1001	2023/04/01	1	長谷川 健司	¥52,000
1002	2023/04/05	2	山田 愛子	¥120,000
1003	2023/04/12	3	土井 夏美	¥56,000
1004	2023/04/22	4	佐藤 良	¥236,000
1005	2023/05/07	6	鳥居 みのり	¥162,000
1006	2023/05/10	1	長谷川 健司	¥25,000
1007	2023/05/10	7	天野 翔太	¥190,000
1008	2023/05/14	8	鈴木 卓也	¥98,000
1009	2023/05/16	4	佐藤 良	¥40,000
1010	2023/05/20	9	藤井 聖子	¥37,000
1011	2023/06/01	11	山田 健	¥150,000
1012	2023/06/03	1	長谷川 健司	¥52,000
1013	2023/06/09	12	小川 直人	¥148,000
1014	2023/06/16	13	佐藤 順子	¥95,000
1015	2023/06/20	14	堀 雄介	¥60,000
1016	2023/06/23	15	茂木 麻衣子	¥59,000

Q_受注一覧

［受注番号］［受注日］［顧客番号］
［顧客名］が同じレコードの金額を合計して表示できる

クロス集計で見やすく表示！

さらに、クエリを使って「クロス集計」の表を作ることもできます。
少し手間はかかりますけど、データがぐっと見やすくなりますよ。

これ、Excelでよく作るやつですね！
データがきれいに並んでいて分かりやすいです！

年月	メンテナンス	外構工事
2023/04	¥83,000	¥381,000
2023/05	¥149,000	¥403,000
2023/06	¥246,000	¥393,000
2023/07	¥134,000	¥312,000
2023/08	¥192,000	¥320,000

データをまとめて更新できる

そして、仕事に役立つ強力なテクニックも紹介します。
「更新クエリ」を使って、テーブルのデータをまるっと全部、更新しちゃいましょう！

すごい、クエリで一括で更新できるんですね！
使い方マスターしたいです！

明細番号	受注番号	内容	分類	単価	数量	金額	クリック
12	1007	芝張り	外構工事	¥150,000	1	¥150,000	
13	1008	植栽	外構工事	¥98,000	1	¥98,000	
14	1009	庭木のお手入れ（中木）	メンテナンス	¥8,000	5	¥40,000	
15	1010	芝生のお手入れ	メンテナンス	¥37,000	1	¥37,000	
16	1011	ウッドデッキ設置	外構工事	¥150,000	1	¥150,000	
17	1012	庭木のお手入れ（高木）	メンテナンス	¥20,000	2	¥40,000	
18	1012	庭木のお手入れ（低木）	メンテナンス	¥4,000	3	¥12,000	
	1013	テラス屋根	メンテナンス				
25	1017	芝生のお手入れ	メンテナンス	¥35,000	1	¥35,000	
26	1018	生垣制作	外構工事	¥235,000	1	¥235,000	
27	1019	庭木のお手入れ（高木）	メンテナンス	¥20,000	5	¥100,000	
28	1020	植栽	外構工事	¥62,000	1	¥62,000	
29	1021	ガーデンライト設置	外構工事	¥5,000	3	¥15,000	
30	1021	芝生のお手入れ	メンテナンス	¥34,000	1	¥34,000	
31	1022	庭木のお手入れ（中木）	メンテナンス	¥8,800	10	¥88,000	
32	1023	庭木のお手入れ（高木）	メンテナンス	¥22,000	3	¥66,000	
33	1024	フェンス設置	外構工事	¥320,000	1	¥320,000	
34	1025	庭木のお手入れ（高木）	メンテナンス	¥22,000	2	¥44,000	
35	1025	庭木のお手入れ（低木）	メンテナンス	¥4,400	3	¥13,200	
*	(新規)						

T_受注明細

クエリ1

67 複数のテーブルのデータを一覧表示するには

リレーションシップの利用　　| 練習用ファイル | L67_リレーションシップ.accdb

クエリを使用すると、複数のテーブルのデータを1つの表にまとめて表示できます。ここでは [T_顧客] テーブル、[T_受注] テーブル、[T_受注明細] テーブルの3つのテーブルのデータを一覧表示するクエリを作成します。

🔍 キーワード	
クエリ	P.439
テーブル	P.440
リレーションシップ	P.442

活用編
第8章　複雑な条件のクエリを使いこなすには

3つのテーブルのフィールドを組み合わせた表を作成する

3つのテーブルからフィールドを選んで組み合わせ、受注明細の一覧が表示できるクエリが作成された

1 複数のテーブルからクエリを作成する

ここでは3つのテーブル [T_顧客] [T_受注] [T_受注明細] からクエリを作成する

1 [作成] タブをクリック

2 [クエリデザイン] をクリック

💡 使いこなしのヒント

テーブルの数が変わっても作成方法は同じ

クエリの作成方法は、テーブルが1つの場合も複数の場合も同じです。クエリのデザインビューにテーブルを追加し、追加したテーブルからフィールドを追加します。

● テーブルを追加する

新しいクエリが作成され、クエリの
デザインビューが表示された

[テーブルの追加]作業ウィンドウ
が表示された

[テーブルの追加]作業ウィンドウから
フィールドを追加するテーブルを選択する

3 [T_顧客]をクリック

4 [選択したテーブルを追加]
をクリック

クエリに[T_顧客]が
追加された

同様の手順で[T_受注]と
[T_受注明細]を追加する

クエリに[T_受注][T_受注明細]
が追加された

作業ウィンドウを
閉じる

5 [閉じる]をクリック

時短ワザ

ダブルクリックでテーブルを追加できる

[テーブルの追加]作業ウィンドウでテーブルをダブルクリックする方法でも、クエリにテーブルを追加できます。

1 [T_顧客]をダブルクリック

テーブルが
追加される

使いこなしのヒント

複数テーブルを追加するには

複数のテーブルを選択して[選択したテーブルを追加]をクリックすると、まとめて追加できます。離れた位置にあるテーブルを選択する場合は、1つ目のテーブルをクリックし、Ctrl キーを押しながら別のテーブルを順にクリックします。連続する位置にあるテーブルを選択する場合は、先頭のテーブルをクリックし、Shift キーを押しながら最後のテーブルをクリックします。

使いこなしのヒント

クエリからクエリを作成できる

クエリを元に新しいクエリを作成することもできます。[テーブルの追加]作業ウィンドウで[クエリ]をクリックしてクエリの一覧を表示し、新規のクエリに追加します。

1 ここをクリック

次のページに続く →

●表示を調整する

作業ウィンドウが閉じた	操作しやすくするために［T_受注明細］を横に並べる

6	［T_受注明細］のテーブル名にマウスポインターを合わせる	7	ドラッグしてここに移動

［T_受注明細］が移動した

3つのテーブルがリレーションシップの結合線で結ばれている

右のヒントを参考にフィールドリストの下端を下方向にドラッグして全フィールドが見えるようにする

使いこなしのヒント

テーブルをクエリに追加すると結合線が表示される

［T_顧客］、［T_受注］、［T_受注明細］の3つのテーブルにはリレーションシップが設定してあります。そのため、3つのテーブルをクエリに追加すると、自動的に結合線が表示されます。

使いこなしのヒント

テーブルを間違って追加したときは

フィールドリストをクリックして選択し、Delete キーを押すと、クエリからフィールドリストを削除できます。

使いこなしのヒント

フィールドリストのサイズを調整する

フィールドリストの下端にマウスポインターを合わせ、形が変わったところでドラッグすると、フィールドリストの高さを変更できます。また、ダブルクリックすると、フィールド数ぴったりに自動でサイズ調整できます。

ドラッグして高さを変更できる

2 クエリに表示するフィールドを指定する

[T_受注] の [受注番号] フィールドを追加する

1 [受注番号] にマウスポインターを合わせる

2 [フィールド] 欄にドラッグ

[受注番号] フィールドが追加された

3 同様に [T_受注] から [受注日] [顧客番号]、[T_顧客] から [顧客名]、[T_受注明細] から [内容] [単価] [数量] [金額] を追加する

使いこなしのヒント

クエリに追加するフィールドを確認しよう

操作1 〜 3では、下表のフィールドを設定します。

テーブル	フィールド	並べ替え
T_受注	受注番号	昇順
T_受注	受注日	
T_受注	顧客番号	
T_顧客	顧客名	
T_受注明細	内容	
T_受注明細	単価	
T_受注明細	数量	
T_受注明細	金額	

時短ワザ

テーブルの全フィールドをまとめて追加するには

フィールドリストのタイトル部分をダブルクリックすると、全フィールドが選択されます。その状態で [フィールド] 欄までドラッグすると、全フィールドをまとめて追加できます。

1 ここをダブルクリック

ドラッグすると全フィールドをまとめて追加できる

次のページに続く➡

●フィールドの並べ替えを設定する

4 [受注番号]の[並べ替え]欄をクリック

5 ここをクリック

6 [昇順]をクリック

[受注番号]の[並べ替え]に[昇順]が設定された

3 クエリを実行して保存する

クエリを実行してフィールドの表示を確認する

1 [クエリデザイン]タブをクリック

2 [実行]をクリック

先頭に表示される「*」は何?

フィールドリストの先頭にある[*]を[フィールド]欄に追加すると、テーブルの全フィールドをデータシートビューに表示できます。抽出や並べ替えのフィールドは別途追加し、非表示にしておきます。

1 [*]を[フィールド]にドラッグ

全フィールドを表示できた

抽出や並べ替えのフィールドは別途追加して非表示にする

📖 用語解説

自動結合

テーブル間にリレーションシップが設定されていない場合でも、次の条件を満たせば、クエリにテーブルを追加したときに自動的に結合線で結ばれます。この機能を「自動結合」と呼びます。

・同じフィールド名
・同じデータ型
・同じフィールドサイズ（数値型の場合）
・一方または両方が主キー

なお、オートナンバー型と数値型では、フィールドサイズが同じ長整数型の場合に自動結合されます。

●実行結果を確認する

データシートビューが表示され、クエリの実行結果が表示された

隠れている部分も表示して確認する

3 ここをクリック

ナビゲーションウィンドウが閉じて全体が表示された

3つのテーブルから指定したフィールドが表示された

名前を付けて保存する

4 ［上書き保存］をクリック

［名前を付けて保存］画面が表示された

5 「Q_受注明細一覧」と入力

6 ［OK］をクリック

クエリが保存された

タブにクエリ名が表示された

7 ここをクリックしてクエリを閉じる

使いこなしのヒント

1つのレコードとして表示される

リレーションシップを設定した複数のテーブルを元にクエリを作成すると、各テーブルから結合フィールドの値が同じレコード同士が結合して、1つのレコードとして表示されます。

スキルアップ

クエリのデザインビューでテーブルを結合するには

クエリに複数のテーブルを追加したときに自動結合しない場合は、結合フィールドをドラッグすると結合できます。以下の例では、[T_顧客]テーブルと[T_都道府県]テーブルを［都道府県］フィールドで結合しています。2つの［都道府県］フィールドはどちらも主キーではないので、フィールド名は同じですが自動結合しません。

1 ［T_顧客］の［都道府県］を［T_都道府県］の［都道府県］までドラッグ

2つのテーブルが［都道府県］フィールドで結合した

68 受注ごとに合計金額を求めるには

グループ集計

練習用ファイル L68_グループ集計.accdb

詳細は2ページへ

クエリでは「グループ集計」も行えます。グループ集計のポイントは、グループ化するフィールドと集計するフィールドを設定することです。ここでは［受注番号］や［顧客名］をグループ化し、［金額］を集計して、受注ごとの合計金額を求めます。

キーワード

グループ集計	P.439
選択クエリ	P.440
フィールド	P.441

活用編 第8章 複雑な条件のクエリを使いこなすには

受注番号ごとに金額を合計する

Before

 クエリ1

受注番号	受注日	顧客番号	顧客名	金額
1001	2023/04/01	1	長谷川 健司	¥12,000
1001	2023/04/01	1	長谷川 健司	¥40,000
1002	2023/04/05	2	山田 愛子	¥120,000
1003	2023/04/12	3	土井 夏美	¥25,000
1003	2023/04/12	3	土井 夏美	¥23,000
1003	2023/04/12	3	土井 夏美	¥8,000
1004	2023/04/22	4	佐藤 良	¥236,000
1005	2023/05/07	6	鳥居 みのり	¥130,000
1005	2023/05/07	6	鳥居 みのり	¥32,000
1006	2023/05/10	1	長谷川 健司	¥25,000
1007	2023/05/10	7	天野 翔太	¥40,000
1007	2023/05/10	7	天野 翔太	¥150,000
1008	2023/05/14	8	鈴木 卓也	¥98,000
1009	2023/05/16	4	佐藤 良	¥40,000
1010	2023/05/20	9	藤井 聖子	¥37,000
1011	2023/06/01	11	山田 健	¥150,000
1012	2023/06/03	1	長谷川 健司	¥12,000

同じ受注番号、受注日、顧客番号、顧客名のレコードが複数件ずつ表示されている

↓

After

Q_受注一覧

受注番号	受注日	顧客番号	顧客名	合計金額
1001	2023/04/01	1	長谷川 健司	¥52,000
1002	2023/04/05	2	山田 愛子	¥120,000
1003	2023/04/12	3	土井 夏美	¥56,000
1004	2023/04/22	4	佐藤 良	¥236,000
1005	2023/05/07	6	鳥居 みのり	¥162,000
1006	2023/05/10	1	長谷川 健司	¥25,000
1007	2023/05/10	7	天野 翔太	¥190,000
1008	2023/05/14	8	鈴木 卓也	¥98,000
1009	2023/05/16	4	佐藤 良	¥40,000
1010	2023/05/20	9	藤井 聖子	¥37,000
1011	2023/06/01	11	山田 健	¥150,000
1012	2023/06/03	1	長谷川 健司	¥52,000
1013	2023/06/09	12	小川 直人	¥148,000
1014	2023/06/16	13	佐藤 順子	¥95,000
1015	2023/06/20	14	堀 雄介	¥60,000
1016	2023/06/23	15	茂木 麻衣子	¥59,000
1017	2023/06/29	7	天野 翔太	¥75,000

同じ受注番号、受注日、顧客番号、顧客名のレコードを1つにまとめて金額を合計できた

1 表示するフィールドを指定する

レッスン67を参考に新しいクエリを作成し、[T_顧客] [T_受注]
[T_受注明細] テーブルを追加しておく

1	[T_受注] から [受注番号] [受注日] [顧客番号] フィールドを追加

2	[T_顧客] から [顧客名] フィールドを追加

3	[T_受注明細] から [金額] フィールドを追加

4	[受注番号] の [並べ替え] 欄で [昇順] を選択

クエリの実行結果を
確認する

5	[クエリデザイン] タブをクリック

6	[実行] をクリック

クエリに追加するフィールドを確認しよう

操作1～4では、下表のフィールドを設定します。

テーブル	フィールド	並べ替え
T_受注	受注番号	昇順
T_受注	受注日	
T_受注	顧客番号	
T_顧客	顧客名	
T_受注明細	金額	

用語解説

集計クエリ

特定のグループごとに集計を行うクエリを「集計クエリ」と呼びます。クエリにはさまざまな種類がありますが、集計クエリは選択クエリの一種です。

用語解説

グループ集計

「グループ集計」とは、特定のフィールドをグループ化して、別のフィールドを集計することです。また、「グループ化」とは、同じデータを1つにまとめることです。グループ化するフィールドや集計するフィールドはそれぞれ複数指定できます。下図では [ID] と [顧客名] をグループ化して [金額] を合計しています。

ID	顧客名	金額
1	佐藤	100
1	佐藤	50
2	五十嵐	400
3	松	200
3	松	100
3	松	70

↓ グループ集計

ID	顧客名	金額
1	佐藤	150
2	五十嵐	400
3	松	370

次のページに続く →

●実行結果を確認する

データシートビューが表示され、
クエリの実行結果が表示された

同じ受注番号のレコードが
複数ずつ存在している

同じ受注番号のレコードは金額を合計して
まとめられるようにクエリを修正する

7 ［表示］をクリック

表示がデザインビューに
戻る

2 集計の設定を行う

1 ［クエリデザイン］タブ
をクリック

2 ［集計］をクリック

デザイングリッドに［集計］行が
追加された

最初は全フィールドに［グループ化］
と表示されている

3 ［金額］の［集計］欄
をクリック

💡 使いこなしのヒント

集計前の状態を確認する

慣れないうちは、集計の設定を行う前に
データシートビューに切り替えて、集計
前のデータを確認しておくといいでしょ
う。グループ化するフィールドと集計する
フィールドのイメージをつかめます。慣れ
てきたら、データシートビューに切り替え
ずに、そのまま集計の設定をしてもかまい
ません。

グループ化する
フィールド

集計する
フィールド

💡 使いこなしのヒント

クエリの編集は
デザインビューで行う

クエリの編集はデザインビューで行うの
で［表示］をクリックしてデザインビュー
に切り替えます。

💡 使いこなしのヒント

［集計］行を追加する

クエリでは、デザイングリッドに［集計］
行を追加することで、グループ集計の設
定を行えます。［集計］行の初期値は［グ
ループ化］です。

●[集計]に[合計]を設定する

ここでは受注番号ごとに金額の
合計を求める

4 ここをクリック

5 [合計]をクリック

使いこなしのヒント
[集計]の種類を確認しよう

[集計]行の一覧から[合計][平均][最小][最大][カウント]などの集計の種類を選ぶと、集計が行えます。なお、一覧の末尾にある[演算]は、Sum関数などを使用した演算フィールドを設定するときに使用します。また、[Where条件]の使い方はレッスン69で解説します。

[金額]の[集計]欄に[合計]
が設定された

フィールド名を変える

6 [フィールド]欄の「金額」
をクリック

使いこなしのヒント
集計するフィールドの
フィールド名を変更するには

[金額]フィールドにフィールド名を付けずにクエリを実行すると、「金額の合計」のようなフィールド名が自動設定されます。別名を付けたい場合は、操作7のように「別名:フィールド名」の形で設定してください。コロン「:」は半角です。

7 「金額」の前に「合計金額:」
と入力

フィールド名が「合計金額: 金額」
となった

使いこなしのヒント
クエリの種類を確認するには

作成しているクエリの種類は、[クエリデザイン]タブの[クエリの種類]欄で確認できます。集計クエリは選択クエリの仲間なので、[選択]がオンになります。

オンの状態になっている

次のページに続く ➡

③ 集計クエリの実行結果を確認する

集計クエリが正しく実行されるか確認する

1 [クエリデザイン] タブをクリック

2 [実行] をクリック

データシートビューが表示され、クエリの実行結果が表示された

受注番号ごとに金額が合計された

3 [上書き保存] をクリック

4 「Q_受注一覧」と入力

5 [OK] をクリック

クエリが保存された

6 ここをクリックしてクエリを閉じる

🔆 使いこなしのヒント

集計を解除するには

集計を解除して284ページのBeforeの状態に戻すには、デザインビューで [クエリデザイン] タブの [集計] をクリックして [集計] 行を非表示にします。

⚠ ここに注意

一般的な選択クエリは、データシートビューでデータの編集が可能です。しかし集計クエリはデータの編集を行えません。新しいレコードを追加したり、レコードを削除することもできません。

🔆 使いこなしのヒント

段階別にグループ集計できる

グループ化する複数のフィールドにそれぞれ異なるデータが入力されている場合、段階別の集計になります。例えば、[地区] と [支店] をグループ化して集計する場合、地区別支店別という段階別の集計になります。

地区	支店	売上
東日本	東京	200
西日本	大阪	100
東日本	仙台	120
東日本	東京	220
西日本	福岡	150
西日本	大阪	200

⬇ グループ集計すると地区別支店別に集計される

地区	支店	売上
東日本	東京	420
東日本	仙台	120
西日本	大阪	300
西日本	福岡	150

🔆 使いこなしのヒント

演算フィールドで集計するには

集計クエリでは、式に対して［合計］を設定することもできます。以下では、［分類］フィールドごとに「単価×数量」を合計しています。本書では「単価×数量」をテーブル内で計算しましたが、［単価］と［数量］が別テーブルにある場合、このように掛け算と集計をまとめて指定できるので便利です。なお、このクエリを保存して開き直すと、式が自動で「合計金額: Sum([単価]*[数量])」に変わり、［集計］行が［合計］から［演算］に変わります。

●新規クエリを作成する

> 新規クエリに［T_受注明細］を追加しておく

> **1** ［分類］フィールドを追加

> **2** 列幅を広げて「合計金額: [単価]*[数量]」と入力

●［集計］行を追加する

> ［クエリデザイン］タブの［集計］をクリックして［集計］行を追加しておく

> **3** ［合計金額］フィールドで［合計］を選択

●クエリを実行する

> **4** ［クエリデザイン］タブの［実行］をクリック

> 分類ごとの合計金額を求められた

> クエリを保存して開き直しておく

> Sum関数が設定された

> ［演算］に変わった

69 特定のレコードを抽出して集計するには

Where条件　　　　　　　　　　**練習用ファイル** L69_特定レコード抽出.accdb

集計クエリで［Where条件］を指定すると、特定の条件に合致するレコードを抽出し、その抽出結果を対象に集計を行えます。ここでは4月から6月までのレコードを抽出して顧客別に合計金額を求めます。

🔍 キーワード

Between And演算子	P.438
Where条件	P.438
選択クエリ	P.440

活用編

第8章　複雑な条件のクエリを使いこなすには

必要なデータを抽出してから集計する

Before

［受注日］が「2023/4/1 ～ 2023/6/30」の受注データが抽出されている

顧客番号	顧客名	金額	受注日
1	長谷川 健司	¥12,000	2023/04/01
1	長谷川 健司	¥12,000	2023/06/03
1	長谷川 健司	¥40,000	2023/06/03
1	長谷川 健司	¥25,000	2023/05/10
1	長谷川 健司	¥40,000	2023/04/01
2	山田 愛子	¥120,000	2023/04/05
3	土井 夏美	¥25,000	2023/04/12
3	土井 夏美	¥23,000	2023/04/12
3	土井 夏美	¥8,000	2023/04/12
4	佐藤 良	¥40,000	2023/05/16
4	佐藤 良	¥236,000	2023/04/22
6	鳥居 みのり	¥130,000	2023/05/07
6	鳥居 みのり	¥32,000	2023/05/07
7	天野 翔太	¥40,000	2023/05/10
7	天野 翔太	¥150,000	2023/05/10
7	天野 翔太	¥35,000	2023/06/29

After 　抽出したレコードを集計できた

顧客番号	顧客名	合計金額
1	長谷川 健司	¥129,000
2	山田 愛子	¥120,000
3	土井 夏美	¥56,000
4	佐藤 良	¥276,000
6	鳥居 みのり	¥162,000
7	天野 翔太	¥265,000
8	鈴木 卓也	¥98,000
9	藤井 聖子	¥37,000
11	山田 健	¥150,000
12	小川 直人	¥148,000
13	佐藤 順子	¥95,000
14	堀 雄介	¥60,000
15	茂木 麻衣子	¥59,000

1 選択クエリを作成する

レッスン67を参考に新しいクエリを作成し、［T_顧客］［T_受注］［T_受注明細］テーブルを追加しておく

💡 使いこなしのヒント

クエリに追加するフィールドを確認しよう

操作1 ～ 4では、下表のフィールドを設定します。

テーブル	フィールド	並べ替え
T_顧客	顧客番号	昇順
T_顧客	顧客名	
T_受注明細	金額	
T_受注	受注日	

●クエリにフィールドを追加する

フィールドを追加する

| 1 | [T_顧客] から [顧客番号] [顧客名] フィールドを追加 | 2 | [T_受注明細] から [金額] フィールドを追加 | 3 | [T_受注] から [受注日] フィールドを追加 |

| 4 | [顧客番号] の [並べ替え] 欄で [昇順] を選択 | | レッスン14を参考に [受注日] フィールドの幅を広げておく |

ここでは [受注日] フィールドに「2023/4/1 〜 2023/6/30」が入力されているレコードを抽出する

| 5 | [受注日] フィールドの [抽出条件] に「Between 2023/4/1 And 2023/6/30」と入力 | 6 | Enter キーを押す |

抽出条件が設定された

2 選択クエリの実行結果を確認する

クエリの実行結果を確認する

| 1 | [クエリデザイン] タブをクリック |

| 2 | [実行] をクリック |

次のページに続く →

用語解説

Between And演算子

Between And演算子は、「○○から△△まで」という条件を表します。[抽出条件] 欄に「Between 2023/4/1 And 2023/6/30」と入力して Enter キーを押すと、自動で「Between #2023/04/01# And #2023/06/30#」に変わります。入力するときは列幅を広げてください。

使いこなしのヒント

長い抽出条件を見やすく入力するには

長い抽出条件を入力するときは、[ズーム] 画面を使用すると便利です。[抽出条件] 欄をクリックして Shift + F2 キーを押すと [ズーム] 画面が開き、広い画面で入力できます。[フォント] ボタンをクリックして、フォントサイズを変更することも可能です。

| 1 | 抽出条件を入力 |

| 2 | [OK] をクリック |

●実行結果を確認する

データシートビューでクエリの実行結果が表示された

[受注日] が「2023/4/1 〜 2023/6/30」の受注データが抽出された

同じ顧客番号のレコードに異なる金額、受注日が表示されている

3 [表示] をクリック

同じ顧客番号のレコードを合計するようにクエリを修正する

3 集計の設定を行う

デザインビューが表示された

1 [クエリデザイン] タブをクリック

2 [集計] をクリック

デザイングリッドに [集計] 行が追加された

3 ここをクリックして [合計] を選択

4 レッスン68を参考に「合計金額: 金額」とする

●Where条件を指定する

[集計] の条件を
設定する

5 [受注日] フィールドの [集計] 欄を
クリックして [Where条件] を選択

[集計] に [Where条件] が
設定された

自動で [表示] のチェックが
外れる

🔍 用語解説

Where条件

「Where条件」は、グループ化や集計を行
う以外のフィールドに抽出条件を設定す
るための項目です。集計対象のレコードを
抽出するために使用します。[集計] 行で
[Where条件] を設定すると、自動的に [表
示] のチェックマークが外れます。そのた
め [Where条件] を設定したフィールドは、
データシートビューに表示されません。

---

4 集計クエリの実行結果を確認する

集計クエリが正しく実行されるか
確認する

1 [クエリデザイン] タブ
をクリック

2 [実行] をクリック

データシートビューが表示され、
クエリの実行結果が表示された

顧客ごとに金額が
合計された

顧客番号	顧客名	合計金額
1	長谷川 健司	¥129,000
2	山田 愛子	¥120,000
3	土井 夏美	¥56,000
4	佐藤 良	¥276,000
6	鳥居 みのり	¥162,000
7	天野 翔太	¥265,000
8	鈴木 卓也	¥98,000
9	藤井 聖子	¥37,000
11	山田 健	¥150,000
12	小川 直人	¥148,000
13	佐藤 順子	¥95,000
14	堀 雄介	¥60,000
15	茂木 麻衣子	¥59,000

[受注日] が非表示に
なった

レッスン21を参考に「Q_金額集計_顧客別_
4-6月」の名前でクエリを保存して閉じておく

👍 スキルアップ

**顧客名と金額だけ表示する
クエリを作成するには**

[顧客名] を含む [T_顧客] テーブルと [金
額] を含む [T_受注明細] テーブルは、
直接結ばれません。[顧客名] と [金額]
の2フィールドからクエリを作成したいと
きは、[T_受注] テーブルを追加してリレー
ションシップでつなげます。

[T_顧客] と [T_受注明細] は
直接結合できない

[T_受注] を追加して2つの
テーブルをつなぐ

70 年月ごとに金額を集計するには

日付のグループ化　　**練習用ファイル** L70_年月集計.accdb

[受注日] フィールドを「年月」単位でグループ化して集計しましょう。「Format関数」を使用すると、日付から特定の要素を取り出せます。年月単位のほかにも、年単位、四半期単位、月単位と、さまざまな集計が可能です。

🔍 キーワード

関数	P.439
選択クエリ	P.440
抽出	P.440

受注日を同じ年月でグループ化して集計する

Before | 4月から8月までの日付のレコードが表示されている

After | 年月ごとに金額が合計された

1 選択クエリを作成する

レッスン67を参考に新しいクエリを作成し、3つのテーブルを追加しておく

1 [T_受注] から [受注日] フィールドを追加

2 [受注日] の [並べ替え] 欄で [昇順] を選択

3 [T_受注明細] から [金額] フィールドを追加

💡 使いこなしのヒント

[受注日] フィールドは関数の式に置き換える

操作1ではクエリに [受注日] フィールドを追加していますが、このフィールドは手順2でFormat関数の式に書き換えます。Format関数は、ここでは [受注日] フィールドから年月のデータを取り出すために使用します。詳しい書式は296ページを参照してください。

●実行結果を確認する

クエリの実行結果を確認する

4 [クエリデザイン] タブをクリック

5 [実行] をクリック

データシートビューが表示され、クエリの実行結果が表示された

同じ年月の異なる日付のレコードが表示されている

表示されたレコードをグループ化できるようにクエリを修正する

6 [表示] をクリック

2 集計の設定を行う

デザインビューが表示される

1 [クエリデザイン] タブをクリック

2 [集計] をクリック

使いこなしのヒント

リボンを折りたたむには

[ファイル] タブ以外の任意のタブをダブルクリックすると、リボンが折りたたまれます。ボタンが非表示になり、より多くのレコードを表示できます。タブを再度ダブルクリックすれば、折りたたみを解除できます。

1 [ホーム] タブをダブルクリック

リボンが折りたたまれた

タブを再度ダブルクリックすると折りたたみを解除できる

次のページに続く→

●フィールドセレクターの幅を広げる

デザイングリッドに［集計］行が追加された

抽出条件を記述できるようにフィールドセレクターの幅を広げる

3 ［受注日］のフィールドセレクターの境界線を右にドラッグ

用語解説

Format関数

Format関数は、データに書式を適用した文字列を返す関数です。引数［データ］にフィールドを指定する場合は、フィールド名を半角の角カッコ「[ ]」で囲んで指定します。引数［書式］には、下表の記号をダブルクォーテーション「"」で囲んで指定します。記号は組み合わせて指定することも可能です。

指定された書式に変換する

Format(データ,書式)

記号	説明
yyyy	西暦4桁
yy	西暦2桁
ggg	年号（令和、平成）
gg	年号（令、平）
g	年号（R、H）
ee	和暦2桁
e	和暦1桁
mm	月2桁（01〜12）
m	月1桁（1〜12）
dd	日2桁（01〜31）
d	日1桁（1〜31）
ww	週（1〜54）
aaa	曜日（日〜土）

列幅が広がった

抽出条件を設定する

4 ［フィールド］欄の［受注日］をクリック

ここでは［受注日］フィールドの年月ごとに金額の合計を求める

Format関数を設定する

5 「年月: Format([受注日],"yyyy/mm")」と入力

6 ［金額］フィールドの［集計］欄に［合計］を設定

7 「金額」フィールドの前に「合計金額:」を入力して「合計金額: 金額」とする

使いこなしのヒント

「yyyy/mm」で年月を取り出す

Format関数の引数［書式］に「"yyyy/mm"」を指定すると、日付から年月を取り出せます。例えば日付が「2023/04/01」の場合、「2023/04」が取り出されます。

3 集計クエリの実行結果を確認する

集計クエリの実行結果を
確認する

1 [クエリデザイン] タブ
をクリック

2 [実行] をクリック

データシートビューが表示され、
クエリの実行結果が表示された

年月ごとに金額が
合計された

3 [上書き保存] を
クリック

名前を付けて保存

クエリ名:

Q_金額集計_年月別

4 「Q_金額集計_年
月別」と入力

5 [OK] をクリック

クエリが保存された

6 ここをクリックしてクエリを
閉じる

⚠ ここに注意

Format関数の引数 [書式] に「"yyyy/
m"」のように「m」を1桁で指定した場合、
「2023/4」のように1桁の月が1桁で取り
出されます。テーブルに1月～12月のデー
タが含まれている状態で並べ替えを実行
すると、「2023/1、2023/10、2023/11、
2023/12、2023/2、2023/3…」のよう
におかしな並び順になります。正しく並ぶ
ようにするには、必ず2桁の「mm」を使
用してください。

👍 スキルアップ

数値や文字列の書式も変えられる

Format関数では、下表の記号を使用して
数値や文字列の書式を指定することもで
きます。例えば、クエリの [フィールド]
欄に「Format([顧客番号],"0000")」と入
力すると、[顧客番号] を「0001、0002、
0003…」と表示できます。

●数値の記号

記号	説明
0	数値の桁を表す。対応する位置に値がない場合、ゼロ「0」が表示される
#	数値の桁を表す。対応する位置に値がない場合は何も表示されない
¥	円記号「¥」の次の文字をそのまま表示する
""	ダブルクォーテーション「""」で囲まれた文字をそのまま表示する

●文字列の記号

記号	説明
@	文字を表す。文字列より「@」の数が多い場合、先頭に空白を付けて表示される
&	文字を表す。文字列より「&」の数が多い場合、文字列だけが左揃えで表示される
<	アルファベットを小文字にする
>	アルファベットを大文字にする

71
年月ごと分類ごとの集計表を作成するには

クロス集計クエリ　　　　**練習用ファイル** L71_クロス集計.accdb

「年月別分類別」のように2項目で段階的に集計する場合、クロス集計クエリに変換すると、集計結果を見やすく表示できます。ここでは、年月を行見出し、分類を列見出しに並べたクロス集計クエリを作成します。

🔍 キーワード

関数	P.439
クロス集計	P.439
クロス集計クエリ	P.439

行見出しに年月、列見出しに分類を配置して集計する

 Before　レコードの年月ごと分類ごとに金額が合計されている

 After　年月が行見出し、分類が列見出しに表示された

クエリ1

年月	分類	合計金額
2023/04	メンテナンス	¥83,000
2023/04	外構工事	¥381,000
2023/05	メンテナンス	¥149,000
2023/05	外構工事	¥403,000
2023/06	メンテナンス	¥246,000
2023/06	外構工事	¥393,000
2023/07	メンテナンス	¥134,000
2023/07	外構工事	¥312,000
2023/08	メンテナンス	¥192,000
2023/08	外構工事	¥320,000

 Q_金額集計_年月別分類別

年月	メンテナンス	外構工事
2023/04	¥83,000	¥381,000
2023/05	¥149,000	¥403,000
2023/06	¥246,000	¥393,000
2023/07	¥134,000	¥312,000
2023/08	¥192,000	¥320,000

1　集計クエリを作成する

レッスン67を参考に新しいクエリを作成し、[T_受注][T_受注明細] テーブルを追加しておく

レッスン14を参考にフィールドセレクターの幅を広げておく

💬 用語解説

クロス集計

2つのフィールドをグループ化して、一方を縦軸に、もう一方を横軸に配置して集計を行うことを「クロス集計」と呼びます。

💡 使いこなしのヒント

Format関数で年月を取り出す

Format関数は、フィールドの値に書式を適用した文字列を返す関数です。引数[書式]に「"yyyy/mm"」を指定すると、日付から「2023/04」の形式で年月を取り出せます。詳しい使い方はレッスン70を参照してください。

●フィールドを追加する

Format関数を使用して[受注日]フィールドから「年」と「月」の部分だけ抽出する	**1** 「年月: Format([受注日],"yyyy/mm")」と入力

2 [並べ替え]に[昇順]を設定

3 [T_受注明細]から[分類]フィールドを追加

4 [T_受注明細]から[金額]フィールドを追加

5 [集計]をクリック

デザイングリッドに[集計]行が追加された

6 [金額]フィールドの[集計]欄に[合計]を設定

7 「金額」の前に「合計金額:」を入力

2 集計クエリの実行結果を確認する

集計クエリが正しく実行されるか確認する	**1** [クエリデザイン]タブをクリック

2 [実行]をクリック

💡 **使いこなしのヒント**

関数の構文を調べるには

関数を入力したいフィールドをクリックしてから[クエリデザイン]タブの[ビルダー]をクリックすると、[式ビルダー]画面が開きます。関数の構文を調べながら、広い画面で式を入力できます。

1 [関数]をクリック

2 [組み込み関数]をクリック

3 [<すべて>]をクリック

4 [Format]をクリック

関数の説明が表示された

⌨ **ショートカットキー**

式ビルダーの表示

`Ctrl` + `F2`

次のページに続く →

●実行結果を確認する

| データシートビューが表示され、クエリの実行結果が表示された | レコードの年月ごと分類ごとに金額が合計された |

クエリを修正して[年月]フィールドを行見出し、[分類]フィールドを列見出しとして表示する

3 [表示]をクリック

---

3 クロス集計の設定を行う

デザインビューが表示された

| 複数のフィールドで集計できるようにクロス集計の機能を使用する |

1 [クエリデザイン]タブをクリック

2 [クロス集計]をクリック

| デザイングリッドに[行列の入れ替え]行が追加された | [年月]フィールドを行見出しに設定する |

3 [年月]フィールドの[行列の入れ替え]欄をクリック

💡 **使いこなしのヒント**

段階的にグループ化される

集計クエリで[年月]と[分類]の2種類のグループ化を行うと、「年月別分類別」の2段階のグループ集計になります。[年月][分類][合計金額]のデータは、それぞれ縦1列に並びます。手順3で、これをクロス集計表に組み替えます。

●2段階の集計クエリ

| 2段階でグループ化される | 3フィールドが縦1列に並ぶ |

💡 **使いこなしのヒント**

クロス集計に変換すると行が追加される

[クエリデザイン]タブの[クロス集計]をクリックすると、クエリの種類がクロス集計に変わり、デザイングリッドに[行列の入れ替え]行が追加されます。

●行列の入れ替えを行う

4 ここをクリック ☑

5 [行見出し] をクリック

フィールド: 年月: Format([受注日],"yyyy/mm")
テーブル:
集計: グループ化
行列の入れ替え:
並べ替え: 行見出し
抽出条件: 列見出し
または: 値
(なし)

分類
T_受注明細
グループ化

合計金額: 金
T_受注明細
合計

[年月] フィールドに [行見出し]
が設定された

[分類] フィールドを列見出しに
設定する

6 [分類] フィールドの [行列の入れ替え] 欄をクリック

フィールド: 年月: Format([受注日],"yyyy/mm")
テーブル:
集計: グループ化
行列の入れ替え: 行見出し
並べ替え: 昇順
抽出条件:
または:

分類
T_受注明細
グループ化

合計金額: 金
T_受注明細
合計

7 ここをクリック ☑

8 [列見出し] をクリック

フィールド: 年月: Format([受注日],"yyyy/mm")
テーブル:
集計: グループ化
行列の入れ替え: 行見出し
並べ替え: 昇順
抽出条件: 行見出し
または: 列見出し
値
(なし)

分類
T_受注明細
グループ化

合計金額: 金
T_受注明細
合計

💡 使いこなしのヒント

[行列の入れ替え] で
フィールドを指定する

クロス集計クエリでは、[行列の入れ替え]
行で [行見出し] [列見出し] [値] を最
低1フィールドずつ指定する必要がありま
す。[行見出し] は複数のフィールドに設
定できますが、[列見出し] と [値] は単
一のフィールドにしか設定できません。

◆列見出し

クエリ1		
年月	メンテナンス	外構工事
2023/04	¥83,000	¥381,000
2023/05	¥149,000	¥403,000
2023/06	¥246,000	¥393,000
2023/07	¥134,000	¥312,000
2023/08	¥192,000	¥320,000

◆行見出し　　◆値

💡 使いこなしのヒント

条件に一致したデータを
クロス集計するには

レッスン69を参考にWhere条件を設定す
ると、抽出したレコードからクロス集計ク
エリを作成できます。ただし、クロス集計
クエリは一般の選択クエリに比べてさまざ
まな制約があるので、条件が複雑だとエ
ラーになる場合があります。そのようなと
きは、レコードを抽出するためのクエリを
作成し、そのクエリからクロス集計クエリ
を作成するといいでしょう。

次のページに続く →

●集計を行うフィールドを設定する

[分類] フィールドに [列見出し]
が設定された

[合計金額] フィールドに
集計を表示する

9 [合計金額] フィールドの [行列の
入れ替え] 欄をクリック

10 ここをクリック

11 [値] をクリック

[合計金額] フィールドに [値] が
設定された

💡 使いこなしのヒント

行ごとに集計値を表示するには

クロス集計クエリでは、以下のように操作
すると行ごとに合計を表示できます。表
示される位置は、行見出しと値の間の列
です。表の左端に移動したい場合は、デー
タシートビューでフィールドセレクターを
ドラッグします。

1 [金額] の
フィールドを
追加

2 [集計] 行で
[合計] を
選択

3 [行列の入れ替え] 行で
[行見出し] を選択

4 [実行] をクリック

行ごとの合計が表示された

5 ドラッグ

表の左端に移動した

4　クロス集計クエリの実行結果を確認する

集計クエリの実行結果を
確認する

1 [クエリデザイン] タブ
をクリック

2 [実行] をクリック

データシートビューが表示され、
クエリの実行結果が表示された

年月が行見出し、分類が列見出しに表
示されるクロス集計表が作成された

3 [上書き保存] を
クリック

4 「Q_金額集計_年
月別分類別」と入
力

5 [OK] をクリック

クエリが保存された

6 ここをクリックしてクエリを
閉じる

使いこなしのヒント

クロス集計を解除するには

デザインビューで [クエリデザイン] タブ
の [選択クエリ] をクリックすると、デザ
イングリッドから [行列の入れ替え] 行が
非表示になり、クロス集計クエリが単純
な集計クエリに戻ります。

[選択] をクリックすると
クロス集計が解除される

使いこなしのヒント

クエリの種類を見分けるには

クエリの種類は、ナビゲーションウィンド
ウのアイコンで見分けられます。

クロス集計クエリ

選択クエリ

72 取引実績のない顧客を
抽出するには

外部結合　　　　練習用ファイル　L72_外部結合.accdb

クエリでテーブルを結合するときに「外部結合」を使用すると、一方のテーブルにあってもう一方のテーブルにはないデータを洗い出せます。ここでは、[T_顧客] にあって [T_受注] にないデータ（顧客登録しただけで取引実績のない顧客）を調べます。

🔍 キーワード

結合線	P.439
テーブル	P.440
フィールド	P.441

[T_顧客] にあって [T_受注] にない顧客データを抽出する

Before

[T_顧客] にあって [T_受注] にないデータを調べたい

After

[T_受注] に入力されていない顧客を抽出できた

1 内部結合と外部結合を理解する

リレーションシップの結合の種類には、「内部結合」と「外部結合」があります。実際の操作に入る前に、内部結合と外部結合の違いを頭に入れておきましょう。ここでは、次の [役職テーブル] と [社員テーブル] から [社員名] と [役職名] を表示するクエリを例に解説します。2つのテーブルの結合フィールドは [役職ID] です。

◆役職テーブル

役職ID	役職名
T1	部長
T2	課長
T3	係長
T4	主任

結合フィールド

◆社員テーブル

社員ID	社員名	役職ID
1001	一ノ瀬	T1
1002	二宮	T2
1003	三田	
1004	四谷	T3
1005	五十嵐	T3
1006	六車	

結合フィールド

●内部結合

内部結合は、リレーションシップの初期設定の結合方法です。内部結合のクエリでは、結合フィールドである［役職ID］の値が一致するレコードだけが表示されます。空席の役職（主任）や、役職についていない社員（三田、六車）は表示されません。

◆役職テーブル

役職ID	役職名
T1	部長
T2	課長
T3	係長
T4	主任

◆社員テーブル

社員ID	社員名	役職ID
1001	一ノ瀬	T1
1002	二宮	T2
1003	三田	
1004	四谷	T3
1005	五十嵐	T3
1006	六車	

◆内部結合のクエリ

社員名	役職名
一ノ瀬	部長
二宮	課長
四谷	係長
五十嵐	係長

空席の「主任」が表示されない

役職のない「三田、六車」が表示されない

●外部結合

外部結合のクエリでは、一方のテーブルのすべてのレコードと、それと結合するもう一方のレコードが取り出されます。どちらのテーブルのレコードを優先するかに応じて、2種類のクエリができます。

◆外部結合のクエリ①
［役職テーブル］の全レコードを表示する場合

社員名	役職名
一ノ瀬	部長
二宮	課長
四谷	係長
五十嵐	係長
	主任

空席の役職も表示される

◆外部結合のクエリ②
［社員テーブル］の全レコードを表示する場合

社員名	役職名
一ノ瀬	部長
二宮	課長
三田	
四谷	係長
五十嵐	
六車	係長

役職のない社員も表示される

🔆 使いこなしのヒント

外部結合のクエリから空欄を抽出するには

上記のリレーションシップの場合、例えば、空席の役職を調べるには、「外部結合のクエリ①」の［社員名］フィールドが空欄のレコードを抽出します。また、役職のない社員を調べるには、「外部結合のクエリ②」の［役職名］フィールドが空欄のレコードを抽出します。具体的な操作方法は、次ページ以降で紹介します。

🔆 使いこなしのヒント

結合の種類はどこで設定するの?

このレッスンでは、クエリ上で結合の種類を外部結合に変更する方法を紹介します。クエリ上で変更した場合、外部結合はそのクエリでのみ有効になります。なお、特定のテーブル間の結合を常に外部結合としたい場合は、リレーションシッ プウィンドウで［リレーションシップ］画面を開いて設定します。設定方法は、308ページのスキルアップを参照してください。

次のページに続く➡

2 外部結合の設定を行う

レッスン67を参考に新しいクエリを作成し、
[T_顧客][T_受注] テーブルを追加して
おく

| 1 | [T_顧客] から [顧客番号] [顧客名] フィールドを追加 | 2 | [T_受注] から [顧客番号] フィールドを追加 |

外部結合を設定するために [結合プロパティ] 画面を表示する

| 3 | [T_顧客] と [T_受注] の結合線をダブルクリック |

使いこなしのヒント

同じフィールド名を追加した場合は

操作1～2では、[T_顧客] テーブルと [T_受注] テーブルの両方から [顧客番号] を追加しています。クエリ内に同じ名前のフィールドが2つある場合、「T_顧客.顧客番号」「T_受注.顧客番号」のようにフィールド名がテーブル名付きで表示されます。

テーブル名付きで表示される

使いこなしのヒント

結合線の斜めの部分をダブルクリックする

操作3で結合線をダブルクリックするときは、斜めの部分をダブルクリックしてください。操作しづらい場合は、斜めの部分を右クリックして、[結合プロパティ] をクリックしてもいいでしょう。

| 1 | 結合線を右クリック |

| 2 | [結合プロパティ] をクリック |

●テーブルの結合の種類を変える

[結合プロパティ] 画面が
表示された

[1：両方のテーブルの結合フィールドが
同じ行だけを含める。] が選択されている

| [T_顧客] に含まれる
すべての顧客を表示す
る設定に変える | **4** | [2：'T_顧客'の全レコードと'T_受
注'の同じ結合フィールドのレコード
だけを含める] をクリック |

5 [OK] をクリック

結合線が [T_顧客] から [T_受注] に
向かう矢印に変わった

💡 使いこなしのヒント

結合の種類を変えられる

[結合プロパティ] 画面では結合の種類を
設定できます。初期設定の [1:両方のテー
ブルの結合フィールドが同じ行だけを含
める] は、内部結合を意味します。ほか
の2つが外部結合の選択肢で、どちらの
テーブルから全レコードを表示するのか
に応じて外部結合の種類を選択します。

💡 使いこなしのヒント

外部結合は矢印で表示される

結合の種類を外部結合に変えると、結合
線に矢印が表示されます。外部結合の種
類によって、矢印の向きが変わります。

●内部結合

●外部結合

[T_顧客] の全レコードを表示する
場合は右向きになる

[T_受注] の全レコードを表示する
場合は左向きになる

次のページに続く➡

●選択クエリを実行する

選択クエリの実行結果を
確認する

6 [クエリデザイン] タブを
クリック

7 [実行] をクリック

すべての顧客が
表示された

[顧客番号] が「5」や「10」のレコードは [T_受注]
に存在しないことから取引実績がないと判断できる

取引実績のない顧客の
みを抽出できるようにク
エリを修正する

8 [表示] をクリック

---

3 空白のレコードを抽出する条件を設定する

デザインビューが表示された

1 [T_受注] の [顧客番号] フィールドの
[抽出条件] 欄をクリック

**[顧客番号] の空欄から
取引実績を調べる**

操作8のデータシートビューを見ると、「和
田奈央」と「佐藤由香」の [T_受注] 側の [顧
客番号] が空欄になっています。このこと
から、「和田奈央」と「佐藤由香」のレコー
ドは [T_受注] テーブルに含まれていな
いことが分かります。つまり、この2人は
取引実績のない顧客です。一方、「長谷川
健司」の [T_受注] 側の [顧客番号] は
空欄がないので、取引実績があると判断
できます。

「長谷川健司」は入力されている
ので取引実績がある

**[リレーションシップ] 画面で
結合の種類を変更するには**

[リレーションシップ] 画面で特定のテー
ブル間の結合の種類を外部結合に変える
と、そのテーブルから作成するクエリでは、
外部結合が既定値となります。

216ページのヒントを参考に [リレーショ
ンシップ] 画面を表示しておく

1 [結合の種類] をクリック

2 [2：'T_顧客'の全レコードと'T_受
注'の同じ結合フィールドのレコード
だけを含める] をクリック

●抽出条件を設定する

2 「Is Null」と入力

3 ここをクリックして［表示］をオフにする

Null値（空白のデータ）を抽出できるようになった

72

外部結合

使いこなしのヒント

空欄の［顧客番号］を抽出する

手順3では取引実績のない顧客を抽出する設定を行います。［T_受注］テーブルの［顧客番号］フィールドが空欄のレコードが、取引実績のないデータです。

---

4 選択クエリの実行結果を確認する

集計クエリの実行結果を確認する

1 ［クエリデザイン］タブをクリック

2 ［実行］をクリック

データシートビューが表示され、クエリの実行結果が表示された

取引実績のない顧客のみを抽出できた

レッスン21を参考に「Q_顧客抽出_取引実績なし」の名前でクエリを保存して閉じておく

用語解説

Null（ヌル）値

データが存在しない状態のことを「Null（ヌル）」と表現します。また、データが入力されていないフィールドの値を「Null値」と呼びます。

使いこなしのヒント

何も入力されていないフィールドを抽出するには

［抽出条件］として「Is Null」を設定すると、フィールドに何も入力されていないレコードが抽出されます。ちなみに何らかの入力があるレコードを抽出したい場合は「Is Not Null」という抽出条件を設定します。

使いこなしのヒント

長さ0の文字列を抽出するには

テーブルのセルが空欄のように見えても、実際には「""」（ダブルクォーテーション2つ）やスペース（空白文字）が入力されている場合があります。「""」を「長さ0の文字列」と呼びます。「Is Null」の抽出条件で空欄を抽出できない場合は、抽出条件を変えてみましょう。［抽出条件］欄に「""」と入力すると長さ0の文字列を、「"　"」や「" "」と入力すると全角や半角の空白文字を抽出できます。

73 テーブルのデータを まとめて更新するには

更新クエリ　　　　　　　　**練習用ファイル**　L73_クエリの更新.accdb

「更新クエリ」を使用すると、指定した条件に合致するデータを指定
した値に自動更新できます。ここでは受注番号が「1022」以降の
受注明細データの「庭木のお手入れ」の単価を10%アップした金
額に書き換えます。

キーワード	
アクションクエリ	P.438
更新クエリ	P.439
選択クエリ	P.440

活用編

第**8**章　複雑な条件のクエリを使いこなすには

条件に合致するデータを指定した値に自動更新する

Before

明細番号	受注番号	内容	分類	単価	数量	金額	クリック
12	1007	芝張り	外構工事	¥150,000	1	¥150,000	
13	1008	植栽	外構工事	¥98,000	1	¥98,000	
14	1009	庭木のお手入れ(中木)	メンテナンス	¥8,000	5	¥40,000	
15	1010	芝生のお手入れ	メンテナンス	¥37,000	1	¥37,000	
	1011	ウッドデッキ設置					
			外構工事				
27	1019	庭木のお手入れ(高木)	メンテナンス	¥20,000	5	¥100,000	
28	1020	植栽	外構工事	¥62,000	1	¥62,000	
29	1021	ガーデンライト設置	外構工事	¥5,000	3	¥15,000	
30	1021	芝生のお手入れ	メンテナンス	¥34,000	1	¥34,000	
31	1022	庭木のお手入れ(中木)	メンテナンス	¥8,000	10	¥80,000	
32	1023	庭木のお手入れ(高木)	メンテナンス	¥20,000	3	¥60,000	
33	1024	フェンス設置	外構工事	¥320,000	1	¥320,000	
34	1025	庭木のお手入れ(高木)	メンテナンス	¥20,000	2	¥40,000	
35	1025	庭木のお手入れ(低木)	メンテナンス	¥4,000	3	¥12,000	
*	(新規)						

受注番号が「1022」以降の「庭木の
お手入れ」の単価を更新できた

After

明細番号	受注番号	内容	分類	単価	数量	金額	クリック
12	1007	芝張り	外構工事	¥150,000	1	¥150,000	
13	1008	植栽	外構工事	¥98,000	1	¥98,000	
14	1009	庭木のお手入れ(中木)	メンテナンス	¥8,000	5	¥40,000	
15	1010	芝生のお手入れ	メンテナンス	¥37,000	1	¥37,000	
	1011	ウッドデッキ設置					
			外構工事				
27	1019	庭木のお手入れ(高木)	メンテナンス	¥20,000	5	¥100,000	
28	1020	植栽	外構工事	¥62,000	1	¥62,000	
29	1021	ガーデンライト設置	外構工事	¥5,000	3	¥15,000	
30	1021	芝生のお手入れ	メンテナンス	¥34,000	1	¥34,000	
31	1022	庭木のお手入れ(中木)	メンテナンス	¥8,800	10	¥88,000	
32	1023	庭木のお手入れ(高木)	メンテナンス	¥22,000	3	¥66,000	
33	1024	フェンス設置	外構工事	¥320,000	1	¥320,000	
34	1025	庭木のお手入れ(高木)	メンテナンス	¥22,000	2	¥44,000	
35	1025	庭木のお手入れ(低木)	メンテナンス	¥4,400	3	¥13,200	
*	(新規)						

1 選択クエリを作成する

レッスン67を参考に新しいクエリを作成し、
[T_受注明細] テーブルを追加しておく

1 [受注番号] [内容] [単価]
フィールドを追加

用語解説

更新クエリ

「更新クエリ」は、テーブルのデータを一括更新する機能を持つ、アクションクエリの1つです。指定した条件に合致するデータを変更したいときに使用します。

用語解説

アクションクエリ

「アクションクエリ」は、テーブルのデータを一括変更するクエリの総称です。更新クエリ以外に、テーブル作成クエリ、追加クエリ、削除クエリがあります。本書では更新クエリのみを紹介します。

値上げした新単価を表示する
フィールドを作成する

2 「新単価:[単価]*1.1」と
入力

[受注番号] フィールドに「1022
以降」という抽出条件を追加する

3 [受注番号] の [抽出条件] 欄に
「>=1022」と入力

使いこなしのヒント

**更新するデータを確認するための
選択クエリを作成する**

更新クエリはテーブルのデータを書き換えるクエリなので、慎重に作成する必要があります。対象外のデータを書き換えてしまったり、間違った値で更新してしまうことがないように、事前に確認しておきましょう。手順1では、更新対象のレコードを抜き出して、更新の前後の [単価] を表示するクエリを作成します。

4 レッスン14を参考に [内容] の
幅を広げる

5 [抽出条件] 欄に「庭木のお手入れ*」
と入力

6 Enter キーを押す

使いこなしのヒント

抽出条件の意味を確認しよう

「>=1022」は、「1022以上」という意味の抽出条件です。また、「Like "庭木のお手入れ*"」は、「庭木のお手入れ」で始まる文字列を表す抽出条件です。「Like」や「*」についてはレッスン26を参照してください。

次のページに続く →

●抽出条件を確認する

「Like "庭木のお手入れ*"」と
表示された

抽出条件が設定された

2 選択クエリの実行結果を確認する

クエリの実行結果を
確認する

1 [クエリデザイン] タブ
をクリック

2 [実行] をクリック

データシートビューが表示され、
クエリの実行結果が表示された

3 [表示] をクリック

[受注番号] が「1022」以降の「庭木の
お手入れ」のデータが表示された

[新単価] フィールドには10%
値上げ後の数値が表示された

[単価] の数値を [新単価] に
書き換えるようにクエリを更新ク
エリに変換する

👍 スキルアップ

小数点以下を処理するには

本書のサンプルでは、[単価] に1.1を掛
けた結果はすべて整数になります。小数
になってしまう場合は、関数を使用して整
数にしましょう。例えば、Fix関数を使用
して「Fix([単価]*1.1)」とすると、小数点
以下の数値を取り除けます。

数値の小数部分を取り除く
Fix (数値)

💡 使いこなしのヒント

更新するデータを確かめる

手順2では、意図したレコードが抽出され
ているか、更新後の値が間違っていない
かを確認します。

💡 使いこなしのヒント

クエリの実行前に
バックアップをとる

更新クエリを実行すると、テーブルが書
き換わります。更新クエリの実行前に、
念のためバックアップとしてデータベー
スファイルをコピーしておきましょう。エ
クスプローラーで保存先のフォルダーを
開き、Ctrlキーを押しながらファイルア
イコンをフォルダー内でドラッグすると、
ファイルをコピーできます。

3 更新クエリを設定する

デザインビューが表示された

1 [クエリデザイン] タブをクリック

2 [更新] をクリック

デザイングリッドに [レコードの更新] 行が追加された

3 [単価] フィールドの [レコードの更新] 欄をクリック

4 「[単価]*1.1」と入力

5 「新単価:[単価]*1.1」をドラッグして選択

6 Delete キーを押す

「新単価:[単価]*1.1」が消えた

[単価] の数値が [新単価] の数値に書き換えられた

使いこなしのヒント

更新クエリに変換する

更新クエリは、選択クエリを元に作成します。[クエリデザイン] タブの [更新] をクリックすると更新クエリに変わり、デザイングリッドに [レコードの更新] 行が追加されます。

使いこなしのヒント

[レコードの更新] 行に式を指定する

[レコードの更新] 行には、更新後の値を求めるための式を指定します。[単価] フィールドの [レコードの更新] 行に「[単価]*1.1」を入力すると、[単価] フィールドの値が1.1倍になります。

使いこなしのヒント

コピー&ペーストしてもいい

操作6の画面の [フィールド] 欄に入力されている「[単価]*1.1」の部分をドラッグして選択し、Ctrl+C キーを押してコピーします。[単価] フィールドの [レコードの更新] 行をクリックし、Ctrl+V キーを押すと、コピーした式を貼り付けられます。

次のページに続く ➡

4 更新クエリを実行する

更新したクエリを実行して
確認する

1 ［クエリデザイン］タブ
をクリック

2 ［実行］をクリック

更新の実行を確認する画面が
表示された

3 ［はい］をクリック

クエリの更新が実行された

名前を付けて保存する　4 ［上書き保存］をクリック

［名前を付けて保存］画面が
表示された

5 「Q_単価更新」と
入力

6 ［OK］をクリック

💡 使いこなしのヒント

更新クエリを実行するには

［クエリデザイン］タブに［表示］と［実行］の2つのボタンがあります。選択クエリやクロス集計クエリでは、どちらのボタンを使用してもクエリの実行結果がデータシートビューに表示されます。一方、更新クエリでは、［表示］をクリックすると対象のデータがデータシートビューに表示され、［実行］をクリックするとテーブルのデータが書き換えられます。

💡 使いこなしのヒント

更新クエリのアイコンを確認しよう

更新クエリは、選択クエリやクロス集計クエリとは異なるアイコンでナビゲーションウィンドウに表示されます。

更新クエリのアイコンは「！」が
付いたデザインで表示される

⏱ 時短ワザ

ナビゲーションウィンドウからも更新クエリを実行できる

ナビゲーションウィンドウで更新クエリをダブルクリックすると、更新クエリが実行されます。不用意にダブルクリックすると、意図せず実行されてしまうので注意してください。

5 テーブルのデータを確認する

テーブルのデータが更新されている
ことを確認する

テーブルのデータを
表示する

1 [T_受注明細] をダブル
クリック

[T_受注明細] が表示された

2 ドラッグして下にスクロール

[受注番号] が「1022」以降の庭木
のお手入れの単価が更新されている

ここをクリックしてテーブル
を閉じておく

⚠ ここに注意

更新クエリを何度も実行すると、そのたび
にデータが更新されます。意図しない更
新が実行されないように、注意してくださ
い。誤って実行した場合は、確認の画面
で [いいえ] をクリックします。誤操作を
防ぐためにも、今後使用しない更新クエ
リは、削除しておくことをお勧めします。

💡 使いこなしのヒント

更新クエリを編集するには

ナビゲーションウィンドウで更新クエリを
ダブルクリックすると、更新クエリが実行
されます。更新クエリを編集したいときは、
右クリックして [デザインビュー] をクリッ
クします。

⚠ ここに注意

データベースを開いたときに [セキュリ
ティの警告] が表示されることがあります。
[コンテンツの有効化] をクリックせずに
そのまま使用した場合、更新クエリを含む
アクションクエリは実行できません。

74 フォームの元になるクエリを修正するには

レコードソース

練習用ファイル　L74_クエリビルダー.accdb

第7章でフォームウィザードを使用して［F_受注入力］フォームを作成しました。フォームウィザードではレコードの並べ替えの設定を行えないので、レコードが意図しない順序で表示されることがあります。ここではその修正方法を紹介します。

活用編

第8章　複雑な条件のクエリを使いこなすには

フォームに表示されるレコードの並び順を修正する

After

［次のレコード］をクリックしてレコードを切り替えたときに受注番号順に表示できる

1 クエリビルダーを起動して並べ替えを設定する

レッスン38を参考に［F_受注入力］をデザインビューで開いておく

1 フォームセレクターをクリック

フォーム全体が選択された

使いこなしのヒント

フォームセレクターの利用

フォームセレクターをクリックすると、中に小さい四角形が表示され、フォームが選択されます。

● [プロパティシート] を表示する

2	[フォームデザイン] タブを クリック

3	[プロパティシート] を クリック

[プロパティシート] が表示された

4	[データ] タブをクリック

5	[レコードソース] の ここをクリック

クエリビルダーが起動した

フォームの元となるクエリの
デザインビューが表示された

用語解説

レコードソース

[レコードソース] プロパティは、フォームに表示するレコードの取得元を設定するプロパティです。例えば、オートフォームで作成したフォームの場合、[レコードソース] プロパティにテーブル名やクエリ名が設定されます。フォームウィザードで作成したフォームの場合は、「SELECT……」のような文字列が表示されることがあります。これは、クエリの定義を文字列で表したもので、「SQLステートメント」と呼ばれます。

用語解説

SQLステートメント

「SQLステートメント」は、リレーショナルデータベースを操作するためのプログラミング言語です。一般的なリレーショナルデータベースでは、SQLステートメントでクエリを定義します。AccessではSQLの知識がなくてもクエリを定義できるように、デザインビューが用意されています。デザインビューでクエリを定義すると、内部でSQLステートメントが自動作成される仕組みになっています。

用語解説

クエリビルダー

クエリビルダーは、レコードソースを編集するための画面です。フォームを作成するときにフォームに表示するテーブルやフィールドをフォームウィザードで指定しますが、その指定に基づいて作成されたクエリがクエリビルダーに表示されます。クエリビルダーでクエリを編集すると、フォームのレコードソースに反映されます。

次のページに続く ➡

●並べ替えの設定をする

フォームのレコードの表示順を変えるため
並べ替えの設定をする

6 [受注番号] フィールドの
[並べ替え] をクリック

7 ここをクリック

8 [昇順] をクリック

[並べ替え] に [昇順] が
設定された

9 [閉じる] をクリック

閉じる

保存と設定の更新の実行を確認する
画面が表示される

10 [はい] をクリック

プロパティの設定が更新された

使いこなしのヒント

受注番号順に並べ替える

クエリビルダーでは、通常のクエリと同様
に編集できます。ここでは、フォームの
レコードを受注番号順に表示したいので、
[受注番号] フィールドの [並べ替え] 欄
で [昇順] を設定しました。

[次のレコード] をクリックしたときに、
受注番号の順に表示されるように変
更する

ここに注意

クエリビルダーでフィールド削除するなど
の操作をすると、フォームにエラーが出る
可能性があります。並べ替えの設定をし
たら、すみやかにクエリビルダーを閉じま
しょう。

2 レコードの並び順が変わったことを確認する

フォームのデザイン ビューに戻った	フォームビューに 切り替える	**1** [表示] のここを クリック

2 [フォームビュー] をクリック

フォームビューが表示された	レコードの並び順を確認する

3 [次のレコード] をクリック

レコードが切り替わった	レコードが受注番号順に表示された

[上書き保存] をクリックして 上書き保存しておく	💾	フォームを閉じておく

👍 スキルアップ

SQLステートメントと
SQLビュー

クエリのビューの1つに「SQLビュー」があります。SQLビューに切り替えると、そのクエリの定義を表すSQLステートメントが表示されます。誤ってSQLステートメントを編集してしまうとクエリが壊れる原因になるので、確認するだけにしてください。

SQLステートメントを確認したい クエリを開いておく

1 [ホーム] タブをクリック

2 [表示] のここ をクリック	**3** [SQLビュー] をクリック

SQLビューが表示された

SQLステートメントが表示された

[ホーム] タブの [表示] をクリックす るとデータシートビューに戻れる

この章のまとめ

繰り返し使って覚えよう

クエリは、データの活用に欠かせないオブジェクトです。クエリを使えば、リレーションシップで関連付けたテーブルを組み合わせて、1つの表として表示できます。また、テーブルに蓄積したデータを集計してデータ分析に役立てたり、テーブルから条件に合うデータを探して更新し

たりと、クエリでできることは多岐にわたります。いずれのクエリも選択クエリを変換して作成するので、まずは選択クエリの基本操作を身に付け、徐々に使えるクエリの種類を増やしていきましょう。

クエリっていろいろできるんですね！
多彩な機能にびっくりしました。

クエリはデータをいろいろな形に変えられるんです。
使い方を覚えるとヤミツキになりますよー♪

仕組みは分かったんだけど、
使いこなせるかな…。

抽出結果をイメージしてから、クエリを組み合わせていくといいと思います。繰り返し使って、コツをつかみましょう！

活用編

第**9**章

レポートを見やすく
レイアウトするには

この章では、「受注明細書」を印刷するためのレポートを作成します。[T_受注][T_顧客][T_受注明細]の3テーブルのデータを、受注番号ごとに1枚の用紙に印刷するレポートです。「グループ化」というレポート特有の機能を使用すると、内部に明細表のあるレポートを作成できます。

75

Introduction この章で学ぶこと

複数のテーブルのデータを印刷するには

レポートでは単純な一覧表だけでなく、宛名と明細表を組み合わせた帳票の作成も可能です。レポートウィザードを使用して文書の骨格を作成し、デザインを手直しして仕上げます。見積書や納品書など、さまざまな帳票に応用できるので、作成方法をマスターしましょう。

レポートは見た目が大事!

この章は...レポートですね。
ちょっとニガテなんですよねー

Accessはデータの抽出・分析が得意ですが、その結果を活かすには見やすいレイアウトが必須です。レポート、がんばってマスターしましょう!

受注番号ごとに明細書を出力できる

第5章では1つのテーブルの印刷方法を紹介しましたが、ここでは複数のテーブルから関連するデータをまとめて印刷する方法を紹介します。これを「グループ化」といいます。

レポートウィザード、ここでも使えるんですね!
操作がしやすくて助かってますー♪

テーブルから関連するデータを選んで、まとめて印刷することができる

見やすい明細書が手軽に作成できる

レポートの原型を作ったら、手作業でコントロールをささっと並べ替えましょう。改ページなども調整すれば、受注明細書のできあがりです♪

これ、仕事ですぐに使えそうですね！
操作方法、がんばって覚えます！

R_受注明細書

郵便番号	216-0033	受注番号	1001
都道府県	神奈川県	受注日	2023-04-01
住所	川崎市宮前区宮崎x-x-x		
顧客名	長谷川 健司		

明細番号	内容	単価	数量	金額
1	庭木のお手入れ(高木)	¥20,000	2	¥40,000
2	庭木のお手入れ(低木)	¥4,000	3	¥12,000

合計　　52000

レイアウトの変更や文字の追加を行ってレポートの内容を調整できる

レポートの内容をさらに整える

仕上げにもうひと手間。文字の書式を整えたり、罫線を追加したりしてさらに見やすくしちゃいましょう！

全部のデータをこの形で出力できるんですね。
作業時間を大幅に短縮できそうです！

受注番号　1001
2023/04/01

受注明細書

216-0033
神奈川県川崎市宮前区宮崎x-x-x

長谷川 健司 様

〒101-0051
東京都千代田区神田神保町x-x-x
株式会社できるガーデン

内容	単価	数量	金額
庭木のお手入れ(高木)	¥20,000	2	¥40,000
庭木のお手入れ(低木)	¥4,000	3	¥12,000
		合計	52000

書式を整えてすぐに使える内容にできる

76 受注番号でグループ化して印刷するには

グループ化 　　　　　　　　　**練習用ファイル** L76_グループ化.accdb

受注番号ごとの受注明細書を印刷するには、[受注番号] フィールドでグループ化したレポートを作成します。[レポートウィザード] を使用すれば、グループ化や合計計算の設定を行いながらレポートを作成できます。

<table>
<tr><th colspan="2">🔍 キーワード</th></tr>
<tr><td>ウィザード</td><td>P.438</td></tr>
<tr><td>フィールド</td><td>P.441</td></tr>
<tr><td>レポート</td><td>P.442</td></tr>
</table>

受注番号でグループ化したレポートを作成する

After

ここでは [レポートウィザード] を使用してレポートを作成する

1 [レポートウィザード] を起動する

[レポートウィザード] を起動する

1 [作成] タブをクリック

2 [レポートウィザード] をクリック

💬 **用語解説**

グループ化

レポートの機能を使って、関連するデータごとに印刷することを「グループ化」と呼びます。レポートウィザードでは、テーブルやクエリ単位でグループ化する設定と、フィールド単位でグループ化する設定の2種類の設定を行えます。

2 レポートに表示するフィールドを指定する

[レポートウィザード] が起動した

完成イメージ通りに
フィールドを配置しよう

[レポートウィザード]でフィールドを選択するときは、レポート上のデータの位置を意識しながら順序よく選択しましょう。顧客データは[郵便番号][都道府県][住所][顧客名]の順に選択しておくと、あとで宛名の体裁にレイアウトしやすくなります。

●完成イメージ

| レポートに表示するフィールドを設定する | 1 | レッスン59を参考に [テーブル/クエリ] から [T_顧客] を選択する |

| 2 | [郵便番号][都道府県][住所][顧客名] の順に右のボックスに移動する |

| テーブルを替えてさらにフィールドを追加する | 3 | [テーブル/クエリ] から [T_受注] を選択する |

| 4 | [受注番号][受注日] を右のボックスに移動する |

フィールドの追加する順番を
間違えたときは

[T_顧客]テーブルの[顧客名]は左のボックスの上のほうにありますが、下にある[郵便番号][都道府県][住所]を先に追加します。このように、[選択可能なフィールド]の順序と、追加する順番は異なる場合があります。追加する順番を間違えたときは右のボックスでフィールド名をクリックで選択して[<]をクリックすると、左のボックスに戻せます。

●フィールドを追加する

テーブルを替えてさらにフィールド
を追加する

5 ［テーブル/クエリ］から
［T_受注明細］を選択

6 ［明細番号］［内容］［単価］［数量］
［金額］を右のボックスに移動する

7 ［次へ］をクリック

3 グループ化と金額を合計する設定を行う

データの表示方法を設定する

1 ［T_受注］をクリック

2 ［次へ］をクリック

グループレベルの指定はここでは行わない

3 ［次へ］をクリック

活用編

第9章　レポートを見やすくレイアウトするには

使いこなしのヒント

テーブル単位でグループ化を行う

手順3の操作1の画面では、テーブル単位
のグループ化を設定します。親レコード
側のテーブルを指定するとグループ化が
行われ、子レコード側のテーブルを指定
するとグループ化は行われません。プレ
ビューを見ながら目的に合わせて選択で
きます。なお、この画面は手順2で選択し
たテーブルが1つだけの場合は表示されま
せん。

●byT_顧客をクリックした場合

［T_顧客］→［T_受注］→［T_受注
明細］の順にグループ化される

●byT_受注明細をクリックした場合

グループ化は行われない

●金額を合計する設定を行う

並べ替えのフィールドと並び順を指定する

4 [明細番号] を選択

ここは [昇順] のままでよい

5 [集計のオプション] をクリック

[集計のオプション] 画面が表示された

6 [金額] の [合計] にチェックを付ける

7 [OK] をクリック

前の画面に戻った

8 [次へ] をクリック

次のページに続く ➡

使いこなしのヒント

グループレベルの指定とは

手順3の操作3の画面でグループレベルを設定すると、単一のフィールドでグループ化することができます。例えば、操作2の画面で [byT_受注明細] を選択し、操作3の画面で [受注日] を選択すると、月や四半期などでグループ化したレポートを作成できます。

> 受注日 by 月
>
> 郵便番号, 都道府県, 住所, 顧客名, 受注番号, 受注日, 明細番号, 内容, 単価, 数量, 金額

グループレベルを指定するとフィールド単位でグループ化できる

使いこなしのヒント

並べ替えの順序を指定する

操作4では、子レコード側のデータ（受注明細データ）の並べ替えの順序を指定します。

使いこなしのヒント

グループごとに合計できる

操作6の画面で [金額] の [合計] にチェックマークを付けると、グループごと（受注番号ごと）に [金額] の合計が求められます。

4 印刷形式の設定を行う

レイアウトと印刷の向きを設定する

1 [アウトライン] をクリック

2 [縦] をクリック

3 [次へ] をクリック

レポート名を設定する

4 「R_受注明細書」と入力

[レポートをプレビューする] がオンになっていることを確認しておく

5 [完了] をクリック

レポートが完成した

5 レポートの表示を確認する

レポートの印刷プレビューが表示された

全体を確認する

1 [1ページ] をクリック

 使いこなしのヒント

レイアウトの3つの選択肢

手順4の操作1の [レイアウト] 欄には、3つの選択肢があります。[ステップ] と [ブロック] では、すべてのフィールドが表形式で表示されます。[アウトライン] では、親レコードが単票形式、子レコードが表形式で表示されます。

●レイアウト [ステップ] の場合

●レイアウト [ブロック] の場合

すべてのフィールドが表形式で表示される

使いこなしのヒント

レイアウトの選択肢はグループ化の設定で変わる

手順4の操作1の選択肢は、グループ化の設定をしたかどうかで変わります。グループ化しない場合、[単票形式] [表形式] [帳票形式] が表示されます。

●全体の表示を確認する

ページ全体が表示された

複数の受注明細書が同じページに
印刷されることを確認しておく

1件目の受注明細

2件目の受注明細

3件目の受注明細

4件目の受注明細

受注明細書の交互に色が付いて
いることを確認しておく

76

グループ化

スキルアップ

主キーのレコードを元にヘッダーとフッターが追加される

レポートウィザードでグループ化の単
位として［T_受注］テーブルを選択
すると、レポートが［T_受注］テーブ
ルの主キーである［受注番号］フィー
ルドでグループ化されます。レポート
には［受注番号ヘッダー］と［受注
番号フッター］というグループセク
ションが追加されます。［受注番号ヘッ
ダー］はグループの先頭に印刷され
るセクションで、［受注番号フッター］
はグループの最後に印刷されるセク
ションです。

◆［受注番号ヘッダー］セクション
受注番号や顧客名、明細表の見出しが
配置される

◆［受注番号フッター］セクション
［金額］フィールドの合計が配置される

77

明細書のセクションを整えるには

グループヘッダー

練習用ファイル L77_レイアウト.accdb

前レッスンで作成した［R_受注明細書］レポートのセクションの設定を整えましょう。どの受注明細書も同じ体裁になるように、不要なセクションを削除します。また、1件おきに色が付く状態も解除します。改ページは次レッスンで設定します。

🔍 キーワード

セクション	P.440
フッター	P.441
ヘッダー	P.441

すべての受注明細書が同じ体裁で印刷されるようにする

Before

タイトルが先頭ページにしか印刷されない

偶数件目の受注明細書に色が付いている

After

すべての受注明細書にタイトルを印刷できた

セクションのサイズを変更し、コントロールをゆったり配置できた

偶数件目の色が解除された

1 メインフォームの位置とサイズを調整する

レッスン38を参考に [R_受注明細書] をデザインビューで表示しておく

コントロールの表示を調整する

1 [受注番号フッター] セクションにあるテキストボックスをクリック

2 Ctrl キーを押しながら [ページフッター] セクションと [レポートフッター] セクションにあるテキストボックスをクリック

3 Delete キーを押す

選択したコントロールが削除された

[受注番号ヘッダー] セクションにラベルを移動させるためのスペースを作る

4 [受注番号ヘッダー] セクションの下端にマウスポインターを合わせる

マウスポインターの形が変わった

5 下にドラッグ

[受注番号ヘッダー] セクションが広がった

77

グループヘッダー

☀ 使いこなしのヒント

不要なコントロールは削除する

レポートウィザードで作成したレポートには、ページ番号や印刷日など、不要な要素が複数あるので削除します。[受注番号] フッターにある合計のラベルとテキストボックスはこのあと使用するので削除しないでください。

☀ 使いこなしのヒント

各ページの印刷内容を確認しよう

[R_受注明細書] レポートには [レポートヘッダー] [受注番号ヘッダー] [詳細] [受注番号フッター] [ページフッター] [レポートフッター] の6セクションが表示されています。各セクションは以下の順序で印刷されます。

● 先頭ページ

● 最終ページ

次のページに続く ➡

●コントロールを移動する

6 ここをドラッグして［受注番号ヘッダー］
の全コントロールを選択

7 下にドラッグ

コントロールが
移動した

8 タイトルのラベルを
クリック

9 ［受注番号ヘッダー］まで
ドラッグ

タイトルが［受注番号ヘッダー］に
移動した

💡 使いこなしのヒント

正確に垂直移動するには

コントロールを選択して⬇キーを押すと、
垂直方向に移動できます。初期設定では、
矢印キーを1回押すごとに1mm移動しま
す。矢印キーを押し続ければ、素早く移
動します。

⚠ ここに注意

コントロールを選択しそびれて一部しか移
動できなかった場合や、思い通りの位置
に移動できなかった場合は、操作を元に
戻しましょう。［ホーム］タブの［元に戻す］
ボタンをクリックするか、Ctrl キーを押
しながらZキーを押すと元に戻せます。

🔲 ショートカットキー

操作を元に戻す　　　　Ctrl + Z

💡 使いこなしのヒント

**セクション間の移動も
ドラッグで行える**

コントロールをセクション内で移動する場
合も、セクションをまたいで移動する場合
も、ドラッグで移動できます。

2 不要なセクションを非表示にする

不要なセクションは表示しないようにする

1 [レポートヘッダー] セクションのエリアを右クリック

2 [レポートヘッダー／フッター] をクリック

[レポートヘッダー] セクションと [レポートフッター] セクションが非表示になった

同様に [ページヘッダー] セクションと [ページフッター] セクションを非表示にしておく

使いこなしのヒント
調整後の印刷内容を確認しよう

レポートヘッダー／フッターとページヘッダー／フッターを削除すると、レポートに [受注番号ヘッダー] [詳細] [受注番号フッター] の3セクションが残ります。印刷すると、この3つのセクションが繰り返し印刷されます。セクションのサイズを広げたので、1ページあたり2つのグループが印刷されます。

すべてのページに3つのセクションが2グループずつ印刷される

使いこなしのヒント
レポートウィザードの設定が反映される

レッスン76のレポートウィザードの中で、[T_受注] テーブル単位でグループ化を行いました。その結果、[T_受注] テーブルのレコードと同じ数のグループが印刷されます。

次のページに続く➡

3 交互の行の色を解除する

一色だけのシンプルな表示にする

1 [受注番号ヘッダー] セクションの
セクションバーをクリック

2 [書式] タブを
クリック

3 [交互の行の色] のここを
クリック

4 [色なし] を
クリック

[受注番号ヘッダー] セクションの
交互の行の色が解除された

5 同様に [詳細] セクション、[受注番号フッター] セクションも
[交互の行の色] を [色なし] にしておく

[上書き保存] をクリックしておく

使いこなしのヒント

続けて同じ色に設定できる

操作5では、[交互の行の色] ボタンの上
側をクリックするだけで、操作4で選択し
たのと同じ [色なし] を設定できます。

1 ここをクリック

直前に設定した色と同じ色に
設定できる

使いこなしのヒント

色を解除した行を確認しよう

手順3では、[受注番号ヘッダー] [詳細] [受
注番号フッター] の3セクションの [交互
の行の色] を解除しました。解除の結果は、
印刷プレビューで確認してください。

[詳細] の色を解除する

[受注番号ヘッ
ダー] の色を解
除する

[受注番号フッ
ター] の色を
解除する

スキルアップ

データベースにパスワードを設定するには

データを第三者に見られたくない場合は、データベースファイルにパスワードを設定しましょう。ファイルを開くときに、パスワードの入力を求められるようになります。パスワード

を設定するには、ファイルを「排他モード」（他の人が同時に同じファイルを開くことができない状態）で開く必要があります。

●ファイルを開く

レッスン09を参考に［ファイルを開く］画面を表示して、ファイルを選択しておく

1 ここをクリック

2 ［排他モードで開く］をクリック

排他モードで開く(V)

●［情報］の画面を表示する

3 ［ファイル］タブをクリック

●暗号化を行う

4 ［情報］をクリック

5 ［パスワードを使用して暗号化］をクリック

●パスワードを設定する

6 パスワードを入力（2カ所）

7 ［OK］をクリック

8 ［OK］をクリック

ファイルにパスワードが設定された

パスワードを解除するには、ファイルを排他モードで開き、操作4の画面を表示して［データベースの解読］をクリックする

78

明細書ごとにページを分けて印刷するには

改ページ

練習用ファイル　L78_改ページ.accdb

YouTube
動画で
見る

詳細は2ページへ

1件分の受注明細書は［受注番号ヘッダー］［詳細］［受注番号フッター］の3つのセクションから成ります。このレッスンでは［受注番号フッター］の最後に改ページを設定して、受注明細書が1件ずつ別の用紙に印刷されるようにします。

🔍 **キーワード**

セクション	P.440
プロパティシート	P.441

活用編
第9章　レポートを見やすくレイアウトするには

受注明細書ごとに改ページして印刷する

Before

1枚に複数の受注明細書が印刷される

After

1枚に1件分の受注明細書が印刷された

💡 **使いこなしのヒント**

改ページの設定を変える

レポートの各セクションは、受注番号ヘッダー、詳細、受注番号フッター、受注番号ヘッダー、詳細、……と繰り返し印刷され、用紙の下部に次のセクションが収まらなくなったところで自動的に改ページされます。このレッスンでは、［受注番号フッター］セクションの末尾で強制的に改ページされるように設定します。

1 [プロパティシート] を表示する

レッスン38を参考に [R_受注明細書] を
デザインビューで表示しておく

1 [受注番号フッター]
セクションのセクション
バーをクリック

2 [レポートデザイン] タブをクリック

3 [プロパティシート] をクリック

2 改ページを設定する

[プロパティシート] が表示された

1 [書式] タブをクリック

2 [改ページ] をクリック

3 ここをクリック

4 [カレントセクションの後] をクリック

レッスン62を参考に [プロパティシート] を閉じる

使いこなしのヒント

セクションごとに 改ページを設定できる

グループヘッダー、詳細、グループフッターには、[改ページ] プロパティが用意されており、セクションの前か後ろで強制的に改ページできます。なお手順2の操作4の選択肢に出てくる「カレントセクション」とは、現在選択されているセクションのことを指します。

78
改ページ

使いこなしのヒント

受注番号フッターの後ろで 強制的に改ページする

[R_受注明細書] レポートでは、1件分の受注明細書が [受注番号ヘッダー] [詳細] [受注番号フッター] の3つのセクションから構成されます。したがって [受注番号フッター]の後ろに改ページを入れると、受注明細書を1件ずつ別の用紙に印刷できます。

使いこなしのヒント

印刷プレビューを確認するには

どの位置で改ページされるかを確認するには、レッスン48を参考に印刷プレビューに切り替えてください。

レポートの幅 | **練習用ファイル** L79_レポートの配置.accdb

受注明細書の左右のバランスを調整しましょう。用紙サイズと余白サイズが決まると、印刷領域のサイズが決まります。印刷領域の幅に対してコントロールをバランスよく配置すると、レポートをバランスよく印刷できます。

キーワード

コントロール	P.439
ルーラー	P.442

用紙に収まるようにコントロールをレイアウトする

Before

コントロールが偏って配置されている

コントロールが整理され、用紙の左右中央にバランスよく収まった

After

使いこなしのヒント

上下のサイズは明細行数によって変わる

レポートの横のサイズは設計段階で決まりますが、縦のサイズはデータ数によって変わります。受注明細データの数が多い場合、明細表の行数が増えます。本書の受注明細書の場合、1件あたりの受注明細データが25件程度あると明細表が2ページ目にまたがります。

1 用紙の余白を設定する

レッスン38を参考に［R_受注明細書］をデザインビューで表示しておく

用紙の余白とレポートの幅を設定する

1 ［ページ設定］タブをクリック

2 ［余白］をクリック   **3** ［広い］をクリック

2 レイアウトを調整する

コントロールのレイアウトを調整する

不要なコントロールを削除する

1 削除するコントロールを選択   **2** Delete キーを押す

選択したコントロールが削除された

使いこなしのヒント

余白のサイズを自由に設定するには

操作3の［余白］のメニューでは、［標準］［広い］［狭い］の3つから選択します。自由なサイズを設定したい場合は、［ページ設定］タブの［ページ設定］をクリックします。すると［ページ設定］画面が表示され、上下左右の余白のサイズをそれぞれmm単位で入力できます。

使いこなしのヒント

削除するコントロールを確認しよう

手順2では［受注番号ヘッダー］セクションの［郵便番号］［都道府県］［住所］［顧客名］［受注日］［明細番号］のラベル、［詳細］セクションの［明細番号］のテキストボックスを削除します。画面の左側にあるコントロールはドラッグで選択し、［受注日］は Ctrl キーを押しながらクリックして選択しましょう。

使いこなしのヒント

ルーラーを目安にコントロールを配置しよう

A4用紙の横幅が21cm、手順1の操作3で選択した左右の余白がそれぞれ1.91cmなので、差し引き約17cmが印刷領域の幅になります。ルーラーの17cmの位置を目安に、コントロールをバランスよく配置しましょう。

次のページに続く ➡

●コントロールの位置やサイズを調整する

全体の配置を整える	**3**	レッスン60を参考に各コントロールのサイズや位置を図のように調整する

●レポートの幅を調整する

レポートセレクターにエラーインジケーターが表示されている		[受注番号ヘッダー] セクション領域の右端にマウスポインターを合わせる

4

マウスポインターの形が変わった	**5**	左にドラッグ

レポートの幅が印刷に適した値になったのでエラーインジケーターが消えた

[上書き保存] をクリックして上書き保存しておく

用語解説

レポートセレクター

レポートセレクターとは、レポートのデザインビューの左上に表示される四角い領域です。ここをクリックすると中に小さい四角形が表示され、レポートが選択されます。

用語解説

エラーインジケーター

レポートセレクターの左上に表示される緑色の三角形を「エラーインジケーター」と呼びます。レポートの幅が用紙の印刷領域を超えている場合など、何らかの不具合がある場合に表示されます。

使いこなしのヒント

エラーの情報を確認するには

レポートセレクターの下に表示される⚠をクリックすると、エラーの内容の確認や対処方法の実行、ヘルプの表示などを行えます。ここではレポートの幅を17cm弱にしてエラーを解消しました。

エラーの内容が表示される

👍 スキルアップ

表形式のレイアウトのずれを調整するには

コントロールに表形式レイアウトを設定したときに、ラベルとテキストボックスの対応が正しく認識されず、ずれてしまうことがあります。そのようなときは、ラベルの下の空白セルまで、テキストボックスをドラッグします。あまった空白セルは削除します。なお、表形式レイアウトを適用したときに、ページヘッダー／フッターが表示されることがありますが、不要な場合は非表示にしましょう。

●表形式レイアウトを適用する

コントロールを選択しておく

1 [配置] タブをクリック

2 [表形式] をクリック

●表示を確認する

表形式レイアウトが適用された

[単価] [数量] [金額] の上下がずれてしまった

●テキストボックスを選択する

フォームの無地の部分をクリックして選択解除しておく

3 [単価] のテキストボックスをクリックして選択

4 マウスポインターを合わせる

●テキストボックスを移動する

5 [単価] のラベルの下の空白セルまでドラッグ

●空白セルを削除する

同様に [数量] と [金額] のテキストボックスも移動しておく

6 空白セルをドラッグして選択し Delete キーを押して削除する

80 レポートに自由に文字を入力するには

ラベルの追加　　　　　　　　| 練習用ファイル | L80_ラベル追加.accdb

レポートの自由な位置に文字を入力して印刷したい場合は、コントロールの一覧からラベルを追加します。ここでは、受注明細書にラベルを追加して、発行者の情報を記載します。合わせて、タイトルの文字も「受注明細書」に変更します。

🔍 キーワード	
コントロール	P.439
ラベル	P.442

ラベルを追加して差出人情報を印刷する

Before：レポートに差出人情報も含めたい

After：差出人情報を記したラベルを追加した

1 ラベルを追加する

レッスン38を参考に [R_受注明細書] をデザインビューで表示しておく

1 「R_受注明細書」のラベルをクリック

2 マウスカーソルを「R_」の後ろに移動して Delete キーを2回押す

ラベルの文字が「受注明細書」に変更された

3 [レポートデザイン] タブをクリック

4 [コントロール] をクリック

使いこなしのヒント

ラベルの文字を編集するには

ラベルをクリックして選択したあと、もう一度クリックするとラベルの文字が編集可能になります。ラベル内にカーソルが表示されるので、文字を編集して Enter キーで確定します。

ラベルを2回クリックすると編集が可能になる

● ラベルを配置する

5 [ラベル] をクリック

マウスポインターの形が
変わった

6 ドラッグしてラベルを作成

ラベルが追加された

2 レイアウトを調整する

1 右の文字を入力する

改行するには Ctrl +
Enter を押す

●入力する文字

〒101-0051
東京都千代田区神田神保町×-×-×

株式会社できるガーデン

入力が終わったらレッスン48を参考に
印刷プレビューを確認する

内容を確認して上書き
保存しておく

使いこなしのヒント

ラベルの入力中に改行するには

ラベルの入力中に改行するときは、Ctrl
キーを押しながら Enter キーを押します。
単に Enter キーを押すと、編集の確定に
なってしまうので注意してください。

使いこなしのヒント

独自のページ番号を挿入するには

オートレポートやレポートウィザードで自
動挿入されたページ番号を削除して、独
自のページ番号を挿入することができま
す。[レポートデザイン] タブの [ページ
番号] ボタンをクリックすると、[ページ
番号] 画面が開きます。偶数ページと奇
数ページでページ番号の位置を変えたり、
表紙のページ番号を非表示にしたりと、
目的に合わせた設定を行えます。

[ページ番号] 画面で任意の
ページ番号を作成できる

81 コントロールの表示内容を編集するには

コントロールソース、名前　　**練習用ファイル** L81_コントロールソース編集.accdb

ここでは［都道府県］のテキストボックスに［住所］フィールドのデータを含めて表示します。また、［顧客名］を敬称付きで表示します。テキストボックスの［コントロールソース］プロパティと［名前］プロパティを使用して設定します。

宛先と宛名の体裁を整える

都道府県と住所が連結し、顧客名に「様」が付いた

Before

After

1 都道府県と住所を連結して表示する

レッスン38を参考に［R_受注明細書］をデザインビューで表示しておく

［住所］のテキストボックスを削除しておく

［都道府県］のテキストボックスの幅を広げておく

1 ［都道府県］のテキストボックスをクリック

2 ［レポートデザイン］タブをクリック

3 ［プロパティシート］をクリック

💡 使いこなしのヒント

1つのテキストボックスに住所をまとめる

練習用ファイルを開いた状態では、レポートに［都道府県］と［住所］の2つのテキストボックスが配置されています。ここでは、［都道府県］のテキストボックスを広げて都道府県と住所を連結したデータを表示させます。［住所］のテキストボックスは不要になるので削除します。

［都道府県］のテキストボックスの幅を広げる

［住所］のテキストボックスは削除する

●[プロパティシート] の設定を行う

[プロパティシート]
が表示された

[都道府県]のコントロール
ソースを編集する

4 [すべて] タブ
をクリック

5 [名前] に「宛先」と入力

6 [コントロールソース] を
クリック

7 「=[都道府県] & [住所]」
と入力

「=[都道府県] & [住所]」と
表示された

都道府県と住所が連結して
表示されるようになった

使いこなしのヒント

**[すべて] タブで
まとめて設定できる**

プロパティシートの [すべて] タブには、
[書式][データ][イベント][その他] の
4つのタブに含まれるプロパティがすべて表
示されます。[名前] は [その他] タブ、[コ
ントロールソース] は [データ] タブに含
まれるプロパティですが、[すべて] タブ
でまとめて設定することができます。

使いこなしのヒント

**[名前] プロパティで
名前を設定する**

[名前] プロパティでは、コントロールの
名前を設定します。レポートウィザードで
作成したレポートでは、テキストボックス
にフィールド名と同じ名前が設定されてい
ます。操作5では、[都道府県] のテキス
トボックスの名前を「都道府県」から「宛
先」に変更します。

用語解説

&演算子

「&」は、文字列を連結する働きをする演
算子です。[コントロールソース] プロパ
ティに「=[都道府県] & [住所]」を設定す
ると、都道府県と住所を連結した文字列
を表示できます。

次のページに続く →

2 顧客名に「様」を付ける

1 [顧客名] のテキストボックスをクリック

2 [すべて] タブをクリック

3 [名前] に「宛名」と入力

4 [コントロールソース] をクリック

5 「=[顧客名] & "　様"」と入力

「=[顧客名] & "　様"」と表示された

6 ここをクリックしてプロパティシートを閉じる

7 レッスン48を参考に印刷プレビューを確認する

```
受注番号  1001
2023/04/01

受注明細書

216-0033
神奈川県川崎市宮前区宮崎x-x-x

〒101-0051
東京都千代田区神田神保町x-x-x

長谷川　健司　様

株式会社できるガーデン
```

[上書き保存] をクリックして上書き保存しておく

⚡ 使いこなしのヒント

プロパティシートを切り替えるには

レポート上で別のコントロールを選択すると、プロパティシートの設定対象が切り換わります。プロパティシートの上部にある一覧から設定対象を切り替えることもできます。

ここをクリックして一覧から設定対象のコントロールを選択できる

⚡ 使いこなしのヒント

どうして名前を変更するの?

手順1でテキストボックスの名前が「都道府県」のまま [コントロールソース] プロパティに「=[都道府県] & [住所]」を設定すると、循環参照というエラーが発生します。式に出てくる「都道府県」が自分自身の名前と重複してしまうからです。あとから [コントロールソース] を変えるときは、トラブルを避けるために [名前] もセットで変えましょう。

⚡ 使いこなしのヒント

フィールド名とコントロール名どちらも使える

四則演算や文字列連結では、フィールド名とコントロール名のどちらも使えます。例えば、[在庫数] フィールドを表示する「テキスト1」という名前のテキストボックスがある場合、「[在庫数]+100」と「[テキスト1]+100」は同じ計算を行います。関数の場合も、ほとんどの関数がフィールド名とコントロール名のどちらも引数に指定できますが、Sum関数の引数にはフィールド名しか使えません。

スキルアップ

レポートで消費税を計算するには

[受注ID] フッターでは、Sum関数を使用して [金額] フィールドの合計を計算しています。消費税率が10%として、この合計金額の消費税と税込金額を求めてみましょう。なお、手順の中で使用しているFix関数は、小数点以下の数値を取り除く関数です。

●テキストボックスを配置する

レッスン62を参考にテキストボックスを2つ配置しておく

ラベルの文字を「小計」「消費税」「税込金額」に変更しておく

●小計のテキストボックスを編集する

プロパティシートを表示しておく

1 小計のテキストボックスをクリック

2 [すべて] タブをクリック

3 [名前] に「小計」と入力

●消費税のテキストボックスを編集する

4 消費税のテキストボックスをクリック

5 [すべて] タブをクリック

6 [名前] に「消費税」と入力

7 [コントロールソース] に「=Fix([小計]*0.1)」と入力

●合計のテキストボックスを編集する

8 税込金額のテキストボックスを選択

9 [すべて] タブをクリック

10 [コントロールソース]に「=[小計]+[消費税]」と入力

●表示を確認する

印刷プレビューを確認

単価	数量	金額
¥20,000	2	¥40,000
¥4,000	3	¥12,000

小計	52000
消費税	5200
税込金額	57200

消費税と税込金額を計算できた

計算結果を通貨形式で表示する方法はレッスン83を参照

表に罫線を付けるには

線を引く

練習用ファイル　L82_罫線.accdb

表に罫線を入れるとデータの区切りが明確になり、メリハリのある表になります。このレッスンでは「線」というコントロールを使用して、[受注番号ヘッダー] セクションの下端と [詳細] セクションの下端に線を引きます。

キーワード

コントロール	P.439
セクション	P.440
テキストボックス	P.440

明細表に罫線を表示する

Before　要素がばらばらに並んでいて読みにくい

After　要素を整理して罫線を加え、見やすくなった

1　罫線を設定する

レッスン38を参考に [R_受注明細書] をデザインビューで表示しておく

1 [レポートデザイン] タブをクリック

2 [コントロール] をクリック

使いこなしのヒント

線を引く場所を確認しておこう

このレッスンでは、明細表の各行の下に線を引きます。表が何行ある場合でも、下線を引く場所は [受注番号ヘッダー] セクションの下端と [詳細] セクションの下端の2カ所です。

●罫線を引く

コントロールの一覧が表示された

3 [線] をクリック

マウスポインターの形が変わった　＋

4 [受注番号ヘッダー] セクションの下部にマウスポインターを合わせる

5 右にドラッグ

罫線が引かれた

6 同様に [詳細] セクションの下部にも罫線を引く

使いこなしのヒント

水平線を引くには

線を引く際に、[Shift] キーを押しながら横方向にドラッグを開始すると、水平線を引けます。既存の水平線のサイズを変更する場合も、[Shift] キーを押しながらドラッグを開始すると、水平線を保てます。

使いこなしのヒント

線は↓キーで移動できる

セクションの下端に水平線を引くのが難しい場合は、[受注番号ヘッダー] セクションの空きスペースに水平線を引き、↓キーで下に移動するといいでしょう。↓キーを繰り返し押せば、[詳細] セクションに線を移動することも可能です。

使いこなしのヒント

コピー&ペーストで線を複製できる

[受注番号ヘッダー] セクションに引いた線を選択し、[ホーム] タブの [コピー] をクリックしてコピーします。[詳細] セクションのセクションバーをクリックし、[ホーム] タブの [貼り付け] をクリックすると、[詳細] セクションの先頭に貼り付けられます。↓キーや→キーで位置を調整すると、簡単に同じ長さの線を作成できます。

次のページに続く →

2 テキストボックスの枠線を透明にする

合計金額のテキストボックスの枠線を透明にする

1 [合計] のテキストボックスをクリック　　**2** [書式] タブをクリック

3 [図形の枠線] のここをクリック

4 [透明] をクリック　　テキストボックスの枠線が透明になった

5 レッスン48を参考に印刷プレビューを確認する

内容	単価	数量	金額
庭木のお手入れ(高木)	¥20,000	2	¥40,000
庭木のお手入れ(低木)	¥4,000	3	¥12,000
		合計	52000

[上書き保存] をクリックして上書き保存しておく

使いこなしのヒント

線の配置を簡単に揃えるには

[配置] タブにある [配置] ボタンを使用すると、2本の線の配置を簡単に揃えられます。

1 斜めにドラッグして2本の線を選択

2 [配置] タブをクリック

3 [配置] のここをクリック　　**4** [左] をクリック

2本の線の左の位置が揃った

使いこなしのヒント

印刷プレビューで確認する

デザインビューでは、テキストボックスに必ず境界線が表示されます。枠線が透明になっているかどうかを確認したいときは、印刷プレビューに切り替えましょう。

👍 スキルアップ

［枠線］機能で罫線を簡単に設定するには

コントロールにコントロールレイアウトが適用されている場合、［枠線］機能で簡単に罫線を設定できます。下図では、表形式レイアウトの各行に下罫線を設定しています。操作3のメニューから［色］［幅］を設定することもできます。

👍 スキルアップ

コントロールの上下の文字配置を調整するには

ラベルやテキストボックス内の文字は、上揃えで表示されます。文字の上下の位置を変更したいときは、［上余白］プロパティにコントロールの上端から文字の上端までの長さを指定します。［上余白］の初期値は「0cm」です。

83 データの表示方法を設定するには

書式の設定 　　　　練習用ファイル　L83_書式.accdb

テキストボックスに表示されるデータは、[書式] プロパティを使用して表示形式を変更できます。受注明細書の日付を「○年○月○日」形式で、郵便番号を「〒123-4567」形式で、数値を通貨形式で表示してみましょう。

🔍 キーワード

テキストボックス	P.440
プロパティシート	P.441

データに書式を設定して見栄えを整える

Before　宛名の郵便番号や日付、合計金額の表示を変えたい

After　書式が整って見やすくなった

1　日付を「○年○月○日」の形式で表示する

レッスン38を参考に [R_受注明細書] をデザインビューで表示しておく

[受注日] に表示される日付の表示形式を「○年○月○日」にする

1　[受注日] のテキストボックスをクリック

2　[レポートデザイン] タブをクリック

3　[プロパティシート] をクリック

💡 使いこなしのヒント

プロパティシートを自由な位置とサイズで表示するには

プロパティシートのタイトル部分にマウスポインターを合わせて、形が✥になったらクリックして左方向にドラッグすると、Accessのウィンドウから切り離して、自由な位置とサイズで表示できます。タイトル部分を右方向にウィンドウの外側までゆっくりドラッグすると、元の位置に固定できます。

プロパティシートは自由な位置に配置できる

●[プロパティシート] の設定を行う

[プロパティシート] が表示された

4 [書式] タブをクリック

5 [書式] のここをクリック

6 [日付(L)] をクリック

表示形式が「○年○月○日」になった

---

2 郵便番号を「〒123-4567」の形式で表示する

[郵便番号] に表示される数値の表示形式を「〒123-4567」にする

1 [郵便番号] のテキストボックスをクリック

2 [書式] タブをクリック

3 [書式] に「〒@@@-@@@@」と入力

表示形式が「〒123-4567」になった

💡 使いこなしのヒント

日付の書式を確認しておこう

日付データの [書式] プロパティの選択肢には下表の種類があります。表示例は、Windowsの標準設定の場合の例です。

選択肢	表示例
日付（標準）	2023/04/01
日付（L）	2023年4月1日
日付（M）	23-04-01
日付（S）	2023/04/01

💡 使いこなしのヒント

日付の書式指定文字を設定するには

[書式] プロパティでは、「書式指定文字」という記号を使用してオリジナルの表示形式を定義できます。日付を和暦で表示したり、曜日付きで表示したりといった自由な設定を行えます。なお、下表の設定例を [書式] プロパティに入力すると、自動で「.」「年」などの文字の前に円記号「¥」が付きます。

設定例	表示例
ge.m.d	R5.4.1
ggge年m月d日	令和5年4月1日
yyyy/m/d(aaa)	2023/4/1(水)

💡 使いこなしのヒント

「@」で文字を指定する

半角の「@」は、文字を表す書式指定文字です。郵便番号データの [書式] プロパティに「〒@@@-@@@@」と指定すると、先頭に「〒」マークが付き、3文字目と4文字目の間にハイフンが表示されます。なお、「〒」は「ゆうびん」と入力して変換してください。

次のページに続く ➡

［合計］に表示される数値の表示形式を
通貨形式にする

1 ［合計］のテキスト
ボックスをクリック

2 ［書式］タブを
クリック

3 ［書式］のここ
をクリック

4 ［通貨］をクリック

レッスン62を参考にプロパティ
シートを閉じておく

5 レッスン48を参考に印刷プレビュー
を確認する

［上書き保存］をクリックして
上書き保存しておく

使いこなしのヒント

ダブルクリックで
印刷プレビューを開くには

レポートが完成したら、ナビゲーション
ウィンドウから直接印刷プレビューが表示さ
れるようにしておくと便利です。［既定の
ビュー］プロパティに［印刷プレビュー］
を設定すると、ナビゲーションウィンドウで
レポートをダブルクリックしたときに印刷
プレビューが開きます。

1 レポートセレクターを
クリック

プロパティシートを
表示しておく

2 ［書式］タブ
をクリック

3 ［既定のビュー］で［印刷
プレビュー］を選択

スキルアップ

レポートをPDF形式で保存するには

作成したレポートの印刷イメージは、PDF形式で保存できます。PDFとは、OSやアプリに依存せずにさまざまな環境で表示できる電子文書のファイル形式です。PDF形式で保存すれば、メールに添付するなどしてレポートをやり取りできます。

なお、以下の手順で操作すると、レポートのすべてのページが1つのPDFファイルに保存されます。特定のページだけをPDFファイルに保存したいときは、操作3の画面で[オプション]をクリックし、保存するページ番号を指定してください。

●[PDFまたはXPS形式で発行]画面を表示する

> レッスン48を参考に印刷プレビューで
> 表示しておく

1 [印刷プレビュー]タブをクリック

2 [PDFまたはXPS]をクリック

●PDF表示用のアプリを起動する

> [PDFまたはXPS形式で発行]画面が
> 表示される

3 保存先をクリック

4 ファイル名を入力

5 [発行]をクリック

●表示を確認する

> PDF表示用のアプリが起動して
> PDFが表示される

> 初期状態ではMicrosoft Edge
> で表示される

6 内容を確認したらここをクリックして閉じる

> [エクスポート操作の保存]画面が
> 表示される

7 [閉じる]をクリック

> レポートがPDF形式で
> 保存された

この章のまとめ

オリジナルなレポートに挑戦しよう

受注明細書のような体裁のレポートは、レポートウィザードを使用してグループ化の設定を行うのが簡単です。一対多のリレーションシップの一側にあたるテーブルでグループ化を行うと、上部に宛名、下部に明細表という骨格が手早く完成します。完成したレポートは、デザインの手直しや改ページの設定が必要です。どのセクションがどの位置に印刷され、どこで改ページを行うのかを考えながら体裁を整えます。この一連の操作を身に付ければ、見積書や請求書など、さまざまな帳票を思い通りに作成できるでしょう。

受注番号　1001

2023年4月1日

受注明細書

〒216-0033
神奈川県川崎市宮前区宮崎x-x-x

長谷川　健司　様

〒101-0051
東京都千代田区神田神保町x-x-x

株式会社できるガーデン

内容	単価	数量	金額
庭木のお手入れ(高木)	¥20,000	2	¥40,000
庭木のお手入れ(低木)	¥4,000	3	¥12,000
		合計	¥52,000

個別の明細書がすぐにできて感動しました！
どんどん使います。

そう！　まずは使って慣れることが大事です。レポートのテンプレートとして、便利に使ってくださいね♪

レイアウトを整えるのが楽しかったです♪
ほかの形の出力にも挑戦してみます！

レポートウィザードで原型を作って、細かく整えていきましょう。オリジナルなレポートで、効率アップしてください！

活用編

第10章

マクロで画面遷移を
自動化するには

Accessには、「マクロ」というプログラムの作成機能が用意されています。実行したい操作を選択肢から選んでいくだけで、簡単にプログラムを作成できる便利機能です。この章ではマクロを使用してメニュー画面を作成し、データベースを使い勝手のいいシステムに仕上げます。

84

Introduction この章で学ぶこと

マクロを使ってメニュー画面を作成しよう

この章ではマクロを使用して、フォームやレポートを開いたり、顧客を検索したりする操作を自動化します。自動化といっても難しいプログラミングをするわけではありません。日本語で書かれた選択肢から自動化したい操作を選ぶだけなので、初心者にも簡単です。

手軽に作る方法、紹介します!

マクロってプログラミングですよね!
難しくて無理ですー!

そう言うと思った。Accessのマクロは、マウス操作とちょっとした入力をするだけで作れるんです。この章では簡単に作る方法を紹介します。

マクロでできることを確認しよう

作る前に、マクロでどんなことができるか確認しましょう。例えばフォームに入力するときに、メニュー画面のボタンをクリックすると入力用の画面が開くようにできます。

ヘー、これもマクロだったんですね!
よく使うからAccessの機能かと思ってました。

F_メニュー ×

できるガーデン　受注管理メニュー

受注データ入力　　　　顧客データ入力

受注明細書印刷　　　　顧客リスト印刷

宛名ラベル印刷

終了

> フォームのボタンをクリックして、別のタブで入力画面を表示できる

フォームの入力支援にも使える

ほかにも、コンボボックスに検索の機能を持たせることができます。リストから顧客名を選んで、そのデータをフォームに表示したいときなどに使えます。

入力の手間がぐっと減りますね！
このフォーム、ぜひ作りたいです。

[検索] で選んだ顧客のデータが入った入力用のフォームが表示される

マウスで項目を選択するだけ！

これらのマクロが [マクロビルダー] と [マクロウィザード] なら、マウスで項目を選択するだけで作れるんです！　ほかにも、条件式やオプションを使ったマクロも紹介しますよ♪

コードとか手で打つのかと思ってました…！
これなら僕にもできそうです！

複雑な入力などを行わずにマクロを作成できる

85 マクロを作成するには

マクロビルダー、イベント | 練習用ファイル | なし

データベースシステムでデータの入力や印刷を行う人が、Access
に精通しているとは限りません。不慣れなユーザーが迷わずに間違
えずに操作するには、分かりやすいメニュー画面を用意するのが有
効です。「マクロ」を使えば、ボタンがクリックされたときに自動実
行される処理を簡単に設定できます。

キーワード

イベント	P.438
マクロ	P.442
マクロビルダー	P.442

活用編

第10章 マクロで画面遷移を自動化するには

1 マクロとは

「マクロ」とは、Accessの操作を自動化するためのプログラムです。例えば、メニュー画面の［受注データ入力］
ボタンに「［F_受注入力］フォームを開く」という処理を行うマクロを割り当てておくと、ボタンがクリックされた
ときに自動で［F_受注入力］フォームが開きます。Accessに不慣れなユーザーでも、分かりやすく操作を開始
できるので便利です。

ボタンをクリックすると、そのボタンに割り当
てられたマクロが実行され、マクロに設定さ
れている処理（［F_受注入力］フォームを開
く処理）が行われる

2 イベントとは

Accessでは、さまざまなタイミングでマクロを自動実行できます。マクロが実行されるきっかけとなる動作を「イベント」と呼びます。どんなイベントがあるかは、プロパティシートの［イベント］タブで確認できます。例えば、ボタンがクリックされたときにマクロが自動実行される仕組みを作るには、ボタンの［クリック時］プロパティにマクロを割り当てます。

ボタンの［クリック時］プロパティにマクロを設定すると、
ボタンがクリックされたときにマクロが自動実行される

3 マクロを作成するには

マクロは、「アクション」と呼ばれる命令文を組み合わせて作成します。アクションは「フォームを開く」「レポートを開く」のような日本語なので、初心者でも簡単にマクロを組むことができます。マクロの作成画面である「マクロビルダー」では、実行するアクションを一覧から選択できます。

●マクロビルダー

86 メニュー用のフォームを 作成するには

フォームデザイン、ボタン　　**練習用ファイル** L86_メニュー画面.accdb

作成したデータベースシステムを誰もが簡単に使用できるように、「メニュー画面」を用意しましょう。ボタンのクリックで目的の処理を開始できるので、Accessに不慣れな人でも間違えずに操作できます。

🔍 **キーワード**	
フォーム	P.441
ボタン	P.441
レコードセレクター	P.442

活用編

第**10**章　マクロで画面遷移を自動化するには

メニュー画面としての体裁を整える

After

ここでは「受注管理メニュー」のメニュー画面を作成する

1 デザインビューで空のフォームを作成する

レッスン09を参考に「L86_メニュー画面.accdb」を開いておく

空のフォームを作成する

1 ［作成］タブをクリック

2 ［フォームデザイン］をクリック

💡 使いこなしのヒント

メニュー画面は フォームで作成する

Accessでメニュー画面を作成するには、フォームを使用します。フォームにボタンを配置して、そのボタンにマクロを割り当てます。

●[フォームヘッダー]セクションを追加する

空のフォームのデザインビューが表示された	[フォームヘッダー]セクションを追加する

3	フォーム上を右クリック		4	[フォームヘッダー/フッター]をクリック

[フォームヘッダー]セクションと[フォームフッター]セクションが追加された

5	[詳細]セクションのここをドラッグ		[詳細セクション]の高さが7cmになった

6	[フォームフッター]セクションの下端を上方向にドラッグ		[フォームフッター]が非表示になった

使いこなしのヒント

空のフォームを使用する

操作2で[フォームデザイン]をクリックすると空のフォームが表示されます。最初からフォームを作りたいときは、この空のフォームを表示してから、自由にコントロールを配置します。

使いこなしのヒント

フィールドリストは使用しない

新しいフォームを作成すると、フィールドリストが表示される場合がありますが、使用しないので閉じましょう。また、プロパティシートを前回使用したときに閉じないでフォームを終了した場合、自動でプロパティシートが表示されることもあります。プロパティシートはこのあとの操作で使用するので、そのまま表示しておいてもかまいません。

使いこなしのヒント

フォームヘッダー／フッターはセットで表示設定を行う

フォームヘッダー／フッターの表示と非表示の切り替えは、2つセットで行います。一方しか使用しない場合でも、いったん両方を表示して、使用しないほうの領域を非表示にします。

次のページに続く →

2 フォームのタイトルを作成する

［フォームヘッダー］セクションに
タイトルラベルを配置する

1 レッスン80を参考に
ラベルを配置

2 「できるガーデン　受注管理メニュー」
と入力

ラベルのフォントサイズ
を変える

3 ラベルをクリックして
選択

4 ［書式］タブを
クリック

5 ［フォントサイズ］の
ここをクリック

6 ［20］をクリック

ラベルの文字の大きさが変わった

7 レッスン38を参考にラベル
のフォントの色を［白、背景1］
にする

8 レッスン38を参考に［フォーム
ヘッダー］セクションの色を［青、
アクセント5］にする

💡 使いこなしのヒント

［タイトル］ボタンを使用して
フォームにタイトルを追加しよう

［フォームデザイン］タブにある［タイトル］ボタンを使用すると、フォームにタイトル用のラベルとロゴ画像用の枠を自動挿入できます。ロゴ画像が不要な場合は、Delete キーで枠を削除します。

新しい空のフォームを作成しておく

1 ［フォームデザイン］タブをクリック

2 ［タイトル］をクリック

フォームヘッダー
が表示された

タイトル用のラベ
ルが追加された

3 タイトルを入力

ここをクリックして［フォームデザイン］
タブの［ロゴ］をクリックすると、ロゴ
画像を追加できる

3 不要な要素を非表示にする

メニュー画面に不要なレコードセレクター
と移動ボタンを非表示にする

1 フォームセレクター
をクリック

フォーム全体が
選択された

2 [フォームデザイン]
タブをクリック

3 [プロパティシート] を
クリック

4 [書式] タブをクリック

5 [レコードセレクタ] で
[いいえ] を選択

6 [移動ボタン] で [いいえ]
を選択

レコードセレクターと移動ボタンが
非表示になった

レッスン62を参考にプロパティ
シートを閉じておく

使いこなしのヒント

**レコードを操作する要素は
非表示にする**

フォームには、レコードセレクターと移動
ボタンが自動で表示されます。レコードセ
レクターは、レコードを選択するための部
品です。また、移動ボタンは、レコードを
切り替えるための部品です。メニューはレ
コードを表示する画面ではなく、どちらも
不要なので非表示にします。

レコードセレクター

できるガーデン

移動ボタン

使いこなしのヒント

プルダウンメニューで設定できる

レコードセレクターと移動ボタンの設定
はいずれもプルダウンメニューから行え
ます。

プルダウンメニューから選択できる

次のページに続く →

④ ボタンを配置する

> [詳細] セクションに
> ボタンを配置する

> 右のヒントを参考に [[コントロール
> ウィザードの使用] をオフにしておく

1 [フォームデザイン] タブ
をクリック

2 [コントロール] を
クリック

3 [ボタン] をクリック

> マウスポインターの形が
> 変わった

4 ドラッグ

> ボタンが配置された

5 ボタンをクリック

コマンド1

6 さらにボタン上をクリック

コマンド1

> カーソルが表示され、
> 入力できるようになる

使いこなしのヒント

コントロールウィザードを
オフにするには

[コントロールウィザードの使用] がオン
になっていると、操作4でフォームにボタ
ンを配置したあとに、画面の指示にした
がってマクロを作成させる [コマンドボタ
ンウィザード] 機能が起動します。ここで
はマクロを手動で作成するので、[コント
ロールウィザードの使用] をオフにします。

1 [コントロール] を
クリック

2 [コントロールウィザードの使用]
をクリック

使いこなしのヒント

ボタンの名前は
分かりやすいものにする

ボタンには、機能が想像できるような分
かりやすい名称を入力しましょう。ボタン
に名称を入力すると、その名称がプロパ
ティシートの [書式] タブの [標題] プ
ロパティに設定されます。反対に [標題]
プロパティに文字を入力すると、その文
字がボタン上に表示されます。

> ボタン名が表示される

活用編 第**10**章 マクロで画面遷移を自動化するには

●そのほかのボタンも配置する

| 文字を変更する | **7** 「受注データ入力」と入力 |

同様にボタンを5個配置し、コマンドの文字をそれぞれ「受注明細書印刷」「顧客データ入力」「顧客リスト印刷」「宛名ラベル印刷」「終了」に変更する

5 表示を確認する

フォームビューに切り替えて、表示の確認をする

| レコードセレクターが非表示になった | 移動ボタンが非表示になった |

[上書き保存]をクリックして「F_メニュー」の名前で保存しておく

使いこなしのヒント

ボタン作成の順序に気を付けよう

フォームビューで Tab キーを押すと、フォームに作成した順序でボタンが選択されます。ボタンを配置するときは、上から下、左から右という具合に順序よく作成しましょう。なお、Tab キーによる選択の順序を変更したい場合は、262ページを参考に「タブオーダー」を設定しましょう。

使いこなしのヒント

ボタンの位置を揃えるには

244ページのヒントを参考に [配置] タブの [配置] ボタンの一覧から [左] や [上] をクリックすると、複数のボタンの左位置や上位置を簡単に統一できます。

使いこなしのヒント

ボタンの間隔を揃えるには

縦方向に並ぶ3つ以上のボタンを選択して [配置] タブの [サイズ/間隔] の一覧から [上下の間隔を均等にする] を選択すると、一番上と一番下のボタンの位置はそのまま、間にあるボタンの位置を調整できます。

87 フォームを開くマクロを作成するには

[フォームを開く] アクション ┃ **練習用ファイル** L87_フォームを開く.accdb

レッスン86で作成したボタンにマクロを割り当てていきましょう。このレッスンでは [フォームを開く] というアクションを使用して、[受注データ入力] ボタンがクリックされたときに、[F_受注入力] フォームが開く仕組みを作成します。

🔍 **キーワード**

アクション	P.438
イベント	P.438
マクロビルダー	P.442

ボタンのクリックでフォームが開くようにする

[After]

[受注データ入力] ボタンにマクロが割り当てられている

クリックすると [F_受注入力] が開く

1 テキストボックスとラベルを配置する

レッスン38を参考に [F_メニュー] をデザインビューで表示しておく

[受注データ入力] ボタンと [顧客データ入力] ボタンにマクロを設定する

1 [受注データ入力] ボタンをクリック

2 [フォームデザイン] タブをクリック

3 [プロパティシート] をクリック

💡 **用語解説**

マクロ

「マクロ」とは、作業を自動化するためのプログラムです。Accessのマクロは、「アクション」と呼ばれる命令文を組み合わせて定義します。

●プロパティシートの設定を行う

[プロパティシート] が表示された

4 [イベント] タブをクリック

5 [クリック時] をクリック

6 ここをクリック　…

[ビルダーの選択] 画面が表示された

7 [マクロビルダー] をクリック

8 [OK] をクリック

マクロビルダーが表示された

◆マクロビルダー　　　◆アクションカタログ

🔍 **用語解説**

イベント

「イベント」とは、マクロを実行するタイミングのことです。[イベント] タブには、[クリック時] [ダブルクリック時] などイベントの一覧が表示されます。例えば [クリック時] にマクロを割り当てると、ボタンがクリックされたときにマクロが実行されます。

💡 **使いこなしのヒント**

マクロビルダーでマクロを作成する

操作7の [ビルダーの選択] 画面では、[クリック時] に割り当てる処理を何で作成するかを指定します。[マクロビルダー] をクリックすると、マクロの作成画面が表示されます。

🔍 **用語解説**

マクロビルダー

「マクロビルダー」は、マクロの作成画面です。一般的なプログラムは、外国語のようなプログラミング言語を使い、定められた文法にしたがって作成します。一方Accessのマクロは、日本語で書かれた選択肢の中から実行したい操作を選択していく方式で作成します。

次のページに続く ➡

2 アクションを設定する

コマンドボタンのクリック時に
実行する操作を設定する

1 ここをクリック

フィルターの設定
フォームを開く
プロシージャの実行
プロパティの設定
ページの移動
マクロエラーのクリア
マクロの実行
マクロの中止
メッセージボックス
メニューコマンドの実行
メニューの設定
メニューの追加
リスト項目の編集
レコードの移動
レコードの検索
レコードの更新

2 ここを下にドラッグして
スクロール

3 [フォームを開く] をクリック

[フォームを開く] アクションの
設定項目が表示された

4 [フォーム名] のここをクリック
して [F_受注入力] を選択

□ フォームを開く
フォーム名　F_受注入力
ビュー　フォーム ビュー
フィルター名
Where 条件式　=
データ モード
ウィンドウ モード　標準
パラメーターの更新
＋ 新しいアクションの追加

[ビュー] に [フォームビュー] が
設定されていることを確認

5 [上書き保存] を
クリック

6 [閉じる] をクリック

活用編

第**10**章

マクロで画面遷移を自動化するには

🔍 用語解説

アクション

「アクション」とは、Accessの処理をマクロで実行するための命令文です。「フォームを開く」「レポートを開く」「Accessの終了」など、Accessでよく使う操作がアクションとして用意されています。アクション名は日本語なので、誰でも簡単にマクロを作成できます。

🔍 用語解説

引数

「アクション」を実行するために必要な設定項目を「引数（ひきすう）」と呼びます。アクションの種類によって、引数の数や種類が変わります。

アクション

□ フォームを開く
フォーム名　F_受注入力
ビュー　フォーム ビュー
フィルター名
Where 条件式　=
データ モード
ウィンドウ モード　標準
＋ 新しいアクションの追加

引数

💡 使いこなしのヒント

[フォームを開く] アクションの動作を確認しよう

[フォームを開く] は、文字通りフォームを開く操作を実行するためのアクションです。マクロを実行すると、引数[フォーム名]に指定したフォームが開きます。[フォーム名] の指定は省略できません。

●表示を確認する

[クリック時]に[埋め込みマクロ]
が設定された

用語解説

埋め込みマクロ

ボタンに割り当てたマクロは、そのボタンを含むフォームに保存されます。フォームの中に保存されるマクロを「埋め込みマクロ」と呼びます。

7 同様に[顧客データ入力]ボタンに
[F_顧客入力]を開くマクロを設定

使いこなしのヒント

[上書き保存]で
フォームを保存する

操作5の[上書き保存]は、作成したマクロをフォームに登録する操作です。フォーム自体をファイルに保存するには、操作8のようにAccessのタイトルバーにある[上書き保存]をクリックします。

8 [上書き保存]をクリック

フォームビューに切り替える

9 [受注データ入力]
ボタンをクリック

[F_受注入力]が開いた

同様に[顧客データ入力]ボタンの
動作も確認しておく

使いこなしのヒント

フォーカスがあるボタンは
Enter キーで実行できる

ボタンが点線で囲まれている状態を「フォーカスがある」と表現します。ボタンにフォーカスがある状態で Enter キーを押すと、マクロが実行されます。なお、フォーカスは、Tab キーで別のボタンに移動できます。

フォーカスがあるボタン

受注データ入力

受注明細書印刷

フォーカスがないボタン

88 レポートを開くマクロを作成するには

［レポートを開く］アクション　　**練習用ファイル** L88_レポートを開く.accdb

［レポートを開く］アクションを使用すると、レポートを表示するマクロを作成できます。ここでは［受注明細書印刷］ボタンがクリックされたときに［R_受注明細書］レポートの印刷プレビューが表示される仕組みを作成します。

🔍 **キーワード**

アクション	P.438
埋め込みマクロ	P.438
マクロビルダー	P.442

活用編 第**10**章　マクロで画面遷移を自動化するには

ボタンのクリックで印刷プレビューを表示する

After

［受注明細書印刷］ボタンにマクロが割り当てられている

クリックすると［R_受注明細書］の印刷プレビューが開く

1 マクロビルダーを起動する

レッスン38を参考に［F_メニュー］をデザインビューで表示しておく

1 ［受注明細書印刷］ボタンをクリック	2 ［フォームデザイン］タブをクリック	3 ［プロパティシート］をクリック

⏱ **時短ワザ**

右クリックからマクロビルダーを起動できる

ボタンを右クリックして、［イベントのビルド］をクリックすると、［ビルダーの選択］画面を素早く表示できます。この方法で作成できるのは、［クリック時］イベントのマクロです。

1 右クリック	2 クリック

●プロパティシートの設定を行う

[プロパティシート]が表示された

4 [イベント]タブをクリック

5 [クリック時]をクリック

6 ここをクリック ···

[ビルダーの選択]画面が表示された

7 [マクロビルダー]を
クリック

8 [OK]をクリック

マクロビルダーが表示された

使いこなしのヒント

イベントの説明を確認するには

マクロを実行するためのイベントは、コントロールの種類によって変わります。[イベント]欄をクリックしてカーソルを移動すると、ステータスバーにそのイベントの説明が表示されるので、参考にするといいでしょう。

1 [クリック時]をクリック

ステータスバーに[クリック時]
イベントの説明が表示された

使いこなしのヒント

コードビルダーって何?

操作を自動化するには、マクロのほかに「VBA」(Visual Basic for Applications)というプログラミング言語を使用してプログラムを作成する方法もあります。操作7の画面で[コードビルダー]を選択すると、VBAのプログラムの作成画面が表示されます。VBAを使用すれば、マクロでは実現できない複雑な処理を実行することも可能です。ただし、VBAによるプログラミングには専門的な知識が必要です。本書ではVBAの解説は行いません。

VBAで作成したプログラム

次のページに続く➡

2 ［レポートを開く］アクションを設定する

アクションを設定する

1 ここをクリック

2 ここを下にドラッグして
スクロール

3 ［レポートを開く］をクリック

［レポートを開く］アクションの
設定項目が表示された

4 ［レポート名］のここをクリックして
［R_受注明細書］を選択

5 ［ビュー］のここをクリックして
［印刷プレビュー］を選択

6 ［上書き保存］を
クリック

7 ［閉じる］をクリック

活用編 第10章 マクロで画面遷移を自動化するには

使いこなしのヒント

**［レポートを開く］アクションの
動作を確認しよう**

［レポートを開く］は、レポートを開く操
作を実行するためのアクションです。引
数の［レポート名］と［ビュー］を指定す
ると、マクロの実行時に指定したレポート
が指定したビューで開きます。

使いこなしのヒント

レポートを直接印刷するには

［レポートを開く］アクションの引数
［ビュー］で［印刷］を選択すると、［受注
明細書印刷］ボタンがクリックされたとき
に印刷が実行されます。

⚠ ここに注意

操作3で選択するアクションを間違えたと
きは、✕をクリックしてアクションを削除
し、改めてアクションを選択しましょう。
✕が表示されない場合は、アクション名
をクリックすると表示されます。

1 アクション名をクリック

2 ここをクリックして削除

●表示を確認する

[クリック時] に [埋め込みマクロ]
が設定された

[埋め込みマクロ]

8 同様に [顧客リスト印刷] ボタンに [R_顧客一覧]
の印刷プレビューを開くマクロを設定

9 同様に [宛名ラベル印刷] ボタンに [R_顧客宛
名ラベル] の印刷プレビューを開くマクロを設定

[埋め込みマクロ]

10 [上書き保存] をクリック

フォームビューに切り替える

11 [受注明細書印刷]
ボタンをクリック

[R_受注明細書] の印刷プレビューが開いた

同様に [顧客リス
ト印刷] ボタンと
[宛名ラベル印
刷] ボタンの動作
も確認しておく

89
Accessを終了する
マクロを作成するには

[Accessの終了] アクション | 練習用ファイル | L89_終了マクロ.accdb

マクロには、フォームやレポートを開く以外にもさまざまなアクションが用意されています。ここでは [Accessの終了] アクションを使用して、[終了] ボタンがクリックされたときにAccessそのものを終了する仕組みを作成します。

キーワード

アクション	P.438
引数	P.441
マクロビルダー	P.442

ボタンのクリックでAccessを終了する

After

[終了] ボタンをクリックするとAccessが終了する

1 マクロビルダーを起動する

レッスン38を参考に [F_メニュー] をデザインビューで表示しておく

マクロビルダーを起動して [終了] ボタンにマクロを設定する

1 [終了] ボタンをクリック

2 [フォームデザイン] タブをクリック

3 [プロパティシート] をクリック

使いこなしのヒント

指定する引数でアクションが実行できないことがある

データベースを開いたときに [セキュリティの警告] が表示されることがあります。[コンテンツの有効化] をクリックせずにそのままデータベースを使用した場合、オブジェクトやデータの変更を伴うようなマクロは実行できません。[Accessの終了] アクションも、引数の指定によっては無効モードで実行できないことがあります。[セキュリティの警告] については51ページも参照してください。

●プロパティシートの設定を行う

[プロパティシート] が表示された

4 [イベント] タブをクリック

5 [クリック時] をクリック

6 ここをクリック

[ビルダーの選択] 画面が表示された

7 [マクロビルダー] を
クリック

8 [OK] をクリック

マクロビルダーが表示された

---

2 [Accessの終了] アクションを設定する

アクションを設定する

1 ここをクリック

2 [Accessの終了] を
クリック

使いこなしのヒント

アクションカタログを利用しよう

マクロビルダーの右側に表示される [アクションカタログ] には、アクションが分類別に整理されて表示されます。アクションの説明を確認しながら効率的にアクションを選びましょう。アクションをドラッグすると、マクロビルダーに追加できます。

1 ここをクリック

アクションの一覧が表示された

2 アクションをマクロビルダーにドラッグ

ここにアクションの説明が表示される

次のページに続く→

●引数［オプション］を設定する

［Accessの終了］アクションの設定項目が表示された

引数を設定する

3 ここをクリック ✓

4 ［確認］をクリック

5 ［上書き保存］をクリック

6 ［閉じる］をクリック

マクロビルダーが閉じた

［クリック時］に［埋め込みマクロ］が設定された

7 ［上書き保存］をクリック

［埋め込みマクロ］

活用編

第**10**章

マクロで画面遷移を自動化するには

使いこなしのヒント

［オプション］の設定を確認しよう

［Accessの終了］は、Accessを終了するアクションです。引数［オプション］では、終了時にオブジェクトの変更を保存するかどうかを指定します。

●引数［オプション］の選択肢

選択肢	説明
確認	保存するかを尋ねる確認メッセージを表示する
すべて保存	保存して終了する
終了	保存せずに終了する

使いこなしのヒント

注意を促すアイコンが表示される

［Accessの終了］アクションの引数［オプション］で［すべて保存］または［終了］を選択すると、ユーザーの意思に関係なくオブジェクトの変更が保存または破棄されます。このようにマクロによってオブジェクトやデータが変更される可能性がある場合、アクション名の左に「Unsafe Action」のアイコン⚠が表示され、注意が促されます。

使いこなしのヒント

上書き保存しないとどうなるの?

操作5で上書き保存せずにマクロビルダーを閉じようとすると、「マクロに対して行った変更を保存して、プロパティを更新しますか?」というメッセージが表示されます。［はい］をクリックすると、埋め込みマクロが保存されます。［いいえ］をクリックすると、保存せずにマクロビルダーが閉じます。

●Accessが終了することを確認する

設定したマクロが正しく動作する
ことを確認する

フォームビューに切り替える

8 ［終了］ボタンをクリック

💡 使いこなしのヒント

未保存のオブジェクトがある場合は

［Accessの終了］アクションの引数［オプ
ション］で［確認］を選択したので、［終
了］ボタンをクリックした時点で未保存の
オブジェクトが存在する場合、「（オブジェ
クト名）の変更を保存しますか？」という
確認のメッセージが表示されます。

👍 スキルアップ

フォームを閉じるマクロを作成するには

フォームを閉じるマクロを作成するには、［ウィンドウを閉じ
る］アクションを使用します。引数は［オブジェクトの種類］
［オブジェクト名］［オブジェクトの保存］の3つです。［オブジェ
クトの種類］［オブジェクト名］は閉じるオブジェクトを指定
するための引数ですが、指定を省略すると最前面に表示され
ているオブジェクトが閉じます。［オブジェクトの保存］の選
択肢は次表のとおりです。

●引数［オプション］の選択肢

選択肢	説明
する	オブジェクトを保存する
しない	オブジェクトを保存しない
確認	保存するかを尋ねる確認メッセージを表示する

1 フォームにボタンを
配置して369ページ
を参考にマクロビル
ダーを表示する

2 ［ウィンドウを閉じる］
アクションを選択

90

顧客を検索する機能を追加するには

コンボボックスウィザード　　　　練習用ファイル　L90_コントロールW.accdb

[F_顧客入力] フォームにコンボボックスを配置して、フォームに表示する顧客をリストから選択できるようにしてみましょう。一見難しそうに見えますが、[コントロールウィザード] を使用すると簡単に作成できます。

🔍 キーワード

ウィザード	P.438
埋め込みマクロ	P.438
コントロール	P.439

フォームにコンボボックスを配置する

コンボボックスで顧客番号を選ぶと
顧客名に反映される

After

1 メインフォームの位置とサイズを調整する

レッスン38を参考に [F_顧客入力]
をデザインビューで表示しておく

コンボボックスを配置するため
[フォームヘッダー] セクションの
高さを2cm程度に広げておく

1 [フォームデザイン]
タブをクリック

💡 使いこなしのヒント

コンボボックスを検索目的で使用する

コンボボックスはテーブルにデータを入力するときに使用するほかに、検索の用途で使用することがあります。このレッスンでは後者の目的でコンボボックスを作成します。

●コントロールウィザードを使用する

[コントロールウィザードの使用] を
オンにする

| 2 | [コントロール] を
クリック |

| 3 | [コントロールウィザードの
使用] をクリック |

[コントロールウィザードの使用] が
オンになった

| 4 | [コントロール] を
クリック |

| 5 | [コンボボックス] を
クリック |

マウスポインターの形が
変わった

| 6 | [フォームヘッダー] セクション
領域をクリック |

使いこなしのヒント

**コントロールウィザードを
オンにするには**

[コントロールウィザード] は、クリック
でオンとオフが交互に切り替わります。ア
イコンが枠線で囲まれた状態がオンの状
態です。ここではオンにした状態で作業
を進めます。

コントロール ウィザードの使用(W)

オンのときはアイコンが枠線で
囲まれる

コントロール ウィザードの使用(W)

オフのときはアイコンが
そのまま表示される

使いこなしのヒント

**リストボックスで
検索することもできる**

操作5のメニューから [リストボックス]
を選択すると [リストボックスウィザード]
が起動して、検索用のリストボックスを作
成できます。リストボックスは常に選択肢
が画面上に表示されるコントロールです。

使いこなしのヒント

**クリックすると決まったサイズで
配置される**

コントロールを配置するときに、クリック
して配置すると決まったサイズのコント
ロールが作成されます。ドラッグして配置
した場合は好きなサイズで作成できます。
コンボボックスで内容を表示する際の横
幅は別に設定できるので、ここでは展開
する前のコンボボックスを、初期状態の
大きさで配置します。

次のページに続く →

2 [コンボボックスウィザード] で設定する

[コンボボックスウィザード] が起動した	**1** [コンボボックスで選択した値に対応するレコードをフォームで検索する] をクリック

2 [次へ] をクリック

コンボボックスのリストに表示するフィールドを指定する	**3** [顧客番号] と [顧客名] を右のボックスに追加

4 [次へ] をクリック

コンボボックスに表示する内容を指定する

5 [キー列を表示しない] をクリックしてオフにする

検索用の選択肢は
フォームの状態で変わる

手順2操作1の画面に表示される選択肢は、フォームの状態によって変わります。レコードの取得元を設定する [レコードソース] プロパティが空欄になっているフォームでは、3番目の [コンボボックスで選択した値に対応するレコードをフォームで検索する] という選択肢は表示されません。

フォームの元になるテーブルの
フィールドが表示される

操作1で [コンボボックスで選択した値に対応するレコードをフォームで検索する] を選択すると、フォームの元になる [T_顧客] テーブルのフィールドが一覧表示されます。コンボボックスに追加するフィールドを選択して、> ボタンをクリックして右側の [選択したフィールド] に追加します。

キー列

「キー列」とは、主キーフィールドのことです。操作5でチェックマークを外すと、コンボボックスのリストに [顧客番号] と [顧客名] が表示されます。また、リストから顧客を選択すると、コンボボックスのテキストボックス部分に [顧客番号] が表示されます。チェックマークを付けた場合は、リストにもテキストボックスにも [顧客名] が表示されます。

●列幅を調整する

キー列に設定されている［顧客番号］の
列が表示された

6 フィールドの境界線にマウス
ポインターを合わせる

マウスポインターの形が
変わった

7 左にドラッグ

［顧客番号］の列幅が調整された

8 ［次へ］をクリック

コンボボックスに名前を付ける

9 「検索」と入力

10 ［完了］をクリック

次のページに続く➡

使いこなしのヒント

フィールド名は表示されない

操作6の画面では、コンボボックスのリス
ト部分の列幅を設定しています。ウィザー
ドの画面にはフィールド名が表示されて
いますが、実際のコンボボックスにフィー
ルド名は表示されません。

使いこなしのヒント

列幅をあとから変更するには

コンボボックスが完成したあとで列幅を
変更するには、デザインビューで［列幅］
と［リスト幅］プロパティを編集します。
各プロパティの設定値の意味は、247ペー
ジのヒントを参照してください。

コンボボックスを選択してプロパティ
シートを表示しておく

1 ［書式］タブをクリック

2 ［列幅］と［リスト幅］を設定

●コンボボックスの配置を整える

ラベルとコンボボックスが
配置された

11 レッスン60を参考にラベルとコンボ
ボックスの位置とサイズを整える

12 レッスン38を参考にラベルの
文字の色を白にする

13 ［上書き保存］をクリックして
フォームを上書き保存する

 コンボボックスの動作を確認する

設定したコンボボックスが正しく
動作することを確認する

フォームビューに
切り替える

1 コンボボックスの
ここをクリック

使いこなしのヒント

**ラベルをコンボボックスに
近付けるには**

ラベルの移動ハンドルをドラッグすれば、
コンボボックスの位置はそのまま、ラベル
だけを移動できます。もしくは以下のよう
に、ラベルの幅を調整する方法でも、結
果としてラベルをコンボボックスに近付け
られます。

1 ここをドラッグ

2 ここをドラッグ

ラベルがコンボボックスに
近付いた

使いこなしのヒント

**単票形式と表形式で
動作が変わる**

単票形式のフォームの場合、コンボボッ
クスで顧客を選択すると、画面がその顧
客のレコードに切り替わります。表形式
のフォームに検索用のコンボボックスを
配置した場合は、その顧客のレコードが
選択された状態で表示されます。レコー
ドが画面の外にある場合は、自動的に画
面がスクロールして、レコードが表示され
ます。

●表示を確認する

[顧客番号] [顧客名] の
一覧が表示された

2 顧客をクリック

選択した顧客のレコードが
表示された

3 ここをクリックしてフォームを
閉じる

91

指定した受注番号の
明細書を印刷するには

Where条件式　　　**練習用ファイル**　L91_複数マクロ.accdb

[F_受注入力] フォームにボタンを配置して、現在フォームに表示されているレコードの受注明細書が開く仕組みを作成します。[レポートを開く] アクションの引数 [Where条件式] で抽出条件を指定することがポイントです。

🔍 キーワード

Where条件	P.438
引数	P.441
マクロビルダー	P.442

活用編 第10章 マクロで画面遷移を自動化するには

条件が一致した明細書を印刷する

After

[受注明細書印刷] ボタンをクリックすると現在の受注番号の受注明細書の印刷プレビューが表示される

1 マクロ用のボタンを作成する

レッスン38を参考に [F_受注入力] をデザインビューで表示しておく

レッスン86を参考にボタンを配置し、文字を「受注明細書印刷」に変えておく

1 [受注明細書印刷] ボタンをクリック

💡 使いこなしのヒント

**実行する順に注意して
マクロを作成する**

マクロで複数のアクションを指定すると、上のアクションから順に実行されます。ここでは [レコードの移動] と [レポートを開く] の2つのアクションを使用してマクロを作成します。

2 アクションを設定する

レッスン87を参考にマクロ
ビルダーを起動しておく

1 ここをクリック ⌄

2 ここを下にドラッグして
スクロール

3 [レコードの保存] をクリック

[レコードの保存] アクションが
設定された

4 [新しいアクションの追加] の
ここをクリック ⌄

5 [レポートを開く] を
クリック

[レポートを開く] アクション
の設定項目が表示された

6 [レポート名] のここをクリックし
て [R_受注明細書] を選択 ⌄

7 [ビュー] のここをクリックして
[印刷プレビュー] を選択 ⌄

次のページに続く ➡

🔆 使いこなしのヒント

[レコードの保存] アクションの
内容を確認しよう

[レコードの保存] アクションでは、現在
フォームに表示されているレコードをテー
ブルに保存します。レコードを編集して保
存しないままレポートを開くと、レポート
に編集前のデータが表示されます。レコー
ドを保存してからレポートを開けば、編集
内容をレポートに反映させられます。

🔆 使いこなしのヒント

[レコードの保存] は
引数に設定される

アクションの一覧から [レコードの保存]
を選択すると、クエリビルダーのアクショ
ン欄に [メニューコマンドの実行] アクショ
ンが設定され、引数 [コマンド] 欄に [レ
コードの保存] が設定されます。

手順2操作3で追加した [レコード
の保存] が引数として設定される

🔆 使いこなしのヒント

アクションの選択欄は
最初は1つしか表示されない

マクロビルダーに最初に表示されるのは、
アクションの選択欄1つです。アクション
を選択すると、2つ目のアクションの選択
欄が表示されます。

2つ目のアクションの選択欄が
表示される

③ Where条件式を設定する

[Where条件式] を
クリックしておく

1 「T_」と入力

入力候補が表示される

2 [T_受注] をダブルクリック

「[T_受注]」と入力された

3 半角の「!」と入力 | 入力候補が表示される

4 [受注番号] をダブルクリック

📖 用語解説

Where条件式

[レポートを開く] アクション の引数
[Where条件式] は、開くレポートに表示
するレコードの抽出条件を指定するため
の引数です。この引数の指定を省略した
場合、レポートにすべてのレコードが表示
されます。ここでは、[F_受注入力] フォー
ムに表示されている受注番号のレコード
がレポートに表示されるように、抽出条件
を設定します。

[F_受注入力] フォームの [受注番
号] 欄の値をレポートの抽出条件と
する

⏱ 時短ワザ

入力候補を利用して
素早く設定する

日本語入力をオフにして入力を開始する
と、[Where条件式] 欄でテーブル名や
フィールド名を入力するときに入力候補
を使用できます。入力する式の意味は、
389ページのスキルアップを参照してくだ
さい。

●条件式の続きを入力する

[T_受注]![受注番号]」と
入力された

5 半角で「=Forms!」と入力　　入力候補が表示される

1 ここをクリックして移動 🔼

6 [F_受注入力]をダブル
クリック

👍 スキルアップ

[Where条件式]の構文を確認しよう

[レポートを開く]アクションの引数[Where条件式]では、
「=」の左側に開くレポートの元になるテーブルのフィールド
名を、右側に条件が入力されているフォームのコントロール
名を指定します。

[テーブル名]![フィールド名] = [Forms]![フォーム名]![コントロール名]

開くレポートは「[T_受注]![受注番号]」
と入力して指定する

抽出条件は「[Forms]![F_受注入力]!
[受注番号]」と入力して指定する

次
の
ペ
ー
ジ
に
続
く
➡

●数式を完成させる

「[T_受注]![受注番号]=Forms![F_受注
入力]」と入力された

7 半角の「!」と入力

入力候補が表示される | **8** [受注番号] をダブルクリック

「[T_受注]![受注番号]=Forms![F_受注
入力]![受注番号]」と入力された

9 [上書き保存] を
クリック

10 [閉じる] を
クリック

デザインビュー画面に戻るので
そこでも上書き保存しておく

☀ 使いこなしのヒント

[フォームを開く] アクションで
抽出条件を指定するには

[フォームを開く] アクションの [Where
条件式] を使用すると、表形式のフォー
ムから、クリックした行のレコードを表示
するフォームを開けます。抽出条件の構
文は、[レポートを開く]アクションと同様
です。以下の例では、「F_受注一覧」とい
う名前の表形式のフォームの [詳細] ボ
タンをクリックしたときに [F_受注入力]
フォームが開き、クリックした行の受注
データが表示されるようにしています。

●[詳細] ボタンのマクロ

1 [フォームを開く] アクションを選択

2 引数 [フォーム名] で [F_
受注入力] を選択

3 引数 [Where条件式] に「[T_受
注]![受注番号]=Forms![F_受注
一覧]![受注番号]」を設定

●マクロの動作

1 受注番号が「1003」のレコードの
[詳細] ボタンをクリック

[F_受注入力] フォームが開き、受注番
号が「1003」のレコードが表示された

4 表示を確認する

設定したマクロが正しく動作すること を確認する	フォームビューに 切り替える

受注番号が「1003」の レコードを表示する	**1** [次のレコード] ボタン を2回クリック	▶

受注番号が「1003」のレコードが 表示された	**2** [受注明細書印刷] ボタンを クリック

受注番号が「1003」のレポートの
印刷プレビューが開いた

💡 使いこなしのヒント

受注明細書が1枚だけ表示される

画面に受注番号が「1003」のレコードが
表示されている状態で [受注明細書印刷]
ボタンをクリックすると、[R_受注明細書]
レポートに受注番号が「1003」のレコー
ドだけが表示されます。ほかの受注番号
のページに切り替えることはできません。

ほかのページに切り替えられない

⚠ ここに注意

[受注明細書印刷] ボタンをクリックして
も [R_受注明細書] レポートの印刷プレ
ビューが表示されない場合は、ボタンに
割り付けたマクロを見直します。[レポー
トを開く]アクションの引数[ビュー]で[印
刷プレビュー]が選択されているかどうか、
[Where条件式] にテーブル名やフィール
ド名などが389ページで紹介した構文にし
たがって正しく指定されているかどうかを
確認しましょう。

92 起動時にメニュー画面を 自動表示するには

起動時の設定　　　**練習用ファイル**　L92_起動時設定.accdb

データベースファイルを開いたときに、メニュー画面が自動表示されるように設定しておくと、Accessに不慣れな人でも分かりやすく作業を開始できます。ここではナビゲーションウィンドウを非表示にする設定も行います

活用編 第10章 マクロで画面遷移を自動化するには

ファイルを開いたときにメニューを自動表示する

After

ファイルを開くとナビゲーションウィンドウではなくメニューが自動表示される

1 ［Accessのオプション］画面を表示する

1 ［ファイル］タブをクリック

［ホーム］画面が表示される

2 ［オプション］をクリック

💡 **使いこなしのヒント**

非表示のナビゲーションウィンドウを再表示するには

このレッスンの設定を行うと、データベースファイルを開いたときにナビゲーションウィンドウが表示されなくなります。オブジェクトの編集をしたいときは、F11 キーを押すと非表示にしたナビゲーションウィンドウを表示できます。

2 ナビゲーションウィンドウを非表示にする

[Accessのオプション] 画面が
表示された

1 [現在のデータベース]
をクリック

2 [フォームの表示] のここをクリック
して [F_メニュー] を選択

スクロールして画面の下部を
表示しておく

3 [ナビゲーションウィンドウを表示する]
をクリックしてオフにする

4 [OK] をクリック

確認画面が表示される

5 [OK] をクリック

いったんデータベースファイルを閉じ、開き直すと
メニュー画面が表示されることを確認しておく

使いこなしのヒント

起動時に表示するフォームを選択する

操作2では、データベースファイルを開いたときに、自動的に表示されるフォームを指定します。ここでは[F_メニュー]フォームが自動表示されるように設定しました。

使いこなしのヒント

ナビゲーションウィンドウを非表示にする

操作3で[ナビゲーションウィンドウを表示する]のチェックマークを外すと、データベースファイルを開いたときにナビゲーションウィンドウが表示されません。オブジェクトを隠すことで、誤操作から守りやすくなります。

使いこなしのヒント

さらに誤操作を防ぐ設定にするには

操作4の画面にある [すべてのメニューを表示する]のチェックマークを外すと、データベースファイルを開いたときに [ファイル] タブと [ホーム] タブしか表示されなくなります。ビューの切り替えボタンも表示されなくなり、誤操作によりテーブルの構造やフォームのデザインなどが変更される心配がなくなります。

使いこなしのヒント

起動時の設定を無効にしてファイルを開くには

[Shift]キーを押しながらファイルアイコンをダブルクリックすれば、このような起動時の設定を無視して、ファイルを開けます。

この章のまとめ

使いやすいフォームを完成させよう

Accessを使うメリットの1つに、メニュー画面を作成して、データベースを独自のアプリとして使用できる点が挙げられます。メニュー画面があれば、誰でも迷わずにフォームを開いて入力したり、レポートを開いて印刷したりできます。ナビゲーションウィンドウを非表示にしておけば、不慣れなユーザーの誤操作によるテーブルの変更なども防げます。メニューの作成に必要なマクロは、ほかのプログラミング言語に比べて習得が容易です。マクロを活用して、データベースアプリの完成度を高めてください。

F_受注入力 ×

受注入力

受注明細書印刷

受注番号	1001
受注日	2023/04/01
顧客番号	1 ∨

顧客名	長谷川 健司
都道府県	神奈川県
住所	川崎市宮前区宮崎x-x-x
電話番号	044-639-xxxx

内容	分類	単価	数量	金額
庭木のお手入れ(高木)	メンテナンス ∨	¥20,000	2	¥40,000
庭木のお手入れ(低木)	メンテナンス ∨	¥4,000	3	¥12,000
*	∨			
			合計	¥52,000

レコード: I◀ ◀ 1/2 ▶ ▶I ▶* ▽フィルターなし 検索

マクロがどんどんできて楽しかったですー!

それは良かった! マクロビルダーにはほかにもいろいろなマクロが用意されているから、ぜひ挑戦してみてください♪

Accessのオプション設定もすごく参考になりました!

この章で紹介したマクロは、フォームを作るときにセットにしておくといいですね。次はいよいよ最終章です!

活用編

第**11**章

AccessとExcelを
連携するには

「Excelで管理していたデータをAccessに移行したい」「Access
に蓄積したデータを使い慣れたExcelで分析したい」……、そん
なときに役に立つデータのインポート／エクスポートの方法を紹
介します。AccessとExcelの連携により、データをより有効に活
用しましょう。

Excelと連携してデータを活用しよう

最終章である本章では、AccessとExcelの間でデータをやり取りする方法を紹介します。ExcelからAccessにデータを移行したいときや、AccessのデータをExcelで分析したいときに便利な連携ワザです。Excelと連携することで、データの活用の場が広がります。

Accessの強い味方、Excel登場！

だいぶAccessが分かってきましたー。
この章は何をやるんですか？

ふふふ、良かった。この章ではとっておきの、AccessとExcelの連携ワザを紹介します！

ExcelのデータをAccessに読み込める

Officeの2大データベースソフト、ExcelとAccessは相性がバツグン！
少しデータを調整するだけで、Excelを元にしたテーブルが正確に作れます。

Excelのデータベースを
Accessのテーブルにその
まま読み込める

AccessのデータをExcelに出力できる

そしてもちろん、AccessからExcelにデータを渡すこともできます。データの分析やグラフの作成など、Excelでサクサク作業したいときに使えますよ♪

データが手軽に扱えますね！
使い方、早く知りたいです。

クエリやテーブルを
Excelファイルに出
力できる

操作の自動化もできる！

さらに！　第10章で学んだマクロと組み合わせると、ボタンをクリックするだけで、最新のデータをExcel形式で保存できます。これは便利ですよ！

すごい、新しいデータが一瞬でできてる！
このやり方、覚えたいです！

クリックだけで最新のデータを
Excel形式で保存できる

レッスン

94 Excelの表をAccessに 取り込みやすくするには

表の整形　　　　　**練習用ファイル** L94_Access用に変更.xlsx

Excelの表をAccessに取り込んでデータを利用するには、事前に Excelの表を整理しておく必要があります。どのように整理すればト ラブルなくスムーズに取り込めるのか、ポイントを見ていきましょう。

🔍 **キーワード**

データ型	P.440
レコード	P.442

活用編　第11章　AccessとExcelを連携するには

データベースとしての体裁を整える

Before

余分な行や列があり、 表示形式も不正確に なっている

After

余分な行や列を削除 し、Accessに取り込 みやすい体裁に整えた

1 余分な行や列を削除する

Excelを起動して「L94_Access用に変更.xlsx」を開いておく

1行目は不要なので 削除する

1 1行目の行番号を 右クリック

2 [削除] をクリック

💡 **使いこなしのヒント**

Accessに取り込む表の ルールを知っておこう

Excelの表を正しくAccessに取り込むため には、1行に1件分のレコード、1セルに1 つのデータが入力されていることが基本 です。また、ワークシートの1行目にフィー ルド名、2行目以降にデータが入力されて いる状態にしておくと、スムーズに取り込 めます。表の中に空白行や空白列を作ら ず、ワークシートに表以外のデータを入 力しないようにしましょう。空白セルが点 在するのは問題ありません。

●不要な列を削除する

	1行目が削除された	I列も不要なので削除する		**3** I列の列番号を右クリック

4 [削除]をクリック	I列が削除された

使いこなしのヒント

1行目はフィールド名にする

ワークシートの1行目にフィールド名が入力されている状態にするために、操作2ではタイトルの行を削除しています。なお、タイトルを削除せずに表に名前を付けて取り込む方法もあります。401ページのスキルアップを参照してください。

94

表の整形

2 ふりがなを表示する列を作成する

ふりがなを表示する列を挿入する	**1** C列の列番号を右クリック

	2 [挿入]をクリック

新しい列が挿入された

3 セルC1に「顧客名カナ」と入力	C列の列幅を広げる	**4** マウスポインターをC列とD列の境界線に合わせる

マウスポインターの形が変わった ✛	**5** 右にドラッグ

使いこなしのヒント

計算できるデータは取り込まない

Access上で計算によって求められるデータは、Accessに取り込まないのが原則です。Beforeの表のI列の[登録月]は、[登録日]から求められるので取り込む必要がありません。ここでは列を削除しますが、レッスン95で紹介する方法では列ごとに取り込むかどうかを指示できるので、削除せずに残しておいてもかまいません。

使いこなしのヒント

ふりがなの列を作成しよう

Excelのセルに漢字データを入力すると、漢字変換前の「読み」が漢字のふりがなとしてセルに記録されます。そのため、Excelでは必要なときにいつでもふりがなを使った操作を行えます。しかし、漢字データをAccessに取り込むと、ふりがなの情報は消えてしまいます。ふりがなを取り込むには、事前にExcelの表にふりがなの列を作成しておく必要があります。

次のページに続く➡

●関数を入力する

C列の列幅が広がった

セルに入力された文字列のふりがなを抽出する
PHONETIC関数を設定する

	A	B	C	D	E	F
1	顧客番号	顧客名	顧客名カナ	郵便番号	都道府県	住
2	1	長谷川　健司	=PHONETIC(B2)	2160033	神奈川県	川崎市宮前区
3	2	山田　愛子		1520032	東京都	目黒区平町x-
4	3	土井　夏美		2702261	千葉県	松戸市常盤平
5	4	佐藤　良		3400046	埼玉県	草加市北谷x-
6	5	和田　奈央		1810005	東京都	三鷹市中原x-
7						

6 セルC2に「=PHONETIC(B2)」
と入力

7 Enter キーを押す

ふりがなが表示された

	A	B	C	D	E	F
1	顧客番号	顧客名	顧客名カナ	郵便番号	都道府県	住
2	1	長谷川　健司	ハセガワ　ケンジ	2160033	神奈川県	川崎市宮前区
3	2	山田　愛子		1520032	東京都	目黒区平町x-
4	3	土井　夏美		2702261	千葉県	松戸市常盤平
5	4	佐藤　良		3400046	埼玉県	草加市北谷x-
6	5	和田　奈央		1810005	東京都	三鷹市中原x-

数式をコピーする　**8** セルC2をクリック　**9** マウスポインターをセル
の右下に合わせる

	A	B	C	D	E	F
1	顧客番号	顧客名	顧客名カナ	郵便番号	都道府県	住
2	1	長谷川　健司	ハセガワ　ケンジ	2160033	神奈川県	川崎市宮前区
3	2	山田　愛子		1520032	東京都	目黒区平町x-
4	3	土井　夏美		2702261	千葉県	松戸市常盤平
5	4	佐藤　良		3400046	埼玉県	草加市北谷x-
6	5	和田　奈央		1810005	東京都	三鷹市中原x-
7						

マウスポインターの形が
変わった　**＋**

10 下にドラッグ

数式がコピーされ、セルC3 〜 C6に
ふりがなが表示された

	A	B	C	D	E	F
1	顧客番号	顧客名	顧客名カナ	郵便番号	都道府県	住
2	1	長谷川　健司	ハセガワ　ケンジ	2160033	神奈川県	川崎市宮前区
3	2	山田　愛子	ヤマダ　アイコ	1520032	東京都	目黒区平町x-
4	3	土井　夏美	ドイ　ナツミ	2702261	千葉県	松戸市常盤平
5	4	佐藤　良	サトウ　リョウ	3400046	埼玉県	草加市北谷x-
6	5	和田　奈央	ワダ　ナオ	1810005	東京都	三鷹市中原x-
7						

🔍 用語解説

PHONETIC関数

PHONETIC関数は、セルに記録されて
いるふりがなを取り出す関数です。例え
ば、セルB2に「長谷川　健司」と入力
すると、「ハセガワ　ケンジ」というふ
りがながセルB2の内部に記録されます。
「=PHONETIC(B2)」という式で、セルB2
に記録された「ハセガワ　ケンジ」を求
めることができます。なお、セルに直接入
力せず、テキストファイルなどからコピー
＆ペーストした場合は、ふりがなが取り出
せません。その場合は、改めてセルに直
接入力しましょう。

💡 使いこなしのヒント

ドラッグで式をコピーするには

セルを選択すると、右下にフィルハンドル
と呼ばれる小さな四角形が表示されます。
これを下方向にドラッグすると、セルに入
力した式が下のセルにコピーされます。

◆フィルハンドル

⏱ 時短ワザ

ダブルクリックで式をコピーできる

式を入力したセルを選択し、フィルハンド
ルにマウスポインターを合わせ、ダブル
クリックすると、隣の列の行数分だけ式が
コピーされます。表に大量のデータが入
力されている場合でも、瞬時に式をコピー
できるので便利です。

郵便番号の表示形式に［文字列］を設定する

1 ドラッグしてセルD2～D6を選択

	A	B	C	D	E	F
1	顧客番号	顧客名	顧客名カナ	郵便番号	都道府県	住
2	1	長谷川　健司	ハセガワ　ケンジ	2160033	神奈川県	川崎市宮前区
3	2	山田　愛子	ヤマダ　アイコ	1520032	東京都	目黒市平町x-
4	3	土井　夏美	ドイ　ナツミ	2702261	千葉県	松戸市常盤平
5	4	佐藤　良	サトウ　リョウ	3400046	埼玉県	草加市北谷x-
6	5	和田　奈央	ワダ　ナオ	1810005	東京都	三鷹市中原x-
7						

2 ［ホーム］タブをクリック

3 ［数値の書式］のここをクリック

4 ［文字列］をクリック

［文字列］が設定され、左揃えになった

	A	B	C	D	E	F
1	顧客番号	顧客名	顧客名カナ	郵便番号	都道府県	住
2	1	長谷川　健司	ハセガワ　ケンジ	2160033	神奈川県	川崎市宮前区
3	2	山田　愛子	ヤマダ　アイコ	1520032	東京都	目黒区平町x-
4	3	土井　夏美	ドイ　ナツミ	2702261	千葉県	松戸市常盤平
5	4	佐藤　良	サトウ　リョウ	3400046	埼玉県	草加市北谷x-
6	5	和田　奈央	ワダ　ナオ	1810005	東京都	三鷹市中原x-

5 ［上書き保存］をクリックして上書き保存する

使いこなしのヒント

データ型に合わせて書式を設定する

Excelのデータを取り込むときに、Accessは各列のデータ型を識別します。［郵便番号］の列に入力されているのは7桁の数字です。これをそのままAccessに取り込むと、数値型として取り込まれます。あらかじめ［郵便番号］の列に［文字列］を設定しておくと、Accessは郵便番号データを短いテキストと認識するのでスムーズに取り込めます。

スキルアップ

表に名前を付けておく方法もある

表に名前を付けておくと、名前が付いた範囲だけをAccessに取り込めます。操作は以下の通りです。

取り込むセル範囲を選択しておく

1 ［名前ボックス］に「名簿」と入力

2 Enter キーを押す

選択した範囲に「名簿」という名前が設定される

95 Excelの表をAccessに取り込むには

インポート

練習用ファイル L95_取り込み元.xlsx、L95_取り込み先.accdb

Excelの表をAccessの新しいテーブルとして取り込みましょう。［スプレッドシートインポートウィザード］が起動するので、画面の流れに沿って取り込む列の詳細設定や主キーの設定を行いながら取り込めます。

キーワード

インポート	P.438
フィールドサイズ	P.441
フィールドプロパティ	P.441

Excelの表をテーブルとしてインポートする

Before

Excelの表をAccessの新しいテーブルとして取り込みたい

After

新規テーブルとして取り込んだ

1 インポートを開始する

レッスン09を参考に「L95_取り込み先.accdb」を開いておく

1	［外部データ］タブをクリック	2	［新しいデータソース］をクリック

3	［ファイルから］をクリック	4	［Excel］をクリック

用語解説

インポート

ほかのアプリで作成されたデータを、Accessで使用できる形にして取り込むことを「インポート」といいます。Excelの表のほか、テキストファイルやAccessのオブジェクトもインポートできます。テキストファイルをインポートする方法は、付録を参照してください。

●外部データの取り込み設定を行う

[外部データの取り込み] 画面が
表示された

5 [参照] をクリック

[ファイルを開く] 画面が
表示された

6 取り込むファイル
をクリック

7 [開く] をクリック

取り込み元のブッ
クが選択された

[現在のデータベースの新しいテーブルにソースデー
タをインポートする] が選択されていることを確認

8 [OK] をクリック

次
の
ペ
ー
ジ
に
続
く
➡

👍 **スキルアップ**

Accessのオブジェクトを
インポートするには

ほかのAccessファイルのテーブルやクエ
リ、フォームなどのオブジェクトをイン
ポートすることができます。[外部データ]
タブの[新しいデータソース]-[データベー
スから]-[Access]をクリックし、表示
される画面で取り込むデータベースファ
イルを指定します。すると下図のような[オ
ブジェクトのインポート]画面が表示され
るので、インポートするオブジェクトを指
定します。複数のテーブルを選択した場
合、リレーションシップの設定もインポー
トされます。

1 [テーブル] タブをクリック

2 インポートするテー
ブルをクリック

3 [OK] を
クリック

💡 **使いこなしのヒント**

「リンク」って何?

操作8の画面に [リンクテーブルを作成し
てソースデータにリンクする] という選択
肢があります。「リンク」とは、データベー
スからほかのファイルに連結してそのファ
イルのデータを使用することです。リンク
にはデータを一元管理できるというメリッ
トがあります。しかし、扱えるデータ量
や処理能力はAccessのほうが高いので、
AccessからExcelにリンクするのはお勧め
できません。

2 インポートの設定を行う

[スプレッドシートインポートウィザード] が表示された

ここではExcelにあるデータの先頭行をフィールド名として取り込む

[先頭行をフィールド名として使う] がオンになっていることを確認

☑ 先頭行をフィールド名として使う(I)

1 [次へ] をクリック

フィールドの設定画面が表示された

ここでは顧客番号のデータ型を設定する

2 [顧客番号] をクリック

3 [データ型] のここをクリック

4 [長整数型] をクリック

[長整数型] が設定された

各フィールドに適切なデータ型が設定されていることを確認しておく

データ型(T): 長整数型

5 [次へ] をクリック

活用編

第11章　AccessとExcelを連携するには

💡 使いこなしのヒント

取り込むワークシートや名前の付いた範囲を指定するには

Excelのファイルの中にワークシートが複数ある場合や、名前が付いた範囲が存在する場合、操作1の画面の前に下図のような画面が表示されるので、インポートする内容を選択します。

[ワークシート] と [名前の付いた範囲] のどちらをインポートするか指定

ワークシート名または名前の一覧からインポートする内容を選択

💡 使いこなしのヒント

目的とは違うデータ型が設定された場合は

操作2の画面では、1列ずつ選択してデータ型（数値型の場合はフィールドサイズ）を確認します。目的とは異なるデータ型が設定されていた場合は、一覧から正しいデータ型を選択します。数値データのフィールドは自動的に [倍精度浮動小数点型] に分類されてしまうので、特に注意が必要です。

●インポート時に自動認識されるデータ型

Excelのデータ	自動認識されるデータ型
数値データの列	倍精度浮動小数点型
[文字列] が設定されている列	短いテキスト
[通貨表示形式] が設定されている列	通貨型

●主キーを確認する

新しいテーブルの中で主キーを付けるフィールドを設定する	ここでは［顧客番号］フィールドを主キーにする

6 ［次のフィールドに主キーを設定する］をクリック

7 ここをクリックして［顧客番号］を選択

8 ［次へ］をクリック

インポート先のテーブルに名前を付ける

9 「T_顧客」と入力　　T_顧客

10 ［完了］をクリック

データの取り込みが完了し、［インポート操作の保存］の画面が表示される

11 ［閉じる］をクリック

💡 使いこなしのヒント

取り込みたくない列がある場合は

操作2の画面で列を選択し、［このフィールドをインポートしない］にチェックマークを付けると、選択した列をインポートから除外できます。

取り込みたくない列を選択しておく

ここをクリックしてチェックマークを付けると、選択した列をインポートから除外できる

💡 使いこなしのヒント

主キーを設定するには

操作6の画面では、主キーのフィールドを設定します。インポートする表の中から主キーを選択する場合は、重複データが入力されていない列を選択する必要があります。主キーにふさわしい列が存在しない場合は、［主キーを自動的に設定する］をクリックすると、「ID」という名前のオートナンバー型のフィールドが先頭の列に挿入され、［ID］フィールドが主キーになります。

💡 使いこなしのヒント

インポート操作は保存できる

操作11の画面で［インポート操作の保存］にチェックマークを付けると、インポートの設定が保存されます。［外部データ］タブの［保存済みのインポート操作］をクリックすることで、前回と同じファイルから同じ設定で素早くインポートを実行できます。

次のページに続く➡

3 インポートされたテーブルを確認する

ナビゲーションウィンドウに [T_顧客]
が表示された

1 [T_顧客] をダブルクリック

テーブルが表示された

Excelのデータがきちんとインポート
されていることを確認

フィールドプロパティを編集するために
デザインビューに切り替える

2 [ホーム] タブを
クリック

3 [表示] をクリック　　デザインビューが表示される

🔅 使いこなしのヒント

**インポートしたデータと
デザインを確認しよう**

Excelの表をインポートしたら、まずデー
タが正しく取り込まれたかどうか、データ
シートビューを確認します。次に、デザ
インビューに切り替えて、フィールド名や
データ型、フィールドサイズが適切かどう
かを確認しましょう。

🔅 使いこなしのヒント

**必要に応じて主キーフィールドの
名前を変更する**

[スプレッドシートインポートウィザード]
で主キーフィールドを自動挿入した場合、
フィールド名は「ID」になります。そのま
までは分かりづらいので、デザインビュー
で適切な名前に変更しましょう。

🔅 使いこなしのヒント

**Excelの計算式のセルを
取り込むとどうなるの?**

計算式が入力されているExcelの表をイン
ポートすると、計算式ではなく計算結果
の値が取り込まれます。例えば、[登録月]
の列をインポートした場合、月を求める式
ではなく、「4」「5」などの数値が取り込ま
れます。[登録日] の日付を変更しても、
[登録月] は変更されません。計算で求め
られる値は取り込まず、Accessで改めて
計算するほうがいいでしょう。

●フィールドプロパティを設定する

[顧客名] フィールドのフィールド
プロパティを設定する

4 [顧客名] フィールドをクリック

5 [フィールドサイズ] に「30」と入力

6 [書式] をクリック

必要に応じてその他のフィールドの
フィールドプロパティも設定しておく

7 Delete キーを押して「@」を削除

8 [上書き保存] をクリック

[一部のデータが失われる可能性が
あります] と表示された

9 [はい] をクリック　テーブルを閉じておく

使いこなしのヒント

**フィールドプロパティを
適切に設定する**

短いテキストのフィールドは、[フィールドサイズ] プロパティが255文字に設定されます。例えば [顧客名] フィールドは、余裕を見ても30文字あれば十分です。255文字のまま使用すると、ディスクスペースの無駄になります。フィールドごとに [フィールドサイズ] プロパティを適切に修正しましょう。

●フィールドサイズの設定

フィールド名	フィールドサイズ
顧客名	30
顧客名カナ	30
郵便番号	10
都道府県	10
住所	50
電話番号	20

使いこなしのヒント

[書式] プロパティの「@」とは

Excelからインポートした短いテキストのフィールドには、[書式] プロパティに「@」が設定されます。「@」は文字列データをそのまま表示させるための記号です。今後、[定型入力] プロパティでデータの表示方法を設定したときに、[書式] プロパティの「@」の影響で意図した表示にならないことがあるので削除しておきます。

96
Excelのデータを既存のテーブルに追加するには

コピー／貼り付け

練習用ファイル　L96_コピー.xlsx、L96_貼り付け.accdb

Excelの表とAccessのテーブルのフィールド構成が一致している場合、コピー／貼り付けを利用してExcelのデータをテーブルに追加できます。Excelの表の一部の行だけを追加したいときにも有効です。

活用編　第11章　AccessとExcelを連携するには

Excelの表を既存のテーブルに追加する

Before

	A	B	C	D	E	F	G	H	I
1	顧客番号	顧客名	顧客名カナ	郵便番号	都道府県	住所	電話番号	DM希望	登録日
2	6	鳥居　みのり	トリイ　ミノリ	2200051	神奈川県	横浜市西区中央x-x-x	045-331-xxxx	FALSE	2023/5/7
3	7	天野　翔太	アマノ　ショウタ	2750014	千葉県	習志野市鷺沼x-x-x	0474-52-xxxx	FALSE	2023/5/7
4	8	鈴木　卓也	スズキ　タクヤ	1540001	東京都	世田谷区池尻x-x-x	03-3341-xxxx	TRUE	2023/5/14
5									
6									

Excelの表をAccessのテーブルに追加したい

After

田 T_顧客 ×

顧客番号	顧客名	顧客名カナ	郵便番号	都道府県	住所	電話番号	DM希望	登録日
1	長谷川 健司	ハセガワ ケン	2160033	神奈川県	川崎市宮前区	044-639-xxxx	☑	2023/04/01
2	山田 愛子	ヤマダ アイコ	1520032	東京都	目黒区平町x-	03-4521-xxxx	☐	2023/04/05
3	土井 夏美	ドイ ナツミ	2702261	千葉県	松戸市常盤平	0473-48-xxxx	☑	2023/04/12
4	佐藤 良	サトウ リョウ	3400046	埼玉県	草加市北谷x-	0489-32-xxxx	☑	2023/04/21
5	和田 奈央	ワダ ナオ	1810005	東京都	三鷹市中原x-	0422-47-xxxx	☑	2023/04/28
6	鳥居 みのり	トリイ ミノリ	2200051	神奈川県	横浜市西区中	045-331-xxxx	☐	2023/05/07
7	天野 翔太	アマノ ショウ	2750014	千葉県	習志野市鷺沼	0474-52-xxxx	☐	2023/05/07
8	鈴木 卓也	スズキ タクヤ	1540001	東京都	世田谷区池尻	03-3341-xxxx	☑	2023/05/14

既存のテーブルの下に追加された

1　Excelのデータをコピーする

L96_コピー.xlsx

Excelで「L96_コピー.xlsx」を開いておく

ExcelのデータをAccessの [T_顧客] のデータに追加する	1	[ホーム] タブをクリック

💡 使いこなしのヒント

Excelの表を整理しておく

ExcelのデータをAccessの既存のテーブルに追加するときは、レッスン94を参考にフィールド構成を確認しておきましょう。フィールドの順序がテーブルと異なったり、余計なフィールドが存在したりすると、正しく追加できません。

●データを選択する

[顧客名]～[登録日]のデータを
コピーする

2 セルA2～I4をドラッグして
選択

3 [コピー]をクリック

選択した箇所が破線で囲まれた | データがコピーされた

2 Accessのテーブルに貼り付ける

L96_貼り付
け.accdb

コピーしたデータをAccessの
テーブルに貼り付ける

レッスン11を参考に[T_顧客]を
データシートビューで表示しておく

ナビゲーションウィンドウを閉じて
データ全体を表示する

1 [シャッターバーを開く/閉じる]
ボタンをクリック

ショートカットキー

コピー　　　　　　　　　Ctrl + C

使いこなしのヒント

**リボンのボタンを使って
テーブルに追加するには**

レッスン95と同様にリボンのボタンを
使ってテーブルに追加することもできま
す。データベースファイルにテーブルが存
在する場合、レッスン95の手順1の操作8
の画面に[レコードのコピーを次のテーブ
ルに追加する]という選択肢が表示され
ます。その選択肢を選び、データを追加
するテーブルを指定すると、指定したテー
ブルにExcelのデータを追加できます。

ここをクリックしてテーブルを
選択する

使いこなしのヒント

**同じ処理を繰り返すなら
インポート操作を保存しよう**

同じファイルから定型的にレコードの追加
を行う場合は、上のヒントを参考にイン
ポートを実行し、最後の画面でインポート
操作を保存しておくといいでしょう。毎回
手作業でコピーするより効率的です。そ
の場合、ExcelのファイルからAccessに追
加済みのデータを削除して、インポートす
るデータが重複しないようにしましょう。

次のページに続く➡

●貼り付ける場所を選択する

ナビゲーションウィンドウが閉じて
データ全体が表示された

2 新しいレコードのレコード
セレクターをクリック

最終行がすべて
選択された

3 [貼り付け] を
クリック

貼り付けを確認する画面が表示される

Microsoft Access ×

⚠ 3 件のレコードを貼り付けようとしています。

レコードを貼り付けますか？

[はい(Y)] いいえ(N)

4 [はい] をクリック

テーブルにデータが追加された

💡 使いこなしのヒント

新規入力行全体を選択しておく

特定のフィールドを選択した状態や、セルの中にカーソルがある状態で貼り付けを行うと、レコードを貼り付けられません。手順のように新規入力行全体を選択して貼り付けましょう。

⌨ ショートカットキー

貼り付け　　　　　　　[Ctrl]+[V]

⚠ ここに注意

主キーフィールドの値が重複していると、エラーメッセージが表示され、レコードを貼り付けることができません。Excelの表の主キーフィールドの値を調整して、コピー／貼り付けをやり直しましょう。

コピーを利用してExcelの表からテーブルを作成するには

Excelの表全体をコピーして、Accessのデータベースに貼り付けると、表がテーブルとして貼り付けられます。その際、「データの最初の行には、列ヘッダーが含まれていますか？」というメッセージが表示されるので、[はい] をクリックすると、表の先頭行の項目名がフィールド名となります。ワークシート名がテーブル名となるので、適切な名前に変更しましょう。また、デザインビューを表示して、必要に応じて各フィールドのデータ型やフィールドサイズなどを設定し直しましょう。主キーを設定すれば、データは主キーの昇順に並べ替えられます。

●Excelのデータをコピーする

Excelの表を開いておく

1 セルA1 〜 I4をドラッグ　　2 [コピー] をクリック

●Accessに貼り付ける

Accessのデータベースを
開いておく

3 [貼り付け] をクリック

●表示を確認する

列ヘッダーの有無を確認する
画面が表示される

4 [はい] をクリック

●表示を確認する

データがインポートされたことを
確認する画面が表示される

5 [OK] をクリック

●データが貼り付けられる

Excelのデータが新規テーブルとして貼り付けられた

6 [Sheet1] を
ダブルクリック

●貼り付けられたデータを確認する

Sheet1がデータシートビューで
表示される

Excelの表が貼り付けられている

97 Accessの表を Excelに出力するには

エクスポート

AccessのテーブルやクエリのデータをExcelのファイルとして出力することが可能です。Excelのさまざまな機能を使用してデータ分析したり、グラフを作成して報告書の資料にしたりと、使い慣れた環境でデータを活用できます。

🔍 キーワード

| エクスポート | P.438 |
| クエリ | P.439 |

活用編

第11章 AccessとExcelを連携するには

テーブルやクエリからExcelファイルを作成する

Before

クエリのデータを Excelに出力したい

After

Excelのファイルに エクスポートされた

1 AccessのクエリをExcelにエクスポートする

レッスン09を参考に「L97_出力.accdb」を開いておく

1 [Q_受注明細一覧]を クリック

2 [外部データ] タブ をクリック

3 [Excel] を クリック

📖 用語解説

エクスポート

Accessのデータを外部のファイルに出力することを「エクスポート」といいます。Excelやテキストファイルなどにエクスポートできます。テキストファイルにエクスポートする方法は、付録を参照してください。

●エクスポート先を指定する

[エクスポート]画面が表示された

4 [参照]をクリック

エクスポート - Excel スプレッドシート

データのエクスポート先の選択

エクスポート先のファイルの名前と形式を指定してください。

ファイル名(F): C:¥Users¥dekir¥OneDrive¥ドキュメント¥Q_受注明細一覧.xlsx [参照(R)...]

ファイル形式(T): Excel Workbook (*.xlsx)

エクスポートのオプションを指定してください。

テーブルのリレーションシップ、集計列、入力規則、既定値、および OLE オブジェクトのような従来からのデータ型の列はインポートされません。

5 保存先を選択

6 [ファイル名]に「受注明細一覧」と入力

名前を付けて保存

← → ↑ ■ > あきこ-... > ドキュメント

整理 ▼ 新しいフォルダー

> ● あきこ - 個人用

名前 / 状態 更新日時

■ デスクトップ
Office のカスタム テンプレート ⊘ 2022/11/24 10:34
L95_取り込み元 ⊘ 2022/12/12 14:36

↓ ダウンロード
■ ドキュメント
■ ピクチャ
♪ ミュージック
▶ ビデオ

ファイル名(N): 受注明細一覧

ファイルの種類(T): Excel Workbook

∧ フォルダーの非表示 ツール(L) ▼ [保存(S)] キャンセル

7 [保存]をクリック

元の画面に戻る

8 [OK]をクリック

エクスポート - Excel スプレッドシート

データのエクスポート先の選択

エクスポート先のファイルの名前と形式を指定してください。

ファイル名(F): C:¥Users¥dekir¥OneDrive¥ドキュメント¥受注明細一覧.xlsx [参照(R)...]

ファイル形式(T): Excel Workbook (*.xlsx)

エクスポートのオプションを指定してください。

テーブルのリレーションシップ、集計列、入力規則、既定値、および OLE オブジェクトのような従来からのデータ型の列はインポートされません。
詳細については、Microsoft Access ヘルプで「インポート」を検索してください。

☐ 書式設定とレイアウトを保持したままデータをエクスポートする(W)
テーブル、クエリ、フォーム、またはレポートをエクスポートするときに、書式情報とレイアウト情報をほぼ保持する場合は、このオプションを選択します。

☐ エクスポートの完了後にエクスポート先のファイルを開く(A)
エクスポート操作の結果を表示する場合は、このオプションを選択します。これは、書式設定されたデータをエクスポートする場合のみ使用できます。

☐ 選択したレコードのみをエクスポートする(S)
選択したレコードだけをエクスポートする場合は、このオプションを選択します。これは、書式設定されたデータをエクスポートするときのみ選択

[OK] キャンセル

次のページに続く→

💡 使いこなしのヒント

ほかのAccessファイルにエクスポートするには

ナビゲーションウィンドウでオブジェクトを選択し、[外部データ]タブの[Access]をクリックして出力先のデータベースファイルを指定すると、選択したオブジェクトをほかのデータベースにエクスポートできます。

1 ここをクリック

ファイル ホーム 作成 外部データ

保存済みのインポート操作 Access
新しいデータソース▼ リンク テーブル マネージャー Word 差し
その他▼

インポートとリンク

すべての Access... ⊙ <

検索...

テーブル
▦ T_顧客
▦ T_受注
▦ T_受注明細

クエリ
▭ Q_受注明細一覧

エクスポート先にAccessのファイルを選択できる

💡 使いこなしのヒント

「書式設定とレイアウトの保持」って何?

操作8の画面に[書式設定とレイアウトを保持したままデータをエクスポートする]という設定項目があります。ここにチェックマークを付けると、出力先のExcelの表の列見出しのセルに色が付いたり、金額データに「¥」が付いたり、Accessのデータシートに合わせて列幅が調整されたりします。

💡 使いこなしのヒント

エクスポートの設定を保存するには

次ページの操作9の画面で[エクスポート操作の保存]にチェックマークを付けると、エクスポートの設定を保存できます。詳しい操作方法は、レッスン98で紹介します。

●［エクスポート］画面を閉じる

エクスポートが完了した

9 ［閉じる］をクリック

2 エクスポートしたExcelのファイルを確認する

保存先のフォルダーを表示してエクスポートしたExcelのファイルを開く

1 「受注明細一覧」をダブルクリック

Excelが起動してデータが表示された

［Q_受注明細一覧］の内容が反映されていることが確認できる

必要に応じて列幅を調整する

列幅を調整しよう

Excelにエクスポートしたときに、数値や日付が「######」と表示される場合があります。列幅を広げると、データが正しく表示されます。

日付が「######」と表示されている

1 B列の列番号の境界線をダブルクリック

B列の列幅が調整された

日付が正しく表示された

表示形式を調整しよう

データをExcelにエクスポートしたときに、金額に小数点以下が表示されたり、日付が「日-月-年」で表示されたりすることがあります。そのようなセルを選択して、［ホーム］タブの［数値の書式］の一覧から表示形式を設定すると、データを目的の形式で表示できます。

ここをクリックして表示形式を設定する

AccessのテーブルをExcelにコピーするには

Excelのワークシートにアクセスのテーブルやクエリをコピーするには、双方のファイルを開いて並べておきます。Accessのナビゲーションウィンドウでテーブルかクエリを選択し、Excelのセルまでドラッグすると、データが貼り付けられます。貼り付け後、必要に応じて列幅や表示形式を調整しましょう。

ちなみに、Accessのテーブルやクエリをデータシートビューで開き、➕の形のマウスポインターでドラッグすると、データシートの複数のセルを選択できます。選択範囲をExcelまでドラッグすると、テーブルやクエリの一部をコピーできます。

●並べて表示する

Excelで新規ブックを作成しておく

1 コピー元（Access）とコピー先（Excel新規ブック）を開いて並べる

●ナビゲーションウィンドウからコピーする

2 クエリを選択してコピー先のセルにドラッグ

●Accessのテーブルデータが貼り付けられる

Accessのテーブルデータがエクセルの新規ブックに貼り付けられた

●表示を確認する

Accessのテーブルデータの内容がきちんとコピーされているか確認する

必要に応じて列幅を調整する

エクスポートの操作を保存するには

エクスポート操作の保存 | **練習用ファイル** L98_出力先保存.accdb

同じオブジェクトに対して定期的にインポートやエクスポートを行う場合、その都度設定を行うのは面倒なので、操作そのものを保存しましょう。ここではエクスポートを例に操作の保存方法と保存した操作の実行方法を紹介します。

キーワード

インポート	P.438
エクスポート	P.438

エクスポートの設定を保存する

After

エクスポート操作が保存され、Accessのメニューから選択できるようになる

1 エクスポート操作を保存する

レッスン97を参考にエクスポート先にファイルを保存しておく

1 [エクスポートの操作の保存] をクリックしてチェックマークを付ける

使いこなしのヒント

インポート操作も保存できる

ここではエクスポート操作を保存しますが、インポート操作も同じ要領で保存できます。レッスン95の手順2の操作11の画面で [インポート操作の保存] にチェックマークを付けて、[名前を付けて保存] 欄にインポート操作の名前を設定して保存します。

●名前を付ける

画面にエクスポート操作の保存のための
設定項目が表示された

エクスポート操作の
名前を付ける

2 「エクスポート-受注明細
一覧」と入力

エクスポート-受注明細一覧

3 [エクスポートの保存]
をクリック

エクスポート操作が
保存された

2 保存した操作を実行する

データベースの画面
に戻る

1 [外部データ] タブを
クリック

2 [保存済みのエクスポート操作]
をクリック

使いこなしのヒント

分かりやすい名前を付けよう

エクスポート操作を呼び出すときに名前
の一覧から選択するので、分かりやすい
名前を付けましょう。[名前を付けて保存]
欄の下の [説明] 欄にエクスポートするオ
ブジェクトなどの覚書を入力しておくと、
呼び出すときにその説明も確認できます。

使いこなしのヒント

**Accessの設定ではなく
データベースファイルに保存される**

エクスポート操作やインポート操作は、
Accessではなくデータベースファイルに
保存されます。そのため、保存した操作
をほかのデータベースファイルで使用で
きません。

使いこなしのヒント

インポート操作を呼び出すには

保存したインポート操作を呼び出すには、
[外部データ] タブの [保存済みのインポー
ト操作] をクリックし、開く画面でインポー
ト操作名をクリックします。

次のページに続く➡

●エクスポート操作を実行する

[データタスクの管理] 画面が表示された

手順1で保存したデータが
表示されている

3 [エクスポート-受注明細一覧]
をクリック

4 [実行] をクリック

「既存のファイルを更新しますか?」
というメッセージが表示された

5 [はい] をクリック

エクスポートの完了を確認する
メッセージが表示された

6 [OK] をクリック　　エクスポートが完了した

活用編
第11章　AccessとExcelを連携するには

使いこなしのヒント

エクスポート先のファイル名を変更するには

手順2の操作3の画面に表示されるエクスポート先のファイル名をクリックすると、カーソルが表示され、編集を行えます。同じ要領でエクスポート操作の名前や説明も編集できます。

クリックして編集できる

使いこなしのヒント

エクスポート操作を削除するには

操作3の画面でエクスポート操作を選択し、[削除] をクリックすると削除できます。

使いこなしのヒント

既存のファイルは上書き保存される

エクスポート操作では、毎回決まったオブジェクトが決まったファイルに書き出されます。前回書き出したファイルをそのままにしておくと、操作5の確認メッセージが表示され、上書き保存されます。上書き保存したくない場合は、前回エクスポートしたファイルのファイル名を変更しておくか、別の場所に移動しておきましょう。

エクスポートするデータの期間を指定できるようにするには

パラメータークエリをエクスポートすると、エクスポートの実行時にその都度抽出条件を指定できるようになります。以下の例では、パラメータークエリの条件として、[受注日] フィールドに「>=[いつから？]」を設定しています。エクスポートの実行時に指定した日付以降のデータがエクスポートされます。ちなみに抽出条件を「Between [開始日] And [終了日]」とすれば、指定した開始日から終了日までのデータをエクスポートできます。

●抽出条件を指定する

1 [Q_受注明細一覧] クエリをデザインビューで開く

2 [受注日] フィールドの [抽出条件] 欄に「>=[いつから？]」と入力

3 クエリを上書き保存して閉じる

●パラメータークエリをエクスポートする

4 [Q_受注明細一覧] クエリをクリック

5 [外部データ]タブの[Excel]をクリック

●ファイル名を指定する

6 [ファイル名] を指定

C:¥Users¥dekir¥OneDrive¥ドキュメント¥Q_受注明細一覧.xlsx

7 [OK] をクリック

●日付を入力する

[パラメーターの入力] 画面が表示された

8 日付を入力

9 [OK] をクリック

●エクスポートを確認する

指定した日付以降のレコードがエクスポートされた

エクスポート操作を保存しておくと、毎回エクスポートの実行時に抽出条件を指定できる

99

Excelへの出力をマクロで
自動化するには

自動でエクスポート L99_出力自動化.accdb

インポート操作やエクスポート操作を保存しておき、[保存済みのインポート／エクスポート操作の実行] アクションを使用してマクロを作成すると、インポートやエクスポートを自動化できます。ここではエクスポートを例として解説します。

キーワード

エクスポート	P.438
マクロ	P.442
マクロビルダー	P.442

ボタンのクリックでエクスポートを実行する

After

ここでは [受注明細一覧のエクスポート] ボタンをクリックすると、Excelへのエクスポートが実行される設定を行う

1 保存されたエクスポート操作を確認する

レッスン97を参考にエクスポート先にファイルを保存しておく

1 [エクスポートの操作の保存] をクリックしてチェックマークを付ける

使いこなしのヒント

エクスポート操作を保存する

Excelへのエクスポートを自動化するための準備として、エクスポートを実際に実行し、エクスポート操作を保存します。インポート操作を自動化する場合も、事前にインポートを実行してインポート操作を保存してください。

●エクスポート操作の名前を確認する

エクスポート操作の名前を付ける	**2** [名前を付けて保存]に「エクスポート-受注明細一覧」と入力

3 [エクスポートの保存]をクリック	エクスポート操作が保存された

2 エクスポートを実行するマクロを作成する

レッスン38を参考に[F_エクスポートメニュー]をフォームのデザインビューで開いておく	プロパティシートを表示しておく

1 [受注明細一覧のエクスポート]ボタンをクリック

2 [イベント]タブをクリック	**3** [クリック時]をクリック

4 ここをクリック

次のページに続く ➡

使いこなしのヒント

エクスポート操作の名前

操作2で指定した名前はマクロの作成時に使用するので、分かりやすい名前を付けておきましょう。

使いこなしのヒント

マクロビルダーでマクロを作成する

手順2ではエクスポートを実行するマクロを作成しますが、基本的な作成の流れはレッスン87、88と同じです。ボタンの[クリック時]イベントからマクロビルダーを起動し、アクションと引数を指定します。

使いこなしのヒント

[F_エクスポートメニュー]フォームの内容

練習用ファイルの[F_エクスポートメニュー]フォームは、レッスン86で紹介した[F_メニュー]フォームと同じ方法で作成したものです。[フォームヘッダー]セクションにラベル、[詳細]セクションにボタンを配置してあります。また、フォームの[レコードセレクタ]プロパティと[移動ボタン]プロパティにそれぞれ[いいえ]を設定してあります。

●ビルダーを選択する

[ビルダーの選択] 画面が表示される

5 [マクロビルダー] を
クリック

6 [OK] をクリック

マクロビルダーが起動した

7 [すべてのアクションを表示] を
クリック

8 ここをクリック

9 [保存済みのインポート／エクスポート
操作の実行] をクリック

10 ここをクリックして [エクスポート-
受注明細一覧] を選択

11 [上書き保存] をクリック

12 [閉じる] をクリック

使いこなしのヒント

**[すべてのアクションを表示]
って何?**

マクロビルダーのアクションの一覧には、
オブジェクトの変更やデータの書き換え
など、実行に注意が必要なアクションが
表示されません。そのようなアクションを
使用したいときは、[マクロデザイン] タ
ブの[すべてのアクションを表示]をクリッ
クすると、一覧にすべてのアクションを表
示できます。

使いこなしのヒント

アクションカタログを使用する場合は

アクションカタログを使用する場合も、事
前に [すべてのアクションを表示] をオ
ンの状態にしてからアクションを選択し
ます。項目の先頭の ⚠ マークは、[すべて
のアクションを表示] をオンにすることに
よって表示されるアクションを示します。

3 マクロの動作を確認する

［保存済みのインポート／エクスポート操作の実行］アクション

［保存済みのインポート／エクスポート操作の実行］アクションは、保存済みのインポート操作やエクスポート操作を実行するアクションです。引数［保存済みのインポート／エクスポート操作の名前］を指定することで、指定したインポートまたはエクスポートが実行されます。

マクロビルダーが閉じた　　　［埋め込みマクロ］と表示された

［上書き保存］をクリックして上書き保存しておく　

フォームビューに切り替える　**1**　［受注明細一覧のエクスポート］ボタンをクリック

エクスポートが実行された

2　［OK］をクリック

'Q_受注明細一覧' をエクスポートしました。

［Q_受注明細一覧］の内容がExcelにエクスポートされた

実行のたびに上書きされる

レッスン98の操作と同様に、マクロを実行するたびに、エクスポート先のExcelファイルが上書きされます。前回エクスポートしたExcelファイルをとっておきたい場合は、別の場所に移動するか、ファイル名を変更しておきましょう。

パラメータークエリを利用するには

レッスン98のスキルアップを参考にパラメータークエリのエクスポート操作を保存し、マクロに割り付けると、実行のたびにエクスポートするレコードの条件を指定できます。

この章のまとめ

2つのソフトの長所を活かそう

AccessとExcelを連携すると、さらにデータ活用の幅が広がります。例えば、データ管理をExcelからAccessに移行する場合は、ExcelからAccessにデータをインポートすることで効率的にテーブルを作成できます。また、Accessに蓄積した中から必要なデータをExcelにエクスポートすることで、使い慣れたExcelでデータ分析やグラフの作成などが行えます。定期的にインポートやエクスポートを実行する場合は操作を保存しておくと時短になります。AccessとExcelの特徴を理解して、データを有効活用してください。

Excelとの連携、仕事に役立ちそうです！

ExcelとAccess、それぞれの長所を組み合わせましょう。設定が少し細かいので、丁寧にチェックするのがコツです。

マクロとの組み合わせが楽しかったです！

定期的な集計なんかは、ボタン1つで済ませちゃいましょう♪単純作業を大幅に減らせば、業務改革できますよ！

付録 1 データベース入力サンプル

本書で入力するデータの内容です。第2章と第4章で入力する顧客データは途中で入力をキャンセルすると[顧客番号]の値がずれ、欠番が出る可能性があるので注意してください。第6章、第7章で受注データを入力する際に、欠番の[顧客番号]を入力するとエラーになります。第6章と第7章で入力する受注明細データの[明細番号]は値がずれてもかまいません。なお、サンプルデータを入力した練習用ファイルは、以下のURLからダウンロードできます。

練習用ファイルのダウンロードページ：**https://book.impress.co.jp/books/1122101135**

● 第2章で入力するサンプルデータ

顧客番号	顧客名	顧客名カナ	郵便番号	都道府県	住所	電話番号	DM希望	登録日
1	長谷川 健司	ハセガワ ケンジ	216-0033	神奈川県	川崎市宮前区宮崎x-x-x	044-639-xxxx	Yes	2023/4/1
2	山田 愛子	ヤマダ アイコ	152-0032	東京都	目黒区平町x-x-x	03-4521-xxxx	No	2023/4/5
3	土井 夏美	ドイ ナツミ	270-2261	千葉県	松戸市常盤平x-x-x	0473-48-xxxx	Yes	2023/4/12
4	佐藤 良	サトウ リョウ	340-0046	埼玉県	草加市北谷x-x-x	0489-32-xxxx	Yes	2023/4/21
5	和田 奈央	ワダ ナオ	181-0005	東京都	三鷹市中原x-x-x	0422-47-xxxx	Yes	2023/4/28
6	鳥居 みのり	トリイ ミノリ	220-0051	神奈川県	横浜市西区中央x-x-x	045-331-xxxx	No	2023/5/7
7	天野 翔太	アマノ ショウタ	275-0014	千葉県	習志野市鷺沼x-x-x	0474-52-xxxx	No	2023/5/7
8	鈴木 卓也	スズキ タクヤ	154-0001	東京都	世田谷区池尻x-x-x	03-3341-xxxx	Yes	2023/5/14
9	藤井 聖子	フジイ セイコ	140-0014	東京都	品川区大井x-x-x	03-5521-xxxx	Yes	2023/5/18
10	佐藤 由香	サトウ ユカ	261-0012	千葉県	千葉市美浜区磯辺x-x-x	043-276-xxxx	Yes	2023/5/23
11	山田 健	ヤマダ タケル	350-1108	埼玉県	川越市伊勢原町x-x-x	0492-32-xxxx	No	2023/6/1
12	小川 直人	オガワ ナオト	183-0022	東京都	府中市宮西町x-x-x	042-335-xxxx	No	2023/6/9
13	佐藤 順子	サトウ ジュンコ	153-0042	東京都	目黒区青葉台x-x-x	03-3781-xxxx	Yes	2023/6/16
14	堀 雄介	ホリ ユウスケ	115-0056	東京都	北区西が丘x-x-x	03-3911-xxxx	Yes	2023/6/18
15	茂木 麻衣子	モギ マイコ	227-0034	神奈川県	横浜市青葉区桂台x-x-x	045-921-xxxx	Yes	2023/6/23

● 第4章で入力するサンプルデータ

顧客番号	顧客名	顧客名カナ	郵便番号	都道府県	住所	電話番号	DM希望	登録日
16	長谷 隆介	ハセ リュウスケ	279-0013	千葉県	浦安市日の出x-x-x	047-356-xxxx	Yes	2023/7/3

次のページに続く ➡

顧客番号	顧客名	顧客名カナ	郵便番号	都道府県	住所	電話番号	DM希望	登録日
17	古宇田　愛	コウダ　アイ	112-0002	東京都	文京区小石川x-x-x	03-3811-xxxx	No	2023/7/9
18	野村　英人	ノムラ　ヒデト	302-0011	茨城県	取手市井野x-x-x	0297-71-xxxx	Yes	2023/7/11
19	島田　誠	シマダ　マコト	191-0065	東京都	日野市旭が丘x-x-x	042-587-xxxx	Yes	2023/7/18
20	江田　千秋	エダ　チアキ	343-0023	埼玉県	越谷市東越谷x-x-x	048-963-xxxx	Yes	2023/7/30
21	小長谷　雪	コバセ　ユキ	251-0861	神奈川県	藤沢市大庭x-x-x	0466-87-xxxx	Yes	2023/8/2
22	藤木　卓也	フジキ　タクヤ	188-0012	東京都	西東京市南町x-x-x	0424-66-xxxx	No	2023/8/7
23	松永　紀香	マツナガ　ノリカ	320-0021	栃木県	宇都宮市東塙田x-x-x	027-348-xxxx	Yes	2023/8/15
24	三井　正弘	ミツイ　マサヒロ	144-0053	東京都	大田区蒲田本町x-x-x	03-3722-xxxx	Yes	2023/8/15
25	早川　陸	ハヤカワ　リク	274-0801	千葉県	船橋市高野台x-x-x	047-441-xxxx	No	2023/8/23

●第6章で入力するサンプルデータ

受注番号	受注日	顧客番号
1001	2023/4/1	1

明細番号	内容	分類	単価	数量	金額
1	庭木のお手入れ（高木）	メンテナンス	¥20,000	2	¥40,000
2	庭木のお手入れ（低木）	メンテナンス	¥4,000	3	¥12,000

受注番号	受注日	顧客番号
1002	2023/4/5	2

明細番号	内容	分類	単価	数量	金額
3	ウッドデッキ設置	外構工事	¥120,000	1	¥120,000

●第7章で入力するサンプルデータ

受注番号	受注日	顧客番号
1003	2023/4/12	3

明細番号	内容	分類	単価	数量	金額
4	ガーデンライト設置	外構工事	¥5,000	5	¥25,000
5	芝生のお手入れ	メンテナンス	¥23,000	1	¥23,000
6	除草	メンテナンス	¥8,000	1	¥8,000

受注番号	受注日	顧客番号
1004	2023/4/22	4

明細番号	内容	分類	単価	数量	金額
7	フェンス設置	外構工事	¥236,000	1	¥236,000

受注番号	受注日	顧客番号
1005	2023/5/7	6

明細番号	内容	分類	単価	数量	金額
8	生垣制作	外構工事	¥130,000	1	¥130,000
9	除草	メンテナンス	¥32,000	1	¥32,000

付録

受注番号	受注日		顧客番号			
1006	2023/5/10		1			
明細番号	内容		分類	単価	数量	金額
10	ガーデンライト設置		外構工事	¥5,000	5	¥25,000

受注番号	受注日		顧客番号			
1007	2023/5/10		7			
明細番号	内容		分類	単価	数量	金額
11	庭木のお手入れ（高木）		メンテナンス	¥20,000	2	¥40,000
12	芝張り		外構工事	¥150,000	1	¥150,000

受注番号	受注日		顧客番号			
1008	2023/5/14		8			
明細番号	内容		分類	単価	数量	金額
13	植栽		外構工事	¥98,000	1	¥98,000

受注番号	受注日		顧客番号			
1009	2023/5/16		4			
明細番号	内容		分類	単価	数量	金額
14	庭木のお手入れ（中木）		メンテナンス	¥8,000	5	¥40,000

受注番号	受注日		顧客番号			
1010	2023/5/20		9			
明細番号	内容		分類	単価	数量	金額
15	芝生のお手入れ		メンテナンス	¥37,000	1	¥37,000

受注番号	受注日		顧客番号			
1011	2023/6/1		11			
明細番号	内容		分類	単価	数量	金額
16	ウッドデッキ設置		外構工事	¥150,000	1	¥150,000

受注番号	受注日		顧客番号			
1012	2023/6/3		1			
明細番号	内容		分類	単価	数量	金額
17	庭木のお手入れ（高木）		メンテナンス	¥20,000	2	¥40,000
18	庭木のお手入れ（低木）		メンテナンス	¥4,000	3	¥12,000

受注番号	受注日		顧客番号			
1013	2023/6/9		12			
明細番号	内容		分類	単価	数量	金額
19	テラス屋根設置		外構工事	¥148,000	1	¥148,000

受注番号	受注日		顧客番号			
1014	2023/6/16		13			
明細番号	内容		分類	単価	数量	金額
20	整地		外構工事	¥60,000	1	¥60,000
21	ガーデンライト設置		外構工事	¥5,000	7	¥35,000

受注番号	受注日		顧客番号			
1015	2023/6/20		14			
明細番号	内容		分類	単価	数量	金額
22	庭木のお手入れ（高木）		メンテナンス	¥20,000	3	¥60,000

次のページに続く ➡

受注番号	受注日	顧客番号			
1016	2023/6/23	15			
明細番号	内容	分類	単価	数量	金額
23	除草	メンテナンス	¥59,000	1	¥59,000

受注番号	受注日	顧客番号			
1017	2023/6/29	7			
明細番号	内容	分類	単価	数量	金額
24	庭木のお手入れ（高木）	メンテナンス	¥20,000	2	¥40,000
25	芝生のお手入れ	メンテナンス	¥35,000	1	¥35,000

受注番号	受注日	顧客番号			
1018	2023/7/3	16			
明細番号	内容	分類	単価	数量	金額
26	生垣制作	外構工事	¥235,000	1	¥235,000

受注番号	受注日	顧客番号			
1019	2023/7/9	17			
明細番号	内容	分類	単価	数量	金額
27	庭木のお手入れ（高木）	メンテナンス	¥20,000	5	¥100,000

受注番号	受注日	顧客番号			
1020	2023/7/11	18			
明細番号	内容	分類	単価	数量	金額
28	植栽	外構工事	¥62,000	1	¥62,000

受注番号	受注日	顧客番号			
1021	2023/7/18	19			
明細番号	内容	分類	単価	数量	金額
29	ガーデンライト設置	外構工事	¥5,000	3	¥15,000
30	芝生のお手入れ	メンテナンス	¥34,000	1	¥34,000

受注番号	受注日	顧客番号			
1022	2023/8/1	20			
明細番号	内容	分類	単価	数量	金額
31	庭木のお手入れ（中木）	メンテナンス	¥8,000	10	¥80,000

受注番号	受注日	顧客番号			
1023	2023/8/8	22			
明細番号	内容	分類	単価	数量	金額
32	庭木のお手入れ（高木）	メンテナンス	¥20,000	3	¥60,000

受注番号	受注日	顧客番号			
1024	2023/8/15	23			
明細番号	内容	分類	単価	数量	金額
33	フェンス設置	外構工事	¥320,000	1	¥320,000

受注番号	受注日	顧客番号			
1025	2023/8/16	24			
明細番号	内容	分類	単価	数量	金額
34	庭木のお手入れ（高木）	メンテナンス	¥20,000	2	¥40,000
35	庭木のお手入れ（低木）	メンテナンス	¥4,000	3	¥12,000

付録 2 セキュリティリスクのメッセージが表示されないようにするには

データベースファイルを開いたときに、リボンの下に [セキュリティリスク] や [セキュリティの警告] のメッセージバーが表示されることがあります。そのまま利用した場合、アクションクエリや一部のマクロを実行できません。メッセージバーが表示されないようにするには、データベースファイルを保存するフォルダーを [信頼できる場所] として設定します。

1 [Accessのオプション] 画面を表示する

Accessを起動しておく　　1 [オプション] をクリック

[Accessのオプション] 画面が表示された　　2 [トラストセンター] をクリック

使いこなしのヒント

セキュリティリスクとは

Webサイトからダウンロードしたデータベースファイルを開いたときに、メッセージバーに [セキュリティリスク] が表示され、一部の機能の使用が制限されます。メッセージバー上から機能制限の解除をすることはできません。

これが表示されると一部の機能の使用が制限される

使いこなしのヒント

セキュリティの警告とは

データベースファイルを開くと、[セキュリティの警告] が表示され、一部の機能の使用が制限されます。[コンテンツの有効化] をクリックすると、機能制限を解除できます。一度有効化すると、次回から [セキュリティの警告] は表示されなくなります。

次のページに続く→

2 トラストセンターの設定を行う

[トラストセンター] 画面が
表示された

1 [トラストセンターの設定]
をクリック

データベースファイルを保存する
[信頼できる場所] を設定する

2 [信頼できる場所] を
クリック

3 [新しい場所の追加] を
クリック

用語解説

トラストセンター

[トラストセンター] 画面は、Officeのセ
キュリティとプライバシーの設定／確認を
行う機能です。

使いこなしのヒント

**[セキュリティリスク] を
個別に解除するには**

[セキュリティリスク] のメッセージバー
には、[コンテンツの有効化] のような解
除機能はありません。解除するには、ファ
イルのプロパティを表示して設定を行い
ます。

1 エクスプローラーでファイル
アイコンを右クリック

2 [プロパティ]
をクリック

3 [全般] タブ
をクリック

4 [セキュリティ]
欄の [許可する]
をクリック

5 [OK] をクリック

●保存先を設定する

> [信頼できる場所]に設定したい
> フォルダーを指定する

> 4 [参照]をクリックして保存したい
> フォルダーを指定

Microsoft Office の信頼できる場所

警告: この場所は、ファイルを開くのに安全な場所であると見なされます。場所を変更または追加する場合は、その場所が安全であることを確認してください。

パス(P):

C:¥Users¥dekir¥OneDrive¥デスクトップ

[参照(B)...]

☑ この場所のサブフォルダーも信頼する(S)

説明(D):

作成日時: 2023/02/09 10:41

[OK]　[キャンセル]

> 5 ここをクリックしてチェック
> マークを付ける

> 6 [OK]をクリック

> 指定した場所が[信頼できる場所]の
> 一覧に追加されたことを確認する

C:¥Users¥dekir¥OneDrive¥デスクトップ¥

[OK]

> 設定したフォルダーが[信頼できる場所]
> となった

> 7 [OK]をクリック

> 以降はこのフォルダーに保存したデータ
> ベースファイルを開いても[セキュリティ
> リスク]や[セキュリティの警告]メッセー
> ジは表示されない

使いこなしのヒント

**[信頼できる場所]を
むやみに作成しない**

[セキュリティリスク]や[セキュリティの警告]は、マクロなどを利用した悪意あるウィルスから大切なデータを守るために、注意を促す目的で表示されるものです。メッセージが煩わしいからといって、[信頼できる場所]をむやみに作成しないようにしましょう。

使いこなしのヒント

**サブフォルダーも信頼できる場所に
設定するには**

[この場所のサブフォルダーも信頼する]にチェックマークを付けると、指定したフォルダーに含まれるフォルダーも信頼できる場所と見なされます。

使いこなしのヒント

**[信頼できる場所]の設定を
解除するには**

操作7の[トラストセンター]画面で[信頼できる場所]の一覧からフォルダーをクリックし、[削除]をクリックすると、[信頼できる場所]の設定を解除できます。

使いこなしのヒント

**[信頼できる場所]から
データベースファイルを開く**

[信頼できる場所]に登録したフォルダーに保存したデータベースファイルを開くと、[セキュリティリスク]や[セキュリティの警告]は表示されません。すべての機能が使用できる状態で、データベースファイルが開きます。

付録

付録 3 AccessのデータをCSVファイルにエクスポートするには

Accessでは［テキストエクスポートウィザード］を使用して、テーブルやクエリをCSVファイルにエクスポートできます。ファイル名を指定するときに拡張子「.csv」を付けて指定すること、ウィザードの中で区切り文字として「コンマ」を指定することがポイントです。

1 エクスポートしたいファイルを指定する　fu03_エクスポート.accdb

レッスン09を参考に「fu03_エクスポート.accdb」を開いておく

1	［Q_顧客情報］をクリック
2	［外部データ］タブをクリック
3	［テキストファイル］をクリック

エクスポートするファイルを確認する

| 4 | ［参照］をクリックしてエクスポートするファイルを指定 |

5	csv形式で出力したいので拡張子「.csv」を入力
	ここでは［ドキュメント］フォルダーに［顧客情報.csv］というブックが保存される
6	［OK］をクリック

用語解説

CSVファイル

CSVファイル（拡張子「.csv」）はフィールドをコンマ「,」で区切ったファイルで、テキストファイルの一種です。多くのアプリで使用することができるファイル形式なので、アプリ間でデータをやり取りするときによく使用されます。「CSV」は「Comma Separated Values」の略です。

用語解説

拡張子

拡張子とは、ファイル名の末尾に付くファイルの種類を表す記号です。Accessの操作の中でよく使う拡張子は下表のとおりです。

拡張子	ファイルの種類
.accdb	Accessデータベース
.xlsx	Excelブック
.txt	テキストファイル
.csv	CSVファイル

2 エクスポートの形式を指定する

[テキストエクスポートウィザード] が表示される

[区切り記号付き] が選択されていることを確認する

1 [次へ] をクリック

区切り記号を指定する

2 [コンマ] をクリック

フィールド名を付けてエクスポートしたい場合はここにチェックマークを付ける

3 [次へ] をクリック

レッスン97の手順1操作8〜9を参考に [OK] と [閉じる] をクリックして [エクスポート] 画面を閉じておく

4 [完了] をクリック

⚠ ここに注意

CSVファイルにエクスポートするときは、必ず操作1の画面で [区切り記号付き] を選択し、操作2でフィールド区切り記号として [コンマ] を選択してください。

💡 使いこなしのヒント
フィールド名を付けてエクスポートするには

CSVファイルにフィールド名を含めたいときは、手順2の操作2の画面で [先頭行をフィールド名として使う] にチェックマークを付けます。

💡 使いこなしのヒント
テキスト区切り記号とは

操作2の画面の [テキスト区切り記号] で「"」を指定すると、文字列データが「"」で囲まれてエクスポートされます。本書のサンプルでは「"」を付けなくても問題ありませんが、例えば文字列データの中に「,」が含まれる場合などはフィールドの区切りをはっきりさせるために「"」などで囲む必要があります。なお、「"」で囲まずにエクスポートしたいときは、[テキスト区切り記号] から [{なし}] を選択してください。

💡 使いこなしのヒント
テキストファイルにエクスポートするには

エクスポート先のファイル名として拡張子「.txt」を入力すると、テキストファイルにエクスポートできます。テキストファイルは区切り文字の決まりはないので、[タブ][スペース] などの記号を自由に選択できます。

付録 4 CSVファイルをAccessに インポートするには

CSVファイルをテーブルとしてAccessにインポートできます。インポートを実行すると［テキストインポートウィザード］が表示されるので、取り込むフィールドのデータ型や主キーの設定をしてください。

1 インポートするファイルを確認する　fu04_顧客情報.csv

「fu04_顧客情報.csv」をメモ帳で
開いて内容を確認しておく

2 ［外部データの取り込み］画面を表示する　fu04_インポート.accdb

レッスン09を参考に「fu04_インポート.accdb」
を開いておく

1 ［外部データ］タブを
クリック

2 ［新しいデータソース］
をクリック

3 ［ファイルから］を
クリック

4 ［テキストファイル］を
クリック

使いこなしのヒント

**CSVファイルはExcelと
関連付けられている**

CSVファイルは、初期設定でExcelと関連
付けられています。エクスプローラーで
CSVファイルのファイルアイコンをダブル
クリックすると、Excelが起動してファイ
ルが開きます。

使いこなしのヒント

CSVファイルの中身を確認するには

CSVファイルをExcelで開くと各フィー
ルドが別々のセルに読み込まれるため、
フィールドの区切り文字や文字列が「"」
で囲まれているかどうかなどを確認でき
ません。確認したいときは、メモ帳を起
動し、［ファイル］タブの［開く］からファ
イルの場所と名前を指定して開きます。

メモ帳を起動
しておく

1 ［ファイル］タブ
をクリック

2 ［開く］を
クリック

3 CSVファイルを
選択する

4 ［開く］を
クリック

●インポートするファイルを指定する

[外部データの取り込み] 画面が表示された

5 [参照] をクリックしてインポートするファイルを指定する

拡張子が「.csv」であることを確認する

6 [OK] をクリック

[区切り記号付き] が選択されていることを確認する

7 [次へ] をクリック

区切り記号を指定する

8 [コンマ] をクリック

9 [先頭行をフィールド名として使う] をクリック

10 [次へ] をクリック

付録

次のページに続く→

できる **435**

🔅 使いこなしのヒント

拡張子を表示するには

Windowsの初期設定では、エクスプローラーに拡張子は表示されません。表示するには、以下のように操作します。

1 [表示] をクリック

2 [表示] をクリック

3 [ファイル名拡張子] をクリック

🔅 使いこなしのヒント

既存のテーブルへ CSVファイルを追加するには

データベースファイルにテーブルが含まれている場合、操作5の画面に [レコードのコピーを次のテーブルに追加する] という選択肢が表示されます。この選択肢をクリックし、追加先のテーブルを指定すると、CSVファイルのデータを既存のテーブルに追加できます。

⚠️ ここに注意

CSVファイルをインポートするときは、操作7の画面で [区切り記号付き] を選択し、操作8でフィールド区切り記号として [コンマ] を選択します。

●顧客番号のデータ型を確認する

フィールドの設定画面が表示された	各フィールドのデータ型を確認する

11 [次へ] をクリック

新しいテーブルの中で主キーを付けるフィールドを指定する	ここでは [顧客番号] フィールドを主キーにする

12 [次のフィールドに主キーを設定する] をクリック

13 ここをクリックして [顧客番号] を選択

[顧客番号] が主キーに設定された	**14** [次へ] をクリック

インポート先のテーブルに名前を付ける	**15** 「T_顧客情報」と入力

16 [完了] をクリック

付
録

🔆 使いこなしのヒント

フィールド名もインポートするには

CSVファイルの先頭にフィールド名が含まれている場合は、操作9の画面で [先頭行をフィールド名として使う] にチェックマークを付けます。含まれていない場合は、チェックマークを外します。その場合、「フィールド1」のような仮のフィールド名が付くので、インポート後にテーブルのデザインビューで適切な名前を設定してください。

🔆 使いこなしのヒント

目的とは違うデータ型が設定された場合は

操作11の画面では、1列ずつ選択してデータ型（数値型の場合はフィールドサイズ）を確認します。目的とは異なるデータ型が設定されていた場合は、一覧から正しいデータ型を選択してください。

🔆 使いこなしのヒント

主キーを設定する

操作12の画面では、主キーのフィールドを設定します。インポートする表の中から主キーを選択する場合は、重複データが入力されていない列を選択する必要があります。主キーにふさわしい列が存在しない場合は、[主キーを自動的に設定する] をクリックすると、「ID」という名前のオートナンバー型のフィールドが先頭の列に挿入され、[ID] フィールドが主キーになります。

●［外部データの取り込み］画面を閉じる

データの取り込みが完了し、［インポート操作の保存］画面が表示される	17 ［閉じる］をクリック

付録

使いこなしのヒント

インポートの操作を保存するには

操作17の画面で［インポート操作の保存］にチェックマークを付け、インポート操作名を設定すると、インポートの操作が保存されます。［外部データ］タブの［保存済みのインポート操作］を使用すると、同じ設定のインポート操作を実行できます。

3 インポートされたテーブルを確認する

ナビゲーションウィンドウに［T_顧客情報］が表示された	1 ［T_顧客情報］をダブルクリック

テーブルが表示された	「fu04_顧客情報.csv」の内容がインポートされている

使いこなしのヒント

テーブルのデザインを確認しよう

インポートを実行したら、テーブルのデータシートビューだけでなく、デザインビューも確認し、短いテキストの［フィールドサイズ］など、各フィールドのフィールドプロパティを適切に設定しましょう。

用語集

And条件（アンドジョウケン）
複数の抽出条件を指定する方法の1つ。And条件を設定した抽出では、指定したすべての条件を満たすレコードが取り出される。
→抽出、レコード

Between And演算子（ビトウィーンアンドエンザンシ）
抽出条件の設定時に、指定した値の範囲内にあるかどうかを判断する演算子。例えば「Between 10 And 20」は10以上20以下を表す。
→演算子、抽出

Like演算子（ライクエンザンシ）
抽出条件の設定時に、ワイルドカードを使用して文字列のパターンを比較する演算子。例えば「Like "山*"」は「山」で始まる文字列を表す。
→演算子、抽出、ワイルドカード

Or条件（オアジョウケン）
複数の抽出条件を指定する方法の1つ。Or条件を設定した抽出では、指定した条件のうち少なくとも1つを満たすレコードが取り出される。
→抽出、レコード

Where条件（ホウェアジョウケン）
クエリで集計を行うときに、集計対象のフィールドに設定する条件のこと。マクロを使用してフォームやレポートを開く際に設定するレコードの抽出条件も「Where条件」と呼ぶ。
→クエリ、集計、抽出、フィールド、フォーム、マクロ、レコード、レポート

アクション
Accessのマクロで実行できる命令のこと。マクロには［フォームを開く］［レポートを開く］［レコードの保存］といったさまざまなアクションが用意されており、アクションの実行順を指定したマクロを作成することで、Accessの操作を実行できる。
→フォーム、マクロ、レコード、レポート

アクションクエリ
テーブルのデータを一括で変更する機能を持つクエリの総称。更新クエリはアクションクエリの1つ。
→クエリ、更新クエリ、テーブル

イベント
マクロを実行するきっかけとなる動作を指す。「クリック時」や「更新後処理」のような動作がある。
→マクロ

インポート
一般に、他のアプリケーションで作成されたデータを現在のファイルに取り込むことをいう。Accessでは、Excelやテキストファイルなどのデータをテーブルの形式に変換してインポートできる。
→テーブル

ウィザード
難しい設定や複雑な処理を単純な操作で行えるように用意された機能。画面に表示される選択項目を選ぶだけで、複雑なフォームやレポートを作成したり、インポートの設定をしたりできる。
→インポート、フォーム、レポート

埋め込みマクロ
フォーム、レポート、またはコントロールのイベントのプロパティに埋め込まれたマクロのこと。埋め込みマクロは、埋め込まれたオブジェクトやコントロールの一部になる。
→イベント、オブジェクト、コントロール、フォーム、マクロ、レポート

エクスポート
現在のファイル内のデータやデータベースオブジェクトを、他のファイルに保存すること。Accessでは、テーブルやクエリのデータをExcelやテキストファイルの形式に変換してエクスポートできる。
→クエリ、データベースオブジェクト、テーブル

演算子

式の中で数値の計算や値の比較のために使用する記号のこと。数値計算のための算術演算子や値を比較するときに使う比較演算子、文字列を連結するための文字列連結演算子などがある。
→比較演算子

演算フィールド

クエリで演算結果を表示するフィールドのこと。テーブルや他のクエリのフィールドの値のほか、算術計算や文字列結合、関数式などの演算結果も表示できる。
→関数、クエリ、テーブル、フィールド

オブジェクト

Accessのテーブル、クエリ、フォーム、レポート、マクロ、モジュールなどの構成要素の総称。データベースオブジェクトともいう。
→クエリ、テーブル、フォーム、マクロ、モジュール、
　レポート

関数

与えられたデータを元に複雑な計算や処理を簡単に行う仕組みのこと。関数を使うことで、データを集計したり、いろいろな形に加工したりできる。

クエリ

テーブルのレコードを操作するためのオブジェクト。クエリを使うと、テーブルのレコードを抽出、並べ替え、集計できる。また、複数のテーブルのレコードを組み合わせたり、演算フィールドを作成したりすることも可能。
→演算フィールド、オブジェクト、抽出、テーブル、レ
　コード

グループ集計

特定のフィールドをグループ化して、別のフィールドを集計すること。例えば［商品名］フィールドをグループ化して［売上高］フィールドを合計すれば、商品別の売上の合計を集計できる。
→フィールド

クロス集計

項目の1つを縦軸に、もう1つを横軸に配置して集計を行うこと。集計結果を二次元の表に見やすくまとめることができる。

クロス集計クエリ

クロス集計を実現するためのクエリ。
→クエリ、クロス集計

結合線

リレーションシップウィンドウやクエリのデザインビューで複数のテーブルを結合するときに、結合フィールド間に表示される線のこと。
→クエリ、結合フィールド、テーブル、デザイン
　ビュー、リレーションシップ

結合フィールド

テーブル間にリレーションシップを設定するときに、互いのテーブルを結合するために使用するフィールドのこと。通常、共通のデータが入力されているフィールドを結合フィールドとして使う。
→テーブル、フィールド、リレーションシップ

更新クエリ

アクションクエリの1つ。テーブルのデータを一括更新する機能を持つ。
→アクションクエリ、テーブル

コントロール

フォームやレポート上に配置するラベルやテキストボックスなどの総称。ボタン、コンボボックス、チェックボックスなどもコントロールの1つ。
→コンボボックス、チェックボックス、テキストボッ
　クス、フォーム、ボタン、ラベル、レポート

コントロールソース

テキストボックスやラベルなどのコントロールに表示するデータの元となるもの。［コントロールソース］プロパティでフィールド名や計算式を設定する。
→コントロール、テキストボックス、フィールド、
　ラベル

コントロールレイアウト

フォームやレポートのコントロールをグループ化して整列する機能。左列にラベル、右列にテキストボックスを配置する「集合形式レイアウト」と、表の形式でラベルとテキストボックスを配置する「表形式レイアウト」がある。
→コントロール、テキストボックス、フォーム、ラベル、レポート

サブフォーム

メイン／サブフォームにおいて、メインフォームの中に埋め込まれるフォームをサブフォームと呼ぶ。
→メイン／サブフォーム、メインフォーム

参照整合性

テーブル間のリレーションシップを維持するための規則のこと。リレーションシップに参照整合性を設定しておくと、データの整合性が崩れるようなデータの削除や変更などの操作がエラーになり、リレーションシップを正しく維持できる。
→テーブル、リレーションシップ

主キー

テーブルの各レコードを識別するためのフィールドのこと。主キーに設定されたフィールドには、重複した値を入力できない。テーブルのデザインビューのフィールドセレクターに、カギのマーク🔑が表示されているフィールドが主キー。
→テーブル、デザインビュー、フィールド、レコード

セクション

フォームやレポートを構成する領域。領域ごとに機能が異なる。例えば、[ページヘッダー] は各ページの最初に表示・印刷され、[詳細] はレコードを繰り返し表示し、印刷される。
→フォーム、レコード、レポート、レコード

選択クエリ

クエリの種類の1つ。テーブルや他のクエリからデータを取り出す機能を持つ。
→クエリ、テーブル

チェックボックス

Yes/No型のデータを格納するためのコントロール。チェックマークが付いている場合は「Yes」、付いていない場合は「No」の意味になる。
→コントロール

抽出

条件に合致するレコードを抜き出すこと。クエリで抽出条件を指定すると抽出を実行できる。例えば、「男」という条件を指定することで顧客情報のテーブルから男性のレコードを抜き出せる。
→クエリ、テーブル、レコード

データ型

フィールドに格納するデータの種類を定義するための設定項目。短いテキスト、長いテキスト、数値型、日付/時刻型、通貨型、オートナンバー型、Yes/No型、集計型などがある。
→オートナンバー型、フィールド

データシート

レコードを表形式で表示・入力する画面のこと。テーブル、クエリ、フォームのビューの1つでもある。
→クエリ、テーブル、ビュー、フォーム、レコード

テーブル

Accessに用意されているオブジェクトの1つで、データを格納する入れ物。テーブルに格納したデータはデータシートに表形式で表示され、1行分のデータをレコード、1列分のデータをフィールドと呼ぶ。
→オブジェクト、データシート、フィールド、レコード

テキストボックス

フォームやレポートに配置するコントロールの1つ。フォームでは文字の入力、表示用、レポートでは文字の表示用として使用する。
→コントロール、フォーム、レポート

デザインビュー

テーブル、クエリ、フォーム、レポートに用意されたビューの1つで、オブジェクトの設計画面。
→オブジェクト、クエリ、テーブル、ビュー、フォーム、レポート

ナビゲーションウィンドウ
データベースファイルを開いたときに画面の左側に表示される領域。データベースファイルに含まれるテーブル、クエリ、フォーム、レポートなどのオブジェクトが分類ごとに表示される。
→オブジェクト、クエリ、テーブル、フォーム、レポート

パラメータークエリ
クエリの実行時に抽出条件を指定できるクエリのこと。クエリを実行するたびに異なる条件で抽出を行いたいときに利用する。
→クエリ、抽出

比較演算子
値を比較して、真偽（Yes ／ No）を求める演算子。=演算子、<演算子、>演算子、<=演算子、>=演算子、<>演算子がある。例えば「10>8」の結果は「真（Yes）」となる。
→演算子

引数
関数の計算やマクロのアクションの実行に必要なデータのこと。「ひきすう」と読む。関数やアクションの種類によって、引数の種類や数が決まっている。
→アクション、関数、マクロ

ビュー
オブジェクトが持つ表示画面のこと。各オブジェクトには特定の役割を担う複数のビューがある。テーブルの場合はデータを表示・入力するためのデータシートビュー、テーブルの設計を行うためのデザインビューがある。
→オブジェクト、データシート、テーブル、デザインビュー

フィールド
テーブルの列項目のこと。同じ種類のデータを蓄積する入れ物。例えば、社員情報を管理するテーブルでは、社員番号、社員名、所属などがフィールドにあたる。
→テーブル、フィールド

フィールドサイズ
短いテキスト、数値型、オートナンバー型のフィールドに設定できるフィールドプロパティの1つ。このプロパティを使用すると、フィールドに入力できる文字列の文字数や数値の種類を指定できる。
→オートナンバー型、フィールド、フィールドプロパティ

フィールドプロパティ
フィールドに設定できるプロパティの総称。フィールドのデータ型によって、設定できるプロパティは変わる。
→データ型、フィールド

フォーム
テーブルやクエリのデータを見やすく表示するオブジェクトのこと。フォームからテーブルにデータを入力することもできる。
→オブジェクト、クエリ、テーブル

フッター
フォームやレポートの下部に表示・印刷する領域。フォームフッター、レポートフッター、ページフッター、グループフッターがある。
→フォーム、レポート

プロパティシート
フォームやレポートの中に配置されているコントロールのデータや表示形式などの設定を行うための画面。
→コントロール、フォーム、レポート

ヘッダー
フォームやレポートの上部に表示・印刷する領域。フォームヘッダー、レポートヘッダー、ページヘッダー、グループヘッダーがある。
→フォーム、レポート

ボタン
フォームに配置してマクロを割りあて、処理を自動実行させるために使用するコントロール。
→コントロール、フォーム、マクロ

マクロ

処理を自動化するためのオブジェクト。「フォームを開く」や「レポートを開く」など、用意されている処理の中から実行する操作を選択できる。
→オブジェクト、フォーム、レポート

マクロビルダー

マクロを作成する画面。マクロで実行するアクションや、アクションの実行条件となる引数は、ドロップダウンリストから選択できる。
→アクション、引数、マクロ

メイン／サブフォーム

フォームに明細となる表形式あるいはデータシート形式のフォームを埋め込んだもの。一側テーブルのレコードとそれに対応する多側テーブルのレコードを1つの画面で表示するために作成する。
→データシート、テーブル、フォーム、レコード

ラベル

フォームやレポートの任意の場所に文字を表示するためのコントロール。
→コントロール、フォーム、レポート

リレーショナルデータベース

テーマごとに作成した複数のテーブルを互いに関連付けて運用するデータベース。Accessで扱うデータベースはリレーショナルデータベースにあたる。
→テーブル

リレーションシップ

テーブル間の関連付けのこと。互いのテーブルに共通するフィールドを結合フィールドといい、このフィールドを介することにより、テーブルを関連付けできる。
→結合フィールド、テーブル、フィールド

ルーラー

フォームやレポートのデザインビューの上端と左端に表示される目盛り。標準ではセンチメートル単位。コントロールの配置の目安にできる。また、ルーラーをクリックすると、その延長線上にあるコントロールを一括選択できる。
→コントロール、デザインビュー、フォーム、レポート

レコード

1件分のデータのことで、テーブルの行項目。例えば社員情報を管理するテーブルでは、1人分の社員データがレコードにあたる。
→テーブル

レコードセレクター

データシートビューやフォームビューのレコードの左端に表示される長方形の領域で、レコードの状態を示す。レコードセレクターをクリックするとレコードを選択できる。
→データシート、フォーム、レコード

レコードソース

フォームやレポートに表示するデータの元となるもの。テーブルやクエリなどを設定する。
→クエリ、テーブル、フォーム、レポート

レポート

テーブルやクエリのデータを見やすく印刷するオブジェクトのこと。
→オブジェクト、クエリ、テーブル

ワイルドカード

抽出や検索の条件を指定するときに、条件として不特定の文字や文字列を表す記号のこと。0文字以上の任意の文字を表す「*」(アスタリスク)や任意の1文字を表す「?」(クエスチョンマーク)などがある。
→抽出

索引

できるサポートのご案内

できるシリーズの書籍の記載内容に関する質問を下記の方法で受け付けております。

電話　　　**FAX**　　　**インターネット**　　　**封書によるお問い合わせ**

質問の際は以下の情報をお知らせください

①書籍名・ページ

②書籍の裏表紙にある**書籍サポート番号**

③お名前　④電話番号

⑤質問内容（なるべく詳細に）

⑥ご使用のパソコンメーカー、機種名、使用OS

⑦ご住所　⑧FAX番号　⑨メールアドレス

※電話の場合、上記の①〜⑤をお聞きします。
　FAXやインターネット、封書での問い合わせに
　ついては、各サポートの欄をご覧ください。

裏表紙

■書籍サポート番号

書籍サポート番号
000000

定価 0,000円
（本体0,000円＋税10%）

書籍サポート番号
000000

9784295012801

ISBN978-4-295-01280-1
C3055 ¥1000E

※1　Windows 11をはじめよう
※2　Windows 11を使えるようにしよう
※3　Windows 11の基本操作をマスターしよう

※裏表紙にサポート番号が記載されていない書籍は、サポート対象外です。なにとぞご了承ください。

回答ができないケースについて（下記のような質問にはお答えしかねますので、あらかじめご了承ください。）

●書籍の記載内容の範囲を超える質問
書籍に記載していない操作や機能、ご自分で作成されたデータの扱いなどについてはお答えできない場合があります。

●できるサポート対象外書籍に対する質問

●ハードウェアやソフトウェアの不具合に対する質問
書籍に記載している動作環境と異なる場合、適切なサポートができない場合があります。

●インターネットやメールの接続設定に関する質問
プロバイダーや通信事業者、サービスを提供している団体に問い合わせください。

サービスの範囲と内容の変更について

●該当書籍の奥付に記載されている初版発行日から1年が経過した場合、もしくは該当書籍で紹介している製品やサービスについて提供会社によるサポートが終了した場合は、ご質問にお答えしかねる場合があります。

●なお、都合により「できるサポート」のサービス内容の変更や「できるサポート」のサービスを終了させていただく場合があります。あらかじめご了承ください。

電話サポート 0570-000-078 （月〜金 10:00〜18:00、土・日・祝休み）

・**対象書籍をお手元に用意**いただき、**書籍名と書籍サポート番号**、ページ数、レッスン番号をオペレーターにお知らせください。確認のため、お客さまのお名前と電話番号も確認させていただく場合があります

・サポートセンターの対応品質向上のため、通話を録音させていただくことをご了承ください

・多くの方からの質問を受け付けられるよう、1回の質問受付時間はおよそ15分までとさせていただきます

・質問内容によっては、その場ですぐに回答できない場合があることをご了承ください

　※本サービスは無料ですが、**通話料はお客さま負担**となります。あらかじめご了承ください

　※午前中や休日明けは、お問い合わせが混み合う場合があります　※一部の携帯電話やIP電話からはご利用いただけません

FAXサポート　0570-000-079 （24時間受付・回答は2営業日以内）

・必ず上記①〜⑧までの情報をご記入ください。メールアドレスをお持ちの場合は、メールアドレスも記入してください
　（A4の用紙サイズを推奨いたします。記入漏れがある場合、お答えしかねる場合がありますので、ご注意ください）

・質問の内容によっては、折り返しオペレーターからご連絡をする場合もございます。あらかじめご了承ください

・FAX用質問用紙を用意しております。下記のWebページからダウンロードしてお使いください
　https://book.impress.co.jp/support/dekiru/

インターネットサポート https://book.impress.co.jp/support/dekiru/ （24時間受付・回答は2営業日以内）

・上記のWebページにある「できるサポートお問い合わせフォーム」に項目をご記入ください

・お問い合わせの返信メールが届かない場合、迷惑メールフォルダーに仕分けされていないかをご確認ください

封書によるお問い合わせ
（郵便事情によって、回答に数日かかる場合があります）

〒101-0051
東京都千代田区神田神保町一丁目105番地
株式会社インプレス できるサポート質問受付係

・必ず上記①〜⑦までの情報をご記入ください。FAXやメールアドレスをお持ちの場合は、ご記入をお願いいたします
　（記入漏れがある場合、お答えしかねる場合がありますので、ご注意ください）

・質問の内容によっては、折り返しオペレーターからご連絡をする場合もございます。あらかじめご了承ください

本書を読み終えた方へ
できるシリーズのご案内

シリーズ累計7500万部突破
ベストセラー No.1
売上 No.1

※1：当社調べ ※2：大手書店チェーン調べ

できるAccess
パーフェクトブック

きたみあきこ・
国本温子＆
できるシリーズ編集部
定価：2,750円
（本体2,500円＋税10%）

基本操作からトラブルが発生したときの
対処法まで丁寧に解説。Accessを使っ
た業務に関わるすべての人の疑問を解
決するワザやテクニックが満載！

できるExcelピボットテーブル
Office 2021/2019/2016&Microsoft 365対応

門脇香奈子＆
できるシリーズ編集部
定価：2,530円
（本体2,300円＋税10%）

ピボットテーブルの基本から、「パワー
ピボット」「パワークエリ」など上級者向
けテクニックまで詳しく紹介。すぐに使
える練習用ファイル付き。

できるExcel関数
Office 2021/2019/2016&Microsoft 365対応

尾崎裕子＆
できるシリーズ編集部
定価：1,738円
（本体1,580円＋税10%）

豊富なイメージイラストで関数の「機能」
がひと目でわかる。実践的な使用例が
満載なので、関数の利用シーンが具体的
に学べる！

読者アンケートにご協力ください！

ご意見・ご感想を
お聞かせください！

https://book.impress.co.jp/books/1122101135

「できるシリーズ」では皆さまのご意見、ご感想を今後の企画に生かしていきたいと考えています。
お手数ですが以下の方法で読者アンケートにご協力ください。
ご協力いただいた方には抽選で毎月プレゼントをお送りします！

※プレゼントの内容については「CLUB Impress」のWebサイト（https://book.impress.co.jp/）をご確認ください。

1 URLを入力して Enter キーを押す　**2** ［アンケートに答える］をクリック

◆会員登録がお済みの方
会員IDと会員パスワードを入力して、［ログインする］をクリックする

※Webサイトのデザインやレイアウトは変更になる場合があります。

◆会員登録をされていない方
［こちら］をクリックして会員規約に同意してから
メールアドレスや希望のパスワードを入力し、登
録確認メールのURLをクリックする

■著者

きたみあきこ

東京都生まれ。神奈川県在住。テクニカルライター。コンピュータ
ー関係の雑誌や書籍の執筆を中心に活動中。近著に『できるExcel
パーフェクトブック 困った！＆便利ワザ大全 Office 2021/2019/
2016 & Microsoft 365対応』『できるAccess パーフェクトブック
困った！＆便利ワザ大全 2019/2016/2013 & Microsoft 365対応』
（国本温子氏との共著）『できる イラストで学ぶ入社1年目からの
Excel VBA』（以上、インプレス）『極める。Excel関数 データを自
由自在に操る[最強]事典』（翔泳社）『自分でつくるAccess販売・
顧客・帳票管理システム』（マイナビ出版）などがある。

●Office Kitami ホームページ

http://www.office-kitami.com/

STAFF

シリーズロゴデザイン	山岡デザイン事務所<yamaoka@mail.yama.co.jp>
カバー・本文デザイン	伊藤忠インタラクティブ株式会社
カバーイラスト	こつじゆい
本文イラスト	ケン・サイトー
DTP制作	町田有美・田中麻衣子
校正	トップスタジオ
デザイン制作室	今津幸弘<imazu@impress.co.jp>
	鈴木　薫<suzu-kao@impress.co.jp>
制作担当デスク	柏倉真理子<kasiwa-m@impress.co.jp>
編集	渡辺陽子
組版	BUCH+
デスク	荻上　徹<ogiue@impress.co.jp>
編集長	藤原泰之<fujiwara@impress.co.jp>
オリジナルコンセプト	山下憲治

■商品に関する問い合わせ先

このたびは弊社商品をご購入いただきありがとうございます。本書の内容などに関するお問い
合わせは、下記のURLまたは二次元バーコードにある問い合わせフォームからお送りください。

https://book.impress.co.jp/info/

上記フォームがご利用いただけない場合のメールでの問い合わせ先

info@impress.co.jp

※お問い合わせの際は、書名、ISBN、お名前、お電話番号、メールアドレス に加えて、「該当するペー
ジ」と「具体的なご質問内容」「お使いの動作環境」を必ずご明記ください。なお、本書の範囲を超え
るご質問にはお答えできないのでご了承ください。

● 電話やFAXでのご質問は、445ページの「できるサポートのご案内」をご確認ください。また、封書での
お問い合わせは回答までに日数をいただく場合があります。あらかじめご了承ください。
● インプレスブックスの本書情報ページ https://book.impress.co.jp/books/1122101135 では、本書
のサポート情報や正誤表・訂正情報などを提供しています。あわせてご確認ください。
● 本書の奥付に記載されている初版発行日から1年が経過した場合、もしくは本書で紹介している製品や
サービスについて提供会社によるサポートが終了した場合はご質問にお答えできない場合があります。

■落丁・乱丁本などの問い合わせ先

FAX　03-6837-5023

service@impress.co.jp

※古書店で購入された商品はお取り替えできません。

できるAccess 2021
（アクセス）

Office 2021 & Microsoft 365両対応
（オフィス）（アンド　マイクロソフト）（りょうたいおう）

2023年3月11日　初版発行
2024年8月1日　　第1版第2刷発行

著　者　きたみあきこ ＆ できるシリーズ編集部
（アンド）（へんしゅうぶ）

発行人　小川 亨

編集人　高橋隆志

発行所　株式会社インプレス
　　　　〒101-0051　東京都千代田区神田神保町一丁目105番地
　　　　ホームページ　https://book.impress.co.jp/

印刷所　株式会社ウイル・コーポレーション

ISBN978-4-295-01606-9 C3055

Printed in Japan